U0727411

计算机技术与电子信息化建设

戚雯雯 著

吉林科学技术出版社

图书在版编目（ＣＩＰ）数据

计算机技术与电子信息化建设 / 戚雯雯著. -- 长春：
吉林科学技术出版社，2024. 6. -- ISBN 978-7-5744
-1563-8

Ⅰ. TP3；G202

中国国家版本馆 CIP 数据核字第 2024H0X298 号

计算机技术与电子信息化建设

著	戚雯雯
出 版 人	宛 霞
责任编辑	刘 畅
封面设计	南昌德昭文化传媒有限公司
制 版	南昌德昭文化传媒有限公司
幅面尺寸	185mm×260mm
开 本	16
字 数	300 千字
印 张	14.25
印 数	1~1500 册
版 次	2024年6月第1版
印 次	2024年12月第1次印刷

出 版	吉林科学技术出版社
发 行	吉林科学技术出版社
地 址	长春市福祉大路5788号出版大厦A座
邮 编	130118
发行部电话/传真	0431-81629529 81629530 81629531
	81629532 81629533 81629534
储运部电话	0431-86059116
编辑部电话	0431-81629510
印 刷	三河市嵩川印刷有限公司

书 号	ISBN 978-7-5744-1563-8
定 价	69.00元

前　言

伴随着我国高新技术的不断深化发展，且计算机技术作为 21 世纪应用最为广泛的高新技术也在各行各业得到了长足发展。在这样的时代趋势下，计算机技术对社会发展的影响开始越来越受到各界人士的广泛关注与热烈讨论。在互联网背景下其应用也在不断完善，合理应用能够对现有资源进行共享，充分发挥技术改革的优势，为人们的生活提供便利，加快社会的发展进程。

本书从计算机基础知识入手，介绍了计算机概述、计算机与信息社会的关系、计算机病毒及其防治，让读者初步了解计算机技术。除此之外，书中还对计算机的不同技术进行了系统梳理，如计算机网络信息安全技术、计算机网络通信技术、计算机海量信息的并行快速压缩技术以及计算机新一代信息技术的发展。最后，书中深入探讨电子信息化建设，涵盖了图书馆、档案、电子政务、生态农庄等多个领域信息化建设，通过介绍不同领域的信息化建设，帮助读者理解电子信息化建设的具体内容。本书论述严谨，结构合理，条理清晰，内容丰富，适合相关工作者以及对此感兴趣的人员阅读。对计算机技术与电子信息化建设研究有一定的借鉴意义。

在相关内容的撰写、资料查阅、收集和整理以及审校等工作中参阅了大量的资料，吸收了同人们大量的研究成果，并引用了大量的论文材料，在此向原作者表示诚挚的谢意。若有在参考文献中未说明的，实为疏漏所致，在此向原作者表示歉意。本书的选材和写作还有一些不尽如人意的地方，加之编者学识水平与时间所限，书中难免存在缺点，敬请同行专家及读者指正，以便进一步完善提高。

目 录

第一章 计算机基础

第一节 计算机概述

一、什么是计算机

在人类其漫长的文明史上，为了提高计算速度，不断发明和改进各种计算工具。人类最早的计算工具可以追溯到中国唐代发明的、迄今为止仍在使用的算盘。在欧洲，16世纪便出现了对数计算尺和机械计算机。到了 20 世纪 40 年代，一方面由于科学技术的发展，对计算量、计算精度、计算速度的要求在不断提升，原有的计算工具已经满足不了需求；另一方面，计算理论、电子学以及自动控制技术等的发展，同时也为电子计算机的出现提供了可能。因此，在 20 世纪 40 年代中期诞生了第一台电子计算机。

"计算机"顾名思义是一种计算的机器，由一系列电子元器件组成。计算机不同于以往的计算工具，其主要特点如下：

①计算机在处理信息时完全采用数字方式，其他非数字形式的信息，如文字、声音、图像等，要转换成数字形式才能由计算机来处理。

②计算机在信息处理过程中，不仅能进行算术运算，而且还能进行逻辑运算并对运算结果进行判断，从而决定以后执行什么操作。

③只要人们把处理的对象和处理问题的方法步骤以计算机可以识别和执行的"语

言"事先存储到计算机中，计算机就可以完全自动地进行处理。

④计算机运算速度快、计算精度高，可以存储大量的信息。

⑤计算机之间可以借助通信网络互相连接起来，共享信息。

由此可见，计算机是一种可以自动进行信息处理的工具，具有运算速度快、计算精度高、记忆能力强、自动控制、逻辑判断等特点。

计算机可以模仿人的部分思维活动，代替人的部分脑力劳动，并按照人的意愿自动工作，所以也把计算机称为"电脑"。

二、计算机的发展历程

现代计算机孕育于英国、诞生于美国。

1936 年，英国科学家图灵向伦敦权威的数学杂志投了一篇论文，在这篇开创性的论文中，图灵提出著名的"图灵机"（Turing Machine）的设想。"图灵机"不是一种具体的机器，而是一种理论模型，可用来制造一种十分简单但运算能力极强的计算装置。正是因为图灵奠定的理论基础，人们才有可能发明 20 世纪以来甚至也是人类有史以来最伟大的发明 —— 计算机。因此人们称图灵为"计算机理论之父"。

世界上第一台电子数字计算机于 1946 年 2 月 15 日在美国宾夕法尼亚大学正式投入运行，它的名称叫 ENIAC，是电子数值积分计算机（Electronic Numerical Integrator And Calcu1ator）的缩写。它耗电 174 千瓦，占地 170 平方米，重达 30 吨，每秒钟可进行 5000 次加法运算。虽然它的功能还远远比不上今天最普通的一台计算机，但在当时它已是运算速度的绝对冠军，并且其运算的精确度和准确度也是史无前例的。以圆周率（π）的计算为例，中国古代科学家祖冲之耗费 15 年心血，才把圆周率计算到小数点后 7 位数。1000 多年后，英国人香克斯以毕生精力计算圆周率，方计算到小数点后 707 位。而使用 ENIAC 进行计算，仅用了 40 秒就达到了这个记录，还发现香克斯的计算中，第 528 位是错误的。ENIAC 奠定了电子计算机的发展基础，开辟了一个计算机科学技术的新纪元。

ENIAC 诞生后，美籍匈牙利数学家冯·诺依曼提出了新的设计思想。20 世纪 40 年代末期诞生的离散变量自动电子计算机（Electronic Discrete Variable Automatic Computer，EDVAC）是第一台具有冯·诺依曼设计思想的电子数字计算机。虽然计算机技术发展很快，但冯·诺依曼的设计思想至今仍然是计算机内在的基本工作原理，是我们理解计算机系统功能与特征的基础。

在 ENIAC 诞生后短短的几十年间，计算机的发展突飞猛进。计算机所用的主要电子元器件相继使用了真空电子管，晶体管，中、小规模集成电路和大规模、超大规模集成电路，引起了计算机的几次更新换代。每一次更新换代都使计算机的体积和耗电量大大减小，功能大大增强，应用领域进一步拓宽。

从第一台电子计算机的出现直至 20 世纪 50 年代中后期，这一时期的计算机属于第一代计算机，其重要特点是采用真空电子管作为主要的电子元器件。其体积大、能耗高、速度慢、容量小、价格昂贵，应用也仅限于科学计算和军事领域。

20世纪50年代后期到60年代中期出现的第二代计算机采用晶体管作为主要的电子元器件，计算机的应用领域已从科学计算扩展到了事务处理领域。与第一代计算机相比，晶体管计算机体积小、成本低、功能强、可靠性高。

1958年，世界上第一个集成电路（Integrated Circuit, IC）诞生了，它包括一个晶体管、两个电阻和一个电阻与电容的组合。集成电路在一块小小的硅片上，也可以集成上百万个电子元器件，因此人们常把它称为芯片。1964年4月，IBM公司推出了IBM 360计算机，标志着使用中、小规模集成电路的第三代计算机的诞生。

在1967年和1977年，分别出现了大规模集成电路和超大规模集成电路，并在20世纪70年代中期在计算机上得到了应用。由大规模、超大规模集成电路作为主要电子元器件的计算机称为第四代计算机。

目前，计算机正在向以下五个方面发展：

①巨型化。天文、军事、仿真等多领域需要进行大量的计算，要求计算机有更高的运算速度、更大的存储容量，这就需要研制功能更强的巨型计算机。

②微型化。微型计算机已经广泛应用于仪器、仪表和家用电器中，并大量进入办公室和家庭。但人们需要体积更小、更轻便、易于携带的微型计算机，以便出门在外或在旅途中均可使用计算机。应运而生的便携式微型计算机和掌上型微型计算机正在不断涌现，迅速普及。

③网络化。将地理位置分散的计算机通过专用的电缆或通信线路互相连接，就组成了计算机网络。网络可以使分散的各种资源得到共享，使计算机的实际效用提高很多。计算机联网不再是可有可无的事，而是计算机应用中一个很重要的部分。人们常说的互联网（Internet）就是一个通过通信线路连接、覆盖全球的计算机网络。通过互联网，人们足不出户就可获取大量的信息，并与世界各地的亲友快捷通信，进行网上贸易等。

④智能化。目前的计算机已能够部分代替人的脑力劳动，因此也常被称为"电脑"。但是人们希望计算机具有更多的类似人的智能，如能听懂人类的语言、能识别图形、会自主学习等。

⑤多媒体化。多媒体计算机就是利用计算机技术、通信技术和大众传播技术来综合处理多种媒体信息的计算机，这些信息包括数字、文本、声音、视频、图形图像等。多媒体技术使多种信息建立了有机的联系，集成为一个系统，并具有交互性。多媒体计算机将真正改善人机界面，使计算机朝着人类接收和处理信息的最自然的方向发展。

通过进一步的深入研究，人们发现由于电子元器件的局限性，从理论上讲，电子计算机的发展也有一定的局限性。因此，人们正在研制不使用集成电路的计算机，如生物计算机、光子计算机、量子计算机等。

三、计算机的类型

根据计算机处理对象的不同，可将计算机分为数字计算机、模拟计算机和数字模拟混合计算机。数字计算机输入输出的都是离散的数字量；模拟计算机直接处理连续的模拟量，如电压、温度、速度等；数字模拟混合计算机输入输出的既可以是数字量也可以是模拟量。

根据计算机用途的不同，可以将计算机分为通用计算机和专用计算机。通用计算机能解决多种类型的问题，应用领域广泛；专用计算机用于解决了某个特定方面的问题，如我们在火箭上使用的计算机就是专用计算机。

通用计算机按其综合性能可以分为巨型计算机、大型计算机、中型计算机、小型计算机和微型计算机、单片计算机以及工作站。

巨型计算机主要用于解决大型的、复杂的问题。巨型计算机已成为衡量一个国家经济实力和科技水平的重要标志。单片计算机则只由一块集成电路芯片构成，主要应用于家用电器等方面。综合性能介于巨型计算机和单片计算机之间的有大型计算机、中型计算机、小型计算机和微型计算机，它们的综合性能依次递减。

工作站既具有大、中、小型计算机的性能，又有微型计算机的良好的人机界面，且操作简便，最突出的特点是图形图像处理能力强。它在工程领域，特别是计算机辅助设计领域得到了广泛应用。

人们一般所说的计算机指电子数字通用计算机。

四、计算机中的信息表示

（一）计算机内部是一个二进制数字世界

无论是什么类型的信息，在计算机内部都以二进制数的形式来表示，这些信息包括数字、文本、图形图像以及声音、视频等。

在二进制系统中只有两个数——0 和 1。

在计算机中，为什么使用二进制数，而不使用人们习惯的十进制数，原因如下：

①二进制数在物理上最容易实现。因为具有两种稳定状态的电子元器件是很多的，如电压的"低"与"高"恰好表示"0"和"1"。假如采用十进制数，要制造具有 10 种稳定状态的电子元器件是非常困难的。

②二进制数运算简单。如采用十进制数，有 55 种求和与求积的运算规则，而二进制数仅有 3 种，因而简化了计算机的设计。

③二进制数的"0"和"1"正好与逻辑命题的两个值"否"与"是"或称"假"和"真"相对应，为计算机实现逻辑运算和逻辑判断提供了便利的条件。

尽管计算机内部均用二进制数来表示各种信息，但计算机与外部的交互仍采用人们熟悉和便于阅读的形式，其间的转换，是由计算机系统的软硬件来实现的。

（二）信息存储单位

信息存储单位常采用"位""字节""字"等多种量纲。

①位（bit），简记为 b，是计算机内部存储信息的最小单位。一个二进制位只能表

示"0"或"1"，要想表示更大的数，也得把更多的位组合起来。

②字节（Byte），简记为 B，是计算机内部存储信息的基本单位。一个字节由 8 个二进制位组成，即 1B=8b。

在计算机中，其他经常使用的信息存储单位还有：千字节 KB（Kilobyte）、兆字节 MB（Megabyte）、千兆字节 GB（Gigabyte）和太字节 TB（Terabyte），其中 1KB=1024B，1MB=1024KB，1GB=1024MB，1TB=1024GB。

③字（Word），一个字通常由一个字节或若干个字节组成，也是计算机进行信息处理时一次存取、加工和传送的数据长度。字长是衡量计算机性能的一个重要指标，字长越长，计算机一次所能处理信息的实际位数就越多，运算精度就越高，最终表现为计算机的处理速度越快。常用的字长有 8 位、16 位、32 位和 64 位等。

（三）信息的内部表示和外部显示

数字、文本、图形图像、声音等各种各样的信息都可以在计算机内存储和处理，而计算机内表示它们的方法只有一个，就是采用二进制编码。不同的信息需要不同的编码方案，如上面介绍的西文字符和中文字符的编码。图形图像、声音之类的信息编码和处理比字符信息要复杂得多。

计算机的外部信息需要经过某种转换变为二进制信息后，才能被计算机接收；同样，计算机的内部信息也必须经过转换后才能恢复信息的"本来面目"。

这种转换通常是由计算机自动实现的。

五、计算机系统

随着计算机功能的不断增强，应用范围不断扩展，计算机系统也越来越复杂，但其基本组成和工作原理还是大致相同的。一个完整的计算机系统由硬件系统与软件系统组成。

（一）计算机基本工作原理

世界上第一台电子数字计算机 ENIAC 诞生后，冯·诺依曼提出了新的设计思想，主要有两点：一是计算机应该以二进制为运算基础；二是计算机应该采用"存储程序和程序控制"方式工作。并且进一步明确指出整个计算机的结构应该由五个部分 —— 运算器、控制器、存储器和输入设备、输出设备组成。冯·诺依曼的这一设计思想解决了计算机的运算自动化的问题和速度匹配问题，对后来计算机的发展起到了决定性的作用，标志着计算机时代的真正开始。

程序就是完成既定任务的一组指令序列，每一条指令都规定了计算机所要执行的一种基本操作，计算机按照程序规定的流程依次执行一条条的指令，最终完成程序所要实现的目标。

计算机利用存储器来存放所要执行的程序，中央处理器（Central Processing Unit，CPU）依次从存储器中取出程序中的每一条指令，并加以分析和执行，直到完成全部指令任务为止。即计算机的"存储程序和程序控制"工作原理。

计算机不但能够按照指令的存储顺序依次读取并执行指令，而且还能根据指令执行的结果进行程序的灵活转移，这就使得计算机具有了类似于人的大脑的判断思维能力，再加上它的高速运算的特征，方真正成为人类脑力劳动的有力助手。

（二）计算机硬件系统

计算机硬件是计算机系统中所有物理装置的总称。目前，计算机硬件系统由五个基本部分组成，它们是控制器、运算器、存储器、输入设备和输出设备。控制器和运算器构成了计算机硬件系统的核心 —— CPU。存储器可分为内部存储器和外部存储器，简称为内存和外存。

1. 控制器

计算机硬件系统的各个组成部分能够有条不紊地协调工作，均是在控制器的控制下完成的。在程序运行过程中，控制器取出存放在存储器中的指令和数据，按照指令的要求发出控制信息，驱动计算机工作。

2. 运算器

运算器在控制器的指挥下，对信息进行处理，包括算术运算和逻辑运算。运算器内部有算术逻辑部件（Arithmetic Logic Unit，ALU）和存放运算数据和运算结果的寄存器。

3. 存储器

存储器的主要功能是存放程序和数据。通常把控制器、运算器和内存储器称为主机。存储器中有许多存储单元，一个存储单元由数个二进制位组成，每个二进制位可存放一个"0"或"1"。通常一个存储单元由 8 个二进制位组成，为一个字节。所有的存储单元都按顺序编号，这些编号称为地址。

向存储单元送入信息的操作称为"写"操作，从存储单元获取信息的操作称之为"读"操作。

存储器中所有存储单元的总和称为这个存储器的存储容量。存储容量的单位包括千字节（KB）、兆字节（MB）、千兆字节（GB）和太字节（TB）等。

（1）内存

内存又叫作主存储器（简称主存），由大规模或超大规模集成电路芯片构成。内存分为随机存取存储器（Random Access Memory，RAM）和只读存储器（Read Only Memory，ROM）两种。RAM用来存放正在运行的程序和数据，一旦关闭计算机（断电），RAM中的信息就丢失了。ROM中的信息一般只能读出而不能写入，断电后，ROM中的原有信息保持不变，在计算机重新开机后，ROM中的信息仍可被读出。因此，ROM常用来存放一些计算机硬件工作所需要的固定的程序或信息。

（2）外存

外存也称为"辅助存储器"，用来存放大量的需要长期保存的程序和数据。计算机若要运行存储在外存中的某个程序时必须将它从外存读到内存中才能运行。外存按存储材料的不同可以分为磁存储器和光存储器。

磁存储器中较常用的有硬盘，其工作原理是将信息记录在涂有磁性材料的金属或塑料圆盘上，依靠磁头存取信息。硬盘由接口电路板、硬盘驱动器和硬盘片组成。硬盘驱动器和硬盘片被密封在一个金属壳中，并将其固定在接口电路板上。

硬盘的性能指标主要体现在容量、转速、缓冲区、数据传输速率和接口类型上。硬盘转速越快、缓冲区越大、数据传输速率越高，硬盘存取性能越好。

光存储器由光盘驱动器和光盘片组成。光存储器的存取速度要慢于硬盘。

光盘（Compact Disk，CD）意思是高密度盘。光存储器通过光学方式读取光盘上的信息或将信息写入光盘，它利用了激光可聚集成能量高度集中的极细光束这一特点，来实现高密度信息的存储。CD光盘的容量一般在650MB左右。一次写入型光盘（CD-R）可以分一次或几次对它写入信息，已写入的信息不能擦除或修改，只能读取。可擦写型光盘（CD-RW）既可以写入信息，也可以擦除或修改信息。

数字多用途光盘（Digital Versatile Disk，DVD）。DVD和CD同属于光存储器，它们的大小尺寸相同，但它们的结构是完全不同的。DVD提高了信息储存密度，扩大了存储空间。DVD光盘的容量一般在4.7GB左右。

CD和DVD通过光盘驱动器读取或写入数据。

光盘驱动器的主要性能指标有数据传输速率、缓冲区和接口类型。数据传输速率越高、缓冲区越大，光盘驱动器存取性能越好。数据传输速率指的是光盘驱动器每秒钟能够读取多少千字节（KB）的数据量，以每秒150KB为基准。通常所说的40×（倍速）的光盘驱动器，表示光盘驱动器的数据传输速率为40×150KB=0.00572MB。

4. 输入设备

输入设备用于向计算机输入信息。一些常用输入设备如下：

（1）键盘

键盘（Keyboard）是计算机最常用也是最主要的输入设备。键盘有机械式和电容式、有线和无线之分。用于计算机的键盘有多种规格，目前普遍使用的是104键的键盘。

（2）鼠标

鼠标（Mouse）是一种指点设备，它将频繁的击键动作转换成为简单的移动、点击。鼠标彻底改变了人们在计算机上的工作方式，从而成为计算机必备的输入设备。鼠标有机械式和光电式、有线和无线之分；根据按键数目的不同，又可分为单键、两键、三键以及滚轮鼠标。

（3）笔输入设备

笔输入设备兼有鼠标、键盘和书写笔的功能。笔输入设备一般由两部分组成：一部分是与主机相连的基板；另一部分是在基板上写字的笔。用户通过笔与基板的交互，完成写字、绘图、操控鼠标等操作。基板在单位长度上所分布的感应点数越多，对笔的反应就越灵敏。压感是指基板可以感应到笔在基板上书写的力度，压感级数越高越好。基板感应笔的方式有电磁式感应与电容式感应等。

（4）扫描仪

扫描仪（Scanner）是常用的图像输入设备，它可把图片和文字材料快速地输入计算机。扫描仪通过将光源照射到被扫描材料上来获得材料的图像，被扫描材料将光线反射到扫描仪的光电元器件上，由于被扫描材料不同的位置反射的光线强弱不同，光电元器件将光线转换成数字信号，并存入计算机的文件中，然后就可以用相关的软件进行显示和处理了。

（5）数码相机

数码相机（Digital Camera，DC）是集光学、机械、电子为一体的产品。与传统相机相比，数码相机的"胶卷"是光电器件，当光电器件表面受到光线照射时，能把光线转换成数字信号，所有光电元器件产生的信号加在一起，就构成了一幅完整的画面。数字信号经过压缩后存放在数码相机内部的"闪存"（Flash Memory）存储器中。

数码相机的优点是显而易见的，它可以即时看到拍摄的效果，也可以把拍摄的照片传输给计算机，并借助计算机软件进行显示和处理。

5. 输出设备

输出设备的功能是用来输出计算机的处理结果的。一些常用的输出设备如下：

（1）显示器

显示器是计算机最常用也是最主要的输出设备。计算机显示系统包括显示器和显示卡，它们是独立的产品。目前，计算机使用的显示器主要有两类：CRT 显示器和液晶显示器。

阴极射线管（Cathode-Ray Tube，CRT）显示器工作时，电子枪发出电子束轰击屏幕上的某一点，使该点发光，每个点由红、绿、蓝三基色组成，通过对三基色强度的控制就能合成各种不同的颜色。电子束从左到右，从上到下，逐点轰击，就可以在屏幕上形成图像。

液晶显示器（Liquid Crystal Display，LCD）的工作原理是利用液晶材料的物理特性，当通电时，液晶中分子排列有秩序，使光线容易通过；不通电时，液晶中分子排列混乱，阻止光线通过。这样让液晶中分子如闸门般地阻隔或让光线穿透，就能在屏幕上显示出图像来。液晶显示器有几个非常显著的特点：超薄、完全平面、没有电磁辐射、能耗低、符合环保概念。

显示器主要有三个性能指标：点距、刷新率和分辨率。点距的单位为毫米（mm），点距越小，显示效果就越好，一般来说 0.28 mm 的点距已经可以满足显示要求了。刷新率通常以赫兹（Hz）表示，刷新率足够高时，人眼就能看到持续、稳定的画面，否则就会感觉到明显的闪烁和抖动，闪烁情况越明显，眼睛就越疲劳，一般要求刷新率在 60Hz 以上。分辨率是指显示器能够显示的像素（点）个数，分辨率越高，画面越清晰。例如，分辨率为 1024×768，表示显示器水平方向显示 1024 个点，垂直方向显示 768 个点。

计算机通过显示卡与显示器进行交互。显示卡使用图形处理芯片基本决定了该显示卡的性能和档次。显示卡上的显示存储器也是显示卡的关键部件，它的品质、速度、容量关系到显示卡的最终性能表现。

（2）打印机

目前可以将打印机分为三类：针式打印机、喷墨打印机和激光打印机。针式打印机利用打印头内的钢针撞击打印色带，在打印纸上产生打印效果。针式打印机打印头上的钢针数为24针的，称为24针打印机。喷墨打印机的打印头由几百个细小的喷墨口组成，当打印头横向移动时，喷墨口可以按一定的方式喷射出墨水，打印到打印纸上。激光打印机是激光技术和电子照相技术相结合的产物，它类似复印机，使用墨粉，但光源不是灯光，而是激光。激光打印机具有最高的打印质量和最快的打印速度。

喷墨打印机和激光打印机属于非击打式打印机。

（3）绘图仪

绘图仪在绘图软件的支持下可以绘制出复杂、精确的图形。常用绘图仪有平板型和滚筒型两种类型。平板型绘图仪的绘图纸平铺在绘图板上，通过绘图笔架的运动来绘制图形；滚筒型绘图仪依靠绘图笔架的左右移动和滚筒带动绘图纸前后滚动绘制图形。绘图仪是计算机辅助设计不可缺少的工具。

其他的输入设备和输出设备有网卡、数码摄像头、声卡和音箱等。网卡的作用是让计算机能够"上网"。数码摄像头使我们通过计算机网络实现远程的面对面交流，如视频会议、视频聊天、网络可视电话等。通过声卡，计算机可以输入、处理和输出声音。声卡主要分为8位和16位两大类。多数8位声卡只有一个声音通道（单声道）；16位声卡采用了双声道技术，具有立体声效果。音箱接到声卡上的 Line Out 插口，音箱将声卡传播过来的电信号转换成机械信号的振动，再形成人耳可听到的声波。音箱内有磁铁，磁性很高，最好使用防磁音箱以避免干扰 CRT 显示器。

6. 外部接口

计算机与输入输出设备及其他计算机的连接是通过外部接口实现的。

（1）串行口

串行口又称 COM 口或 RS–232 口，一次只能传送一位数据，通常可用于连接调制解调器（Modem）以及计算机之间的通信。调制解调器通过连接电话线进行拨号上网。

（2）并行口

并行口又称打印机口（LPT），其主要用于连接打印机、扫描仪等设备，一次可以传送一个字节的信息。

（3）PS/2 口

PS/2 口用于连接键盘和鼠标。一般鼠标接在绿色的 PS/2 口，键盘接在紫色的 PS/2 口。

（4）USB 口

通用串行总线（Universal Serial Bus，USB）口是一种新型的外部设备接口标准，它的数据传输速度：USB1.1 可达 12M 位 / 秒，USB2.0 可达 480M 位 / 秒。USB 口支持在不切断电源的情况下自由插拔以及即插即用（Plug–and–Play，简称 PnP）。目前，计算机和外部设备都逐渐采用 USB 口，而且计算机上的 USB 口一般有多个。USB 口可以用来连接键盘、鼠标、打印机、扫描仪、优盘等。

（5）其他常用接口

网络接口（RJ-45 口）可以让计算机直接连入网络中。视频接口（Video 口）用于连接显示器或投影机。电话接口（RJ-11 口）可以连接电话线，进行拨号上网。

输入设备和输出设备以及外存属于计算机的外部设备。

在计算机中，各个基本组成部分之间是用总线（Bus）相连接的。总线是计算机内部传输各种信息的通道。总线中传输的信息有三种类型：地址信息、数据信息与控制信息。

（三）计算机软件系统

计算机软件是计算机系统重要的组成部分，如果把计算机硬件看成计算机的"躯体"，那么计算机软件就是计算机系统的"灵魂"。没有任何软件支持的计算机称为"裸机"，"裸机"只是一些物理设备的堆积，几乎是不能工作的。只有配备了一定的软件，计算机才能发挥其作用。

实际呈现在用户面前的计算机系统是经过若干层软件改造的计算机，而其功能的强弱也与所配备的软件的丰富程度有关。

1. 计算机软件的概念

计算机软件是计算机系统中与硬件相互依存的另一部分，是程序、数据及其相关文档的完整集合。

程序是完成既定任务的一组指令序列。在程序正常运行过程中，需要输入一些必要的数据。文档是与程序开发、维护和使用有关的图文材料。程序和数据必须装入计算机内部才能工作。文档一般是给人看的，不一定装入计算机。

软件（Software）一词源于程序，到了 20 世纪 60 年代初期，人们逐渐认识到和程序有关的数据、文档的重要性，从而出现了软件一词。

2. 计算机软件的分类

计算机软件一般可以分为系统软件和应用软件两大类。

（1）系统软件

系统软件居于计算机系统最靠近硬件的一层，其他软件都通过系统软件发挥作用。系统软件与具体的应用领域无关。

系统软件通常负责管理、控制和维护计算机的各种软硬件资源，也为用户提供一个友好的操作界面，以及服务于应用软件的资源环境。

系统软件主要包括操作系统、程序设计语言及其开发环境、数据库管理系统等。

（2）应用软件

应用软件是指为解决某一领域的具体问题而开发的软件产品。随着计算机应用领域的不断拓展和广泛普及，所应用软件的作用越来越大。

微软（Microsoft）公司的 Office 是目前应用最广泛的办公自动化软件，其主要包括文字处理软件 Word、电子表格软件 Excel、演示文稿软件 PowerPoint、数据库管理软件 Access 以及网页制作软件 FrontPage 等。

3. 计算机软件的发展

计算机软件的发展受到计算机应用和计算机硬件的推动和制约，同时，计算机软件的发展也推动了计算机应用和计算机硬件的发展。计算机软件的发展过程大致可分为三个阶段：

①从第一台计算机上的第一个程序出现开始到高级程序设计语言出现之前为第一阶段（1946 年到 1955 年）。当时计算机的应用领域较窄，主要用于科学计算。编写程序主要采用机器语言和汇编语言。人们对和程序有关的文档的重要性认识不足，重点应考虑程序本身，尚未出现软件一词。

②从高级程序设计语言出现以后到软件工程出现之前为第二阶段（1956 年到 1967 年）。随着计算机应用领域的逐步扩大，除科学计算外，出现了大量的非数值数据处理问题。为了提高程序开发人员的效率，出现了高级程序设计语言，并产生了操作系统和数据库管理系统。在 20 世纪 50 年代后期，人们逐渐认识到和程序有关的文档的重要性。到了 20 世纪 60 年代初期，出现"软件"一词。这时，软件的复杂程度迅速提高，研制时间变长，正确性难以保证，可靠性问题突出，出现了"软件危机"。

③软件工程出现以后至今为第三阶段（1968 年以后）。为了对付"软件危机"，在 1968 年的北大西洋公约组织（NATO）召开的学术会议上提出了"软件工程"概念。软件工程就是建立并使用完善的工程化原则，以较经济的手段获得能在实际机器上有效运行的可靠软件的一系列方法。除传统的软件技术继续发展外，人们也着重研究以智能化、自动化、集成化、并行化和自然化为标志的软件新技术。

4. 操作系统

操作系统（Operating System，OS）是计算机系统中最重要的系统软件。操作系统能对计算机系统中的软件和硬件资源进行有效的管理和控制，合理地组织计算机的工作流程，为用户提供一个使用计算机的工作环境，起到用户和计算机之间的接口作用。

只有在操作系统的支持下，计算机系统才能正常运行，如果操作系统遭到破坏，计算机系统就无法正常工作。

操作系统的主要功能如下：

（1）任务管理

任务管理主要是对中央处理器的资源进行分配，并对其运行进行有效的控制和管理。

（2）存储管理

存储管理的主要任务是有效管理计算机系统中的存储器，为程序运行提供良好的环境，按照一定的策略将存储器分配给用户使用，并及时回收用户不使用的存储器，提高存储器的利用率。

（3）设备管理

设备管理就是按照一定的策略分配和管理输入输出设备，以保证输入输出设备高效地、有条不紊地工作。设备管理提供了良好的操作界面，使用户在不涉及输入输出设备内部特性的前提下，灵活地使用这些设备。

（4）文件管理

文件是相关信息的集合。每个文件必须有一个名字，通过文件名，可以找到对应的文件。计算机中的信息以文件的形式存放在存储器中。文件管理的任务就是支持文件的存储、查找、删除和修改等操作，并保证文件的安全性，方便用户使用信息

（5）作业管理

作业是指要求计算机完成的某项任务。作业管理包括作业调度和作业控制，目的是为用户使用计算机系统提供良好的操作环境，让用户有效地组织工作流程。

Microsoft 公司的 Windows 操作系统是目前应用最广泛操作系统。

5. 程序设计语言

人们使用计算机，可以通过某种程序设计语言与计算机"交谈"，用某种程序设计语言描述所要完成的工作。

程序设计语言包括机器语言、汇编语言和高级语言。

（1）机器语言

机器语言是计算机诞生和发展初期使用的语言，采用二进制编码形式，是计算机唯一可以直接识别、直接运行的语言。机器语言的执行效率高，但不易记忆和理解，编写的程序难以修改和维护，所以现在很少直接用机器语言编写程序。

（2）汇编语言

为了减轻编写程序的负担，20 世纪 50 年代初发明了汇编语言。汇编语言和机器语言基本上是一一对应的，但在表示方法上做了根本性的改进，引入了助记符。例如，用 ADD 表示加法，用 MOV 表示传送等。汇编语言比机器语言更加直观，容易记忆，提高了编写程序的效率。计算机不能够直接识别和运行用汇编语言编写的程序，必须通过一个翻译程序将汇编语言转换为机器语言后方可执行。

（3）高级语言

高级语言诞生于 20 世纪 50 年代中期。高级语言与人们日常熟悉的自然语言和数学语言更接近，便于学习、使用、阅读和理解。高级语言的发明，大大提高了编写程序的效率，促进了计算机的广泛应用和普及。计算机不能够直接识别和运行用高级语言编写的程序，必须通过一个翻译程序将高级语言转换为机器语言后方可执行。常用的高级语言有 C、C++、Java 和 BASIC 等。

程序设计语言的发展过程是其功能不断完善、描述问题的方法越来越贴近人类思维方式过程。

6.语言处理程序

计算机只能执行机器语言程序，用汇编语言或高级语言编写的程序都不能直接在计算机上执行。因此计算机必须配备一种工具，它的任务是把用汇编语言或高级语言编写的程序翻译成计算机可直接执行的机器语言程序，这种工具就是"语言处理程序"。语言处理程序包括汇编程序、解释程序与编译程序。

（1）汇编程序

汇编程序将用汇编语言编写的程序翻译成计算机可直接执行的机器语言程序。

（2）解释程序

解释程序对高级语言编写的程序逐条进行翻译并执行，最后得出结果。也就是说，解释程序对高级语言编写的程序是一边翻译，一边执行的。

（3）编译程序

编译程序将用高级语言编写的程序翻译成计算机可直接执行的机器语言程序。

7.数据库管理系统

在当今的信息时代，人们的生活越来越多地依赖信息的存取和使用，数据库系统正日益广泛地应用到人们的生活中。例如，当我们通过 ATM 机取钱时，其实已经访问了银行的账户数据库系统。数据库系统一般由计算机系统、数据库、数据库管理系统和相关人员组成。

①计算机系统提供了数据库系统运行必需的计算机软硬件资源。

②数据库是存储在计算机内的、有组织的、可共享的、互相关联的数据集合。

③数据库管理系统（Data base Management System，DBMS）是数据库系统的核心，由一组用以管理、维护和访问数据的程序构成。它提供一个可以方便、有效地存取数据库信息的环境。目前，常用的数据库管理系统有 Access、SQL Server 和 Oracle 等。

④用户通过数据库管理系统使用数据库。

第二节　计算机应用与信息社会的关系

一、计算机的主要应用领域

自 1946 年第一台电子数字计算机诞生以来，人们也一直在探索计算机的应用模式，尝试着利用计算机去解决各领域中的问题。

归纳起来，计算机的应用主要有以下几方面：

①科学计算。科学计算也称数值计算，是指用计算机来解决科学研究和工程技术中所提出的复杂的数学问题。

②信息处理。信息处理也称数据处理或事务处理。人们利用计算机进行信息的收集、

存储、加工、分类、检索、传输和发布，最终目的将信息资源作为管理和决策的依据。办公自动化（Office Automation，OA）就是计算机信息处理的典型应用。目前，计算机在信息处理方面的应用已占所有应用的 80% 左右。

③自动控制。自动控制是指利用计算机对动态的过程进行控制、指挥和协调。用于自动控制的计算机要求可靠性高、响应及时。计算机先将模拟量如电压、温度、速度、压力等转换成数字量，然后进行处理，计算机处理后输出的数字量再经过转换，变成模拟量去控制对象。

④计算机辅助系统。计算机辅助系统有计算机辅助设计（Computer Aided Design，CAD）、计算机辅助制造（Computer Aided Manufacturing，CAM）、计算机辅助测试（Computer Aided Test，CAT）、计算机集成制造系统（Computer Integrated Manufacturing System，CIMS）和计算机辅助教学（Computer Aided Instruction，CAI）等。

计算机辅助设计是指利用计算机来帮助设计人员进行产品设计。

计算机辅助制造是指利用计算机进行生产设备的管理、控制与操作。

计算机辅助测试是指利用计算机进行自动化的测试工作。

计算机集成制造系统是指借助计算机软硬件，综合运用现代管理技术、制造技术、信息技术、自动化技术、系统工程技术，将企业生产全过程中有关的人和组织、技术、经营管理三要素与其信息流、物流有机地集成并优化运行，实现企业整体优化，从而使企业赢得市场竞争。

计算机辅助教学是将计算机所具有的功能用于教学的一种教学形态。在教学活动中，利用计算机的交互性传递教学过程中的教学信息，达到教育目的，完成教学任务。计算机直接介入教学过程，并承担教学中某些环节的任务，从而达到提高教学效果，减轻师生负担的目的。

⑤人工智能。人工智能（Artificial Intelligence，AI）指利用计算机来模仿人类的智力活动。

二、计算机与社会信息化

（一）信息化

物质、能源和信息是现代社会发展的三大基本要素。物质可以被加工成材料，能源可以被转化为动力，信息则可以被提炼为知识和智慧。

信息化是社会生产力发展的必然趋势。信息化是指在信息技术的驱动下，由以传统工业为主的社会向以信息产业为主的社会演进的过程，是培育、发展以计算机为主的智能化工具为代表的新生产力，并使之造福于社会的历史过程。

智能化工具又称信息化的生产工具，它一般必须具备信息获取、信息传递、信息处理、信息再生、信息利用的功能。与智能化工具相适应的生产力，称为信息化生产力。智能化生产工具与过去生产力中的生产工具不一样的是，它不是一件孤立分散的东西，而是一个具有庞大规模的、自上而下的、有组织的信息网络体系。该种网络性生产工具将改变人们的生产方式、工作方式、学习方式、交往方式、生活方式、思维方式等，将使人类社会发生极其深刻的变化。

信息化生产力是迄今人类最先进的生产力，它要求有先进的生产关系和上层建筑与之相适应，一切不适应该生产力的生产关系和上层建筑将随之改变。

信息化，包括信息资源，信息网络，信息技术，信息产业，信息化人才，信息化政策、法规和标准等六大要素。

①信息资源，是国民经济和社会发展的战略资源，其开发和利用是信息化体系的核心内容，是信息化建设取得实效的关键。

②信息网络，是信息资源开发利用和信息技术应用的基础，是信息传输、交换和资源共享的必要手段。

③信息技术，是研究开发信息的获取、传输、存储、处理和应用的工程技术，是在计算机、通信、微电子技术基础上发展起来的现代高新技术。信息技术是信息化的技术支柱，是信息化的驱动力。

④信息产业，是指信息设备制造业和信息服务业。信息设备制造业包括计算机系统、通信设备、集成电路等制造业。信息服务业是从事信息资源开发和利用的行业。信息产业是信息化的产业基础，是衡量一个国家信息化程度和综合国力的重要尺度。

⑤信息化人才，是指建立一支结构合理、高素质的研究、开发、生产、应用队伍，以适应信息化建设的需要。

⑥信息化政策、法规和标准，是指建立一个促进信息化建设的政策、法规环境和标准体系，规范和协调各要素之间的关系，以保证信息化的快速、有序、健康发展。

（二）信息社会

信息社会也称为信息化社会，一般是指这样一种社会：信息产业高度发达且在产业结构中占据优势，信息技术高度发展且在社会经济发展中广泛应用，信息资源充分开发利用且成为经济增长的基本资源。

从传统的农业社会到现代工业社会，是人类社会发展历史上的一个非常重要的变革。工业社会相对于农业社会，极大地扩展了人类的生存空间，而信息社会相对于工业社会，则通过新的传播工具和方式，特别是通过新的传播理念，极大地扩展了人类的思维空间，构成了人类发展的新平台。

（三）信息素养

在飞速发展的信息时代，信息日益成为社会各领域中最活跃、最具有决定意义的因素。基本的学习能力实际上体现为对信息资源的获取、加工、处理以及信息工具的掌握和使用等，其中还涉及信息伦理、信息意识等。开展信息教育、培养学习者的信息意识和信息能力成为当前教育改革的必然趋势。

在这样一个背景下，信息素养（Information Literacy）正在引起世界各国越来越广泛的重视，并逐渐加入从小学到大学的教育目标与评价体系之中，也成为评价人才综合素质的一项重要指标。

信息素养这一概念是在 1974 年由时任美国信息产业协会主席的保罗·泽考斯基（Paul Zurkowski）在美国提出的。完整的信息素养应包括三个层面：文化素养（知识层面）、信息意识（意识层面）、信息技能（技术层面）。

信息素养不仅仅是诸如信息的获取、检索、表达、交流等技能，而且包括以独立学习的态度和方法，将已获得的信息用于信息问题解决、进行创新性思维的综合的信息能力。

信息素养的教育注重知识的更新，而知识更新是通过对信息的加工得以实现的。因此，把纷杂无序的信息转化成有序的知识，是教育要适应现代化社会发展需求的当务之急，是培养信息素养首要解决的问题，即文化素养与信息意识的关系问题。

三、计算机使用中的道德问题

（一）计算机犯罪

利用计算机犯罪始于 20 世纪 60 年代末，20 世纪 70 年代迅速增长，20 世纪 80 年代形成威胁，成为社会关注的热点。计算机犯罪是指利用计算机作为犯罪工具进行的犯罪活动。例如，利用计算机网络窃取国家机密、盗取他人信用卡密码、传播复制不良内容等。计算机犯罪包括针对系统的犯罪和针对系统处理的数据的犯罪两种。前者是对计算机硬件和系统软件组成的系统进行破坏的行为，后者则是对计算机系统处理和储存的信息进行的破坏。

计算机犯罪有不同于其他犯罪的特点：

一是犯罪人员知识水平较高。有些犯罪人员单就专业知识水平来讲可以称得上专家，因而被称为"白领犯罪""高科技犯罪"。

二是犯罪手段较隐蔽、犯罪区域广、犯罪机会多。不同于其他犯罪，计算机犯罪者可能通过网络在千里之外而不是在现场实施犯罪。凡是有计算机的地方都有可能发生计算机犯罪。

三是内部人员和青少年犯罪日趋严重。内部人员由于熟悉业务情况、计算机技术娴熟和合法身份等，具有许多便利条件掩护犯罪。青少年由于思维敏捷、法律意识淡薄又缺少社会阅历而犯罪。

（二）计算机病毒

"计算机病毒"最早是由美国计算机病毒研究专家 F. 科恩（F.Cohen）博士提出的。"计算机病毒"有很多种定义，国外最流行的定义："计算机病毒是一段附着在其他程序上的可以实现自我繁殖的程序代码。"在《中华人民共和国计算机信息系统安全保护条例》中的定义：计算机病毒是指编制或者在计算机程序中插入的破坏计算机功能或者数据，影响计算机使用并且能够自我复制的一组计算机指令或者程序代码。

1. 破坏性

计算机病毒的最根本目的是干扰和破坏计算机系统的正常运行，以侵占计算机系统资源，使计算机运行速度减慢，直至死机，毁坏系统文件和用户文件，使计算机无法启动，并可造成网络的瘫痪。

2. 传染性

如同生物病毒一样，传染性是计算机病毒的重要特征。传染性也称自我复制能力，是判断是不是计算机病毒的最重要的依据。计算机病毒传播的速度很快，范围也极广。一台感染了计算机病毒的计算机，本身既是一个受害者，且又是病毒的传播者。它通过各种可能的渠道，如磁盘、光盘等存储介质以及网络进行传播。

3. 潜伏性

计算机病毒总是寄生潜伏在其他合法的程序和文件中，因而不容易被发现，这样才能达到其非法进入系统、进行破坏的目的。

4. 触发性

计算机病毒的发作要有一定的条件，只要满足了这些特定的条件，病毒就会立即触发激活，开始破坏性的活动。

5. 不可预见性

不同种类的计算机病毒的代码千差万别，病毒的制作技术也在不断提高。同反病毒软件相比，病毒永远是超前的。新的操作系统和应用系统的出现，软件技术的不断发展，也为计算机病毒提供了新的发展空间，因此，对未来病毒预测将更加困难。

（三）软件知识产权保护

在计算机发展过程中存在的一大社会问题是计算机软件产品的盗版问题。计算机软件的开发工作量很大，特别是一些大型的软件，往往开发时要用数百甚至上千人，花费数年时间，而且软件开发是高技术含量的复杂劳动，其成本非常高。由于计算机软件产品的易复制性，给盗版者带来了可乘之机。如果不严格执行知识产权保护，制止未经许可的商业化盗用，任凭盗版软件横行，软件公司将无法维持生存，也不会有人愿意开发软件，软件产业也不会有大的发展。

由此可见，计算机软件知识产权保护是一个必须重视和解决的社会问题。解决计算机软件知识产权保护的根本措施是制定和完善软件知识产权保护的法律法规，并严格执法；同时，要加大宣传力度，树立人人尊重知识、尊重软件知识产权的社会风尚。

（四）计算机职业道德

随着计算机在应用领域的深入和计算机网络的普及，今天的计算机已经超出了作为某种特殊机器的功能，给人们带来了一种新的文化、新的工作与新的生活方式。在计算机给人们带来极大便利的同时，也不可避免地造成了一些社会问题，同时对我们提出了一些新的道德规范要求。

计算机职业道德是在计算机行业及其应用领域所形成的社会意识形态和伦理关系下，调整人与人之间、人与知识产权之间、人与计算机之间及人与社会之间关系的行为规范总和。

计算机职业道德规范中的一个重要的方面是网络道德。网络在计算机系统中起着举足轻重的作用。大多数"黑客"往往开始时是出于好奇和神秘，违背了职业道德侵入他人的计算机系统，从而逐步走向计算机犯罪的。网络道德以"慎独"为主要特征，强调道德自律。"慎独"意味着人独处之时，在没有任何外在的监督和控制下，也能遵从道德规范，恪守道德准则。

第三节　计算机病毒及其防治

一、计算机病毒分类

计算机病毒的分类方法很多，按感染方式可分为引导型、文件型、混合型、宏病毒、Internet 病毒（网络病毒）五类。

（一）引导型病毒

计算机启动的过程大致如下：开机时，主板上基本输入/输出系统（BIOS）程序自动运行，然后将控制权交给硬盘主引导记录，由主引导记录去找到操作系统引导程序并执行，最后就看到操作系统界面了（如 Windows 桌面）。

引导型病毒是指在操作系统引导程序运行之前首先进入计算机内存，非法获取整个系统的控制权并进行传染和破坏的病毒。由于整个系统可能是带毒运行的，这种病毒危害性很大。

（二）文件型病毒

文件型病毒指的是病毒寄生在诸如 .com、.exe、.drv、.bin、.ov1、.sys 等可执行文件的头部或尾部，并修改执行程序的第一条指令。一旦执行这些染毒程序就会先跳转去执行病毒程序，进而传染和破坏。这类病毒只有当染毒程序执行并满足条件时才会发作。

（三）混合型病毒

混合型病毒指的是兼有引导型和文件型病毒特点的病毒。这种病毒最难杀灭。

（四）宏病毒

所谓宏，就是一些命令排列在一起，作为一个单独命令被执行以完成一个特定任务。美国微软公司的两个基本办公软件 Word 和 Excel 有宏命令，其文档可以包含宏。宏病毒指的是寄生在由这两个软件创建的文档（.doc、.xls、.docx、.xlsx）或模板文档中的病毒。当对染毒文档操作时病毒就会进行破坏与传染。

（五）Internet（网络病毒）

网络病毒指利用网络传播的病毒，如求职信病毒、FunLove病毒、蓝色代码病毒、冲击波病毒等。黑客是危害计算机系统的源头之一，利用"黑客程序"可远程非法进入他人的计算机系统，截取或篡改数据，危害信息安全。

二、计算机病毒的诊断及预防

计算机病毒由于具有隐蔽性，所以很难被发现。尽管如此，仔细观察，人们还是可以发现蛛丝马迹的。例如，系统的内存明显变小、系统经常出现死机现象、屏幕经常出现一些莫名其妙的信息或异常现象等。

养成良好的计算机使用习惯，可以有效减少病毒的侵害或降低因病毒侵害所造成的损失。这些习惯可归纳如下：

①安装杀毒软件和安全卫士。现在完全免费的杀毒软件和安全卫士比比皆是，个人计算机应该同时安装这两类软件，并及时升级、定期查杀、扫描漏洞、更新补丁。

②外来的移动存储器应先查杀病毒再使用。

③重要的文档要备份，可利用Ghost等软件将整个系统备份下来。

④不要随便打开来历不明的邮件或链接。

⑤浏览网页、下载文件要选择正规的网站。

⑥有效管理系统上所有的账户，取消不必要系统共享和远程登录功能。

三、计算机免疫

计算机免疫技术是从自然界生物体免疫技术获取的灵感。虽然在生物体和计算机系统之间有许多差异，但生物体免疫系统与计算机安全系统却有很多相似之处。因此，通过对它们相同点的研究，人们提出了许多加强计算机安全的方法。

计算机病毒通过某种途径潜伏在计算机存储介质（或程序）里，当达到一定条件即被激活，它通过修改其他程序的方法将自己嵌入其他程序中，感染它们，对计算机资源进行破坏。特洛伊木马（Trojan Horse）是一种基于远程控制的工具，其实质是一种服务器/客户机（Client/Server）型的网络程序。特洛伊木马程序通过各种诱惑信息骗取用户的信任，在目标计算机上运行后，可以控制整个计算机系统，造成用户资料的泄露，甚至导致系统崩溃等。从概念上讲，它应满足以下条件之一：①一个包含在合法程序中的未授权程序，该未授权程序实现用户未知或者用户不需要的功能。②一个被加入未授权代码的合法程序，加入的未授权代码实现用户未知或者用户不需要的功能。③任何一个看起来好像是实现必要的功能，实际上却实现了用户未知功能的程序。

这里所论述的计算机免疫技术是希望通过对自然界生物体免疫机理的研究，实现一种类似于生物体免疫系统的计算机人工免疫系统，从而确保计算机系统抵抗病毒和木马的入侵。它的特点是具有很强的自主性和自适应性，可以检测到已知与未知的非法入侵，保障系统安全、高效地运行。

（一）计算机免疫技术

计算机免疫系统的任务就是借鉴生物体免疫系统的理论实现在计算机系统中的"自我"与"非我"的区别。对"自我"的定义太严格会导致无害误报，定义得太宽又会导致容忍一些不可接受的活动从而造成有害误报。实际上，生物体免疫系统和计算机免疫系统所要解决的问题是区别有害和无害的实体，而不是"自我"和"非我"的区别。因此要求对"自我"的定义比对危险的"非我"敏感。由于脊椎动物生物体化学成分的高度稳定性，使得生物免疫系统通常假设任何未知的物质都是有害的，从而可以将对有害的和无害的区别问题用对"自我"和"非我"这样简单的区别来代替。

但计算机免疫系统在对"自我"概念的定义时会有很大的问题，我们不能简单地将"自我"定义为计算机第一次购买时所预装的软件集合，应将"自我"作为计算机用户在不断地更新和增加新的软件，如果计算机免疫系统对所有这些新的更改与增加都做免疫处理的话，这将是不可接受的。

（二）免疫系统的基本原理与实现

1. 免疫系统的基本原理

基于免疫技术的入侵检测系统，建立在安全的操作系统之上，即在操作系统和应用软件之间，加装免疫系统。

免疫系统的基本原理是，依据一定的规则，对所有安装在操作系统之上的应用软件进行认证，允许合法的程序运行，禁止非法的程序运行。

比如，可以运用免疫机制来检测程序和受保护数据的异常改动，从而发现病毒感染引起的数据文件的改变，检测到未知的病毒。还可以利用免疫机制对进程进行监视，从而检测对主机的入侵活动，禁止非法进程的执行。

当然，一切检测的基础是判断出哪些是合法的行为、哪些是非法的行为。对合法的程序，系统允许其运行，对非法的程序，系统禁止其运行，从而确保系统的安全运行。

免疫系统工作的基础就是允许合法程序的运行，禁止非法程序的运行。对合法程序以及非法程序的定义就成为免疫系统工作的前提和保障。

可以按照一定规则定义出自我集和非我集。将行为符合自我集中某些特征的程序认定为合法程序，将行为符合非我集中特征的程序定义为非法程序。

例如，可以对主机进程的各种系统资源的占用情况（如 CPU 占用时间、内存占用空间、外部存储器占用时间、I/O 占用时间、网络占用时间和带宽等）进行采样，建立起一定时间内的资源使用状况数据库，然后将它们保存为自我集中抗原数据段。同时，可以将木马进程和木马寄生进程的资源使用状况定义为非我抗原，将其作为非我集数据库中的特征数据段。

当有新的进程执行时，对其进行认证：若其符合自我集中的特征数据段，则将其定义为合法进程，允许其执行，否则，禁止其执行。

2. 免疫系统的实现

免疫系统由数据库模块、特征检测模块、特征分析模块、自适应学习模块、人机交互模块、命令执行模块、安全日志模块等组成。

数据库模块用来存储自我集和非我集的特征数据段，该数据库依据自我集和非我集的定义建立，而且可以与自适应学习模块相结合，对自我集和非我集的数据段进行动态调整。必要时，可由管理员通过人机交互模块手工更改数据库内容，从而完成对自我集和非我集的精确定义。

特征检测模块的检测算法可以采用连续 r 位匹配算法。该算法具体为，当连续匹配的位数大于等于 r 值时，两个序列匹配，否则不匹配。在产生算法设计中，利用连续 r 位的匹配规则，可实现以较小的检测器集合检测到较大范围的"非我"行为。同时，可对多种资源的检测结果进行综合，以得出最全面的评价结果，减小误报的概率。

特征分析模块用来对特征值即不属于自我集又不属于非我集的进程进行进一步的分析。如果通过对其特征提取判断其为合法程序，则通过自适应学习模块将其特征值加入自我集，并允许其执行；如果通过对其特征提取判断其为非法程序，则通过自适应学习模块将其特征值加入非我集，禁止其执行；否则，转入人机交互模块，交管理员进行进一步处理。

命令执行模块在免疫系统完成对某程序的分析认证后，若判断出其为合法程序，则通过该模块允许其执行；若判断出该程序为非法程序，则禁止其执行。

安全日志模块用来将检测数据的分析结果和入侵检测警告信息保存到安全日志中，方便管理员进一步分析。

总而言之，基于免疫机制的防病毒入侵系统提出了自我集和非我集的自适应学习问题，针对该算法的优化是下一步重点研究的内容。同时，如何提高该系统的稳定性，如何准确、有效地防御和清除病毒和木马，以及如何进一步恢复被感染的文件，也有待进一步探索和研究。

第二章 计算机网络信息安全技术

第一节 密码学与密码技术

一、计算机密码学

随着计算机网络通信技术的发展和信息时代的到来，给密码学提供了前所未有的发展机遇。密码学是研究如何把信息转换成一种隐秘的方式，阻止非授权人得到或利用它。早期密码学的研究体现了数字化人文思想，这是一种脑力工作结合手工工作方式，也反映了人文学科和自然科学的异同，密码学理论上的发展为它的应用奠定了基础。

随着计算机技术的发展和网络技术的普及，密码学在军事、商业和其他领域的应用越来越广泛。对系统中的消息而言，密码技术主要在以下几个方面保证其安全性：

第一，保密性。信息不能被未经授权的人阅读，主要的手段就是加密和解密。

第二，数据的完整性。在信息的传输过程中确认未被篡改，如散列函数就可用来检测数据是否被修改过。

第三，不可否认性。避免发送方和接收方否认曾发送或接收过某条消息，这在商业应用中尤其重要。

二、计算机密码学技术分类

信息是以文字、图像、声音等作为载体而传播的。人们将负载着信息的载体通过录入、扫描或采样变成了电信号，然后可以被量化成为数字信号。例如，一张照片用扫描仪可以输入计算机里，在计算机屏幕上看到的是图像，而在内存里，这幅图像是一串由0和1组成的数字。

在当前状况下，可以呈现信息的数字信号叫作明文。例如一幅图像的数字信号是能够用图像软件直接显示在屏幕上的，因此它是明文。如果现在想用电子邮件把这幅图像发送给在远方的朋友，但是又不希望任何第三个人看到它，那么可以把图像的明文加密，也就是用某种算法把明文的一串数字变成另外一种形式的数字串，叫作密文。在得到图像的密文之后，需要用相关的算法重新把密文恢复成明文，这个过程叫作脱密。当然，某个截获了密文却看不到图像的人，想要破解密文，叫作解密。不过人们常把脱密也叫解密，而不加以区别。

按不同的标准密码技术有很多种分类，如下：

第一，按照执行的操作方式不同，可以分为替换密码和换位密码。

第二，从密钥的特点角度可以将其分为对称密码和非对称密码；如果使用相同的加密密钥和解密密钥，那么很容易从一个推导出另一个，这叫作单钥密码和对称密码体制。如果是不同的加密密钥和解密密钥，则二者之间没有关联，无法推导，这叫作双钥密码或公钥密码体制。其中加密密钥也叫公钥，因为可以对外公开；解密密钥则不能对外公开，所以也叫私钥。

第三，按照对明文消息的加密方式不同，又有两种方式：一是对明文消息按字符逐位地加密，称为流密码或序列密码；另一种是将明文消息分组（含有多个字符），逐组地进行加密，称为分组密码。

通常情况下，网络中的加密采用对称密码和非对称密码体制结合的混合加密体制，也就是加密和解密采用对称密码体制，密钥的传送采用非对称密码体制。该种方法的优点是既简化了密钥管理，又改善了加密和解密速度慢的问题。

三、计算机密码体制

（一）对称密钥

对称密码体制有很多不同的叫法，如单密钥体制、共享密码算法等，它使用相同的加密密钥和解密密钥，从一个可以推导出另一个。对称密钥体制和密钥的关系就相当于保险柜和密码的关系。知道密码就可以打开保险柜，而如果没有，则只能寻找其他方法打开保险柜。使用对称密钥体质的用户在发送数据时必须与数据接收者交换密钥，而且要通过正规的安全渠道，不能泄露，这样数据发送者和接收者使用的密钥才是有效的。对称密钥体制具有效率高、速度快的优点，当需要加密大量数据或实时数据时，对称密钥体制是最佳选择。

1. 联邦数据加密（DES）算法

DES 算法，其使用 56 位密钥对 64 位的数据块进行加密，并对 64 位的数据进行 16 轮编码，在每轮编码时都采用不同的子密钥，子密钥长度均为 48 位，由 56 位的完整密钥得出，最终得到 64 位的密文。由于 DES 算法密钥较短，可以通过密码穷举（也称为野蛮攻击）的方法在较短时间内破解。

2. 三重（DES）算法

三重 DES 算法是使用两把密钥对报文作三次 DES 加密，效果相当于将 DES 密钥长度加倍了，克服了 DES 密钥长度较短的缺点。

3. 欧洲加密（IDEA）算法

IDEA 密钥长度为 128 位，数据块长度为 64 位，IDEA 算法也是一种数据块加密算法，它设计了一系列的加密轮次，每轮加密都使用从完整的加密密钥生成一个子密钥。IDEA 属于强加密算法，暂时还没有出现对 IDEA 进行有效攻击的算法。

4. 高级加密标准（AES）

AES 支持 128 位、192 位和 256 位三种密钥长度。AES 规定：数据块长度必须是 128 位，密钥长度必须是 128 位、192 位或 256 位。与 DES 一样，它也使用替换和换位操作，并且也使用多轮迭代的策略，具体的迭代轮数取决于密钥的长度与块的长度，该算法的设计提高了安全性，也提高了速度。

5.RC 序列算法

RC 序列算法有 6 个版本，其中 RC1 从未被公开，RC3 在设计过程中便被破解，因此真正得到实际应用的只有 RC2、RC4、RC5、RC6，其中最常用的是 RC4。RC4 算法是另一种变长密钥的流加密算法。RC4 算法其实非常简单，就是 256 以内的加法、置换、异或运算，由于简单，所以速度快，加密的速度可达到 DES 算法的 10 倍。

（二）公钥密码

传统的对称加密系统要求通信双方共同保守一个密钥的秘密，这在网络化的电子商务中将会遇到很大的困难。解决在网络上安全传递密钥的途径是对密钥进行加密。对密钥进行加密的方法不能总是在传统加密体制内进行。古典的加密方法要求对加密的算法本身严加保护。传统的加密方法把加密算法公之于世，而只要求对密钥加以保护，使用传统的方法，加密和解密用的是同一个密钥或者是很容易互相导出的密钥；更多情况下，加密使用的是一个密钥，解密使用的是另一个密钥，只有解密的人才知晓。

公钥密码体制又称非对称加密体制，即创建两个密钥，一个作为公钥，另外一个作为私钥由密钥拥有人保管，公钥和加密算法可以公开。用公钥加密的数据只有私钥才能解开，同样，用私钥加密的数据也只能用公钥才能解开。从其中一个密钥不能导出另外一个密钥，使用选择明文攻击不能破解出加密密钥。

与对称密码体制相比，公钥密码体制具有以下优点：

第一，密钥分发方便。可以用公开方式分配加密密钥。例如，因特网中的个人安全通信常将自己的公钥公布在网页中，方便其他人用它进行安全加密。

第二，密钥保管量少。网络中的数据发送方可以共享一个公开加密密钥，从而减少密钥数量，只要接收方的解密密钥保密，数据的安全性就能实现。

第三，支持数字签名。发送方可使用自己的私钥加密数据，接收方能用发送方的公钥解密，说明数据确实是发送方发送的。由于非对称加密算法处理大量数据的耗时较长，一般不适于大文件的加密，则不适用于实时的数据流加密。

四、计算机密钥管理

对密钥从产生到销毁的整个过程中出现的一系列问题进行管理就是密钥管理，主要包括初始化系统、密钥的产生、存储、恢复、分配、更新、控制、销毁等。密钥管理是十分关键的信息安全技术，主要用于以下情况：

第一，适用于封闭网的技术，以传统的密钥分发中心为代表的密钥管理基础结构（KMI）机制。KMI 技术假定有一个密钥分发中心来负责发放密钥。这种结构经历了从静态分发到动态分发的发展历程，目前仍然是密钥管理的主要手段，无论是静态分发还是动态分发，都是基于秘密的物理通道进行的。

第二，适用于开放网的公钥基础结构（PKI）机制。PKI 技术是运用公钥的概念和技术来提供安全服务的、普遍适用的网络安全基础设施，包括由 PKI 策略、软硬件系统、认证中心、注册机构、证书签发系统和 PKI 应用等构成的安全体系。

第三，适用于规模化专用网的种子化公钥（SPK）技术及种子化双钥（SDK）技术。公钥和双钥的算法体制相同，在公钥体制中，密钥的一方要保密，而另一方则公布；在双钥体制中则将两个密钥都作为秘密变量。在 PKI 体制中，只能用公钥，不能用密钥。在 SPK 体制中两者都可以实现。

（一）对称密钥的分配

对称加密是指加密的双方使用相同的密钥，而且不能让第三方知道。定期改变密钥是十分必要的，这样可以防止密钥泄露，保护数据安全。此外，密钥分发技术在很大程度上决定了系统的强度。当双方交换数据时，需要使用密钥分发技术传递密钥，且密钥的方法是对外保密的。密钥分发能用很多种方法实现，对 A 和 B 两方来说，有下列选择：

第一，A 能够选定密钥，并通过物理方法传递给 B。

第二，第三方可以选定密钥，并通过物理方法分别传递给 A 和 B。

第三，如果 A 和 B 不久之前使用过同一个密钥，一方能够把使用旧密钥加密的新密钥传递给另一方。

第四，如果 A 和 B 各自有一个到达第三方 C 的加密链路，C 能够在加密链路上传递密钥给 A 和 B。

第一种和第二种选择要求手动传递密钥。对于链路层加密，这是合理的要求，因为每一个链路层加密设备只与此链路另一端交换数据。但是，对于端对端加密，手动传递是相对较困难的。在分布式系统中任何给出的主机或者终端均可能需要不断地和许多其他主机及终端交换数据，因此，每个设备都需要供应大量的动态密钥，在大范围的分布式系统中这个问题就更加困难。

第三种选择，对链路层加密和对端对端加密都是可能的，如果攻击者成功地获得一个密钥，那么很可能所有密钥都暴露了。即使频繁更改链路层加密密钥这些更改也应该手动完成。为端到端加密提供密钥，第四种选择更可取。

对第四种选择，需用到这两种类型的密钥：①会话密钥。当两个端系统希望通信，它们建立一条逻辑连接。在逻辑连接持续过程中，所用用户数据都使用一个一次性的会话密钥加密；在会话或连接结束时，会话密钥被销毁。②永久密钥。永久密钥在实体之间用于分发会话密钥的目的。第四种选择需要一个密钥分发中心。密钥分发中心判断哪些系统允许相互通信。当两个系统被允许建立连接时，密钥分发中心就为这条连接提供一个一次性会话密钥。

（二）公钥加密分配

公钥加密也就是公开公钥。如果某种公钥算法十分普及，被广泛接受，那么参与的用户就可以向任何人发送密钥，也可以直接对外公开自己的密钥。这是一种十分简便的方法，但也存在问题：因为公共通告可能会被伪造，换句话说，某个用户可以假借其他用户的身份将公钥发送给其他用户或直接公开。当被假冒的用户发现公共通告是伪造的，就会对其他用户发出警告，而此前伪造者可以读取被伪造者的加密信息，然后使用假的公钥进行认证，想要解决这个问题，则需要使用公钥证书。

实际上，公钥证书由公钥、公钥所有者的用户地址以及可信的第三方签名的整个数据块组成。通常，第三方就是用户团体所信任的认证中心，用户可通过安全渠道把公钥提交给这个认证中心，并获取证书。然后用户就可以发布这个证书，任何需要该用户公钥的人都可以获取这个证书，且通过所附的可信签名验证其有效性。

第二节　身份认证与访问控制

一、计算机身份认证

（一）概述

身份认证的目的在于对通信中某一方的身份进行标识和验证。其方法主要是验证用户所拥有的可被识别的特征。一个身份认证系统一般由以下几个部分组成：一方是提出某种申请要求，需要被验证身份的人；另一方是验证者，验证申请者身份的人；第三方是攻击者，可以伪装成通信中的任何一方，或者对消息进行窃取等攻击的人。且与此同时，在某些认证系统需要引入第四方，即可信任的机构作为仲裁或调解机构。

在计算机系统中，传统的物理身份认证机制并不适用，其身份认证主要通过口令和身份认证协议来完成。在计算机网络通信中，身份认证就是用某种方法来证明正在被鉴别的用户身份是合法的授权者。

口令技术由于其简单易用，因此成为目前一种常用的身份认证技术。使用口令技术存在的最大隐患就是口令的泄露问题。口令泄露可以有多种途径，如登录时被他人窥视，攻击者从计算机存放口令的文件中获取，口令被在线攻击者破解，也可能被离线攻击者破解。

因基于口令的认证方法存在较大的问题，因此在网络环境中，常使用身份认证协议来鉴别通信中的对方是否合法，是否与它所声称的身份一致。身份认证协议是一种特殊的通信协议，它定义了参与认证服务的所有通信方在身份认证过程中需要交换的消息格式、消息专生的次序及消息的语义。在通信过程中，通常采用加密算法、哈希函数来保证消息的完整性、保密性。

使用密码学方法的身份认证协议比传统的基于口令的认证更安全，并能提供更多的安全服务。通过使用各种加密算法，可以对通信过程中的密钥进行很好的保护。在通信过程中，当需要传输用户提供的口令时，可以将用户口令首先进行加密处理，对加密后的口令进行传输，在接收端再进行相应的解密处理，进而对用户口令或密钥进行很好的保护。

从使用加密的方法来看，身份认证可分为基于对称密钥的身份认证和基于公钥加密的身份认证。

基于对称密钥的身份认证思想是从口令认证的方法发展而来的。在实际通信过程中，一台计算机可能需要与多台计算机进行身份认证，如果全部采用共享密钥的方式，那么就需要与众多的计算机都建立共享密钥。这样做在大型网络环境中既不经济也不安全，同时大量共享密钥的建立、维护和更新将是非常复杂的。这时需要一个可信赖的第三方来负责完成密钥的分配工作，称为密钥分发中心（Key Distribution Center，KDC）。在通信开始阶段，通信中的每一方都只与 KDC 有共享密钥，通信双方之间的认证借助 KDC 才能完成。

基于公钥加密的身份认证协议比基于对称密钥的身份认证能提供更强有力的安全保障，公钥加密算法可以让通信中的各方通过加密、解密运算来验证对方的身份。在使用公钥方式进行身份认证时需要事先知道对方的公钥，因此同样需要一个可信第三方来负责分发公钥。

与此同时，从认证的方向性来看，也可分为相互认证和单向认证。相互认证用于通信双方的互相确认，同时可进行密钥交换。认证过程中密钥分配是重点。保密性和时效性是密钥交换中的两个重要问题。

单向认证主要用于电子邮件等应用中。其主要特点在于发送方和接收方不需要同时在线。此外，电子邮件的认证还包括邮件的接收方必须能够确认邮件消息是来自真正的发送方。

（二）报文认证

一般将报文认证分为以下三个部分：

1. 报文源的认证

报文源（发送方）的认证用于确认报文发送者的身份，可采用多种方法实现，一般都以密码学为基础。例如，可以通过附加在报文中的加密密文来实现报文源的认证，这些加密密文是通信双方事先约定好的各自使用的通行字的加密数据，或者发送方利用自己的私钥加密报文，然后将密文发送给接收方，接收方利用发送方的公钥进行解密来鉴别发送方的身份。

2. 报文内容的认证

报文内容的认证目的是保证通信内容没有被篡改，即保证数据的完整性，通过认证码实现，这个认证码是通过对报文进行的某种运算得到的，也可以称其为校验码，它与报文内容密切相关，报文内容正确与否可以通过这个认证码来确定。

认证的一般过程为：发送方计算出报文的认证码，并将其作为报文内容的一部分与报文一起传送至接收方。接收方在校验时，利用约定的算法对报文进行计算，得到一个认证码，并与收到的发送方计算的认证码进行比较，若相等，就认为该报文内容是正确的；否则，就认为该报文在传送过程中已被改动过，接收方可以拒绝接收或报警。

3. 报文时间性的认证

报文时间性认证的目的是验证报文时间和顺序的正确性，需要确保收到的报文和发送时的报文顺序一致，并且收到的报文不是重复的报文，可通过这三种方法实现：①利用时间戳；②对报文进行编号；③使用预先给定的一次性通行字表，即每个报文使用一个预先确定且有序的通行字标识符来标识其顺序。

（三）身份认证协议

身份认证是保证通信安全的前提，通信双方必须通过身份验证才能使用加密手段进行安全通信，身份认证也用于授权访问和审计记录，所以它在网络信息安全中至关重要。身份认证协议有助于解决开放环境中的信息安全问题。

通信双方实现消息认证方法时，必须有某种约定或规则，这种约定的规范形式叫作协议。身份认证分为单向认证和双向认证。如果通信的双方需要一方被另一方鉴别身份，这样的认证过程就是一种单向认证；如果通信的双方需要互相认证对方的身份，即为双向认证。认证协议相应地可以分为单向认证协议和双向认证协议。

1. 单向认证协议

当不需要收、发双方同时在线联系时，只需要单向认证，如电子邮件的一方在向对方证明自己身份的同时，即可发送数据；在另一方收到后，要先验证发送方的身份，如果身份有效，就可以接收数据。

2. 双向认证协议

双向认证协议是最常用的协议，其使得通信双方互相认证对方的身份，适用于通信双方同时在线的情况，即通信双方彼此不信任时，需要进行双向认证。双向认证需要解决保密性和即时性的问题，为防止可能的攻击，需要保证通信的即时性。

二、计算机访问控制

随着信息时代的推进，信息系统安全问题逐渐凸显。计算机网络运行中，不仅要考虑抵御外界攻击，还要注重系统内部防范，防止涉密信息的泄露。作为防止信息系统内部遭到威胁的技术手段之一，利用访问控制技术可以避免非法用户侵入，防止外界对系统内部资源的恶意访问和使用，保障共享信息的安全。

（一）计算机访问控制技术的要素

在访问控制系统中一般包括以下三个要素：

第一，主体。发出访问操作的主动方，一般多指用户或发出访问请求的智能体，如程序、进程、服务等。

第二，客体。接受访问的对象，包括所有受访问控制机制保护的系统资源，如操作系统中的内存、文件，数据库中的记录，网络中的页面或服务等。

第三，访问控制策略。主体对客体访问能力和操作行为的约束条件，定义了主体对客体实施的具体行为以及客体对主体的约束条件。

（二）计算机访问控制技术的分类

1. 自主访问控制

自主访问控制（DAC）的主要特征体现在允许主体对访问控制施加特定限制，也就是可将权限授予或收回于其他主体，其基础模型是访问控制矩阵模型，访问控制的粒度是单个用户。目前应用较多的是基于列客体的访问控制列表（AGL），AGL 的优点在于简单直观，不过在遇到规模相对较大、需求较为复杂的网络任务时，管理员工作量增长较为明显，风险也会随之扩大。

2. 强制访问控制

强制访问控制（MAC）中的主体被系统强制服从于事先制订的访问控制策略，并将所有信息定位保密级别，每个用户获得的相应签证，通过梯度安全标签实现单向信息流通模式。MAC 安全体系中，可以将通过授权进行访问控制的技术应用于数据库信息管理，或者网络操作系统的信息管理。

3. 基于角色的访问控制

基于角色的访问控制（RBAC）是指在应用环境中，通过对合法的访问者进行角色认证，来确定其访问权限，简化了授权管理过程。RBAC 的基本思想是在用户和访问权限之间引入了角色的概念，使其产生关联，利用角色的稳定性，并对用户与权限关系的易变性做出补偿，并可以涵盖在一个组织内执行某个事务所需权限的集合，可根据事务变化实现角色权限的增删。

4.基于任务的访问控制

基于任务的访问控制（TBAC）是一种新型的访问控制和授权管理模式，也较为适合多点访问控制的分布式计算、信息处理活动以及决策制定系统。TBAC从基于任务的角度来实现访问控制，能有效地解决提前授权问题，并将动态授权给用户、角色和任务，保证最小特权权责。

第三节　数据库与数据安全技术

一、计算机数据的备份与恢复

（一）计算机数据的备份

用户在使用计算机时，会出现不可预见的原因，导致数据损坏，所以计算机数据备份功能不可或缺。通过数据备份，可以集中留存数据，相当于创建一个完整的数据副本，一旦原始数据出现问题，利用数据副本可以还原或修复原始数据。

1.计算机数据备份的类别

（1）系统数据备份

数据系统由五个连续的操作环节组成，即收集数据、存储数据、更新数据、流通数据和挖掘数据。由于计算机系统是一个极其复杂的组织结构，为了让计算机的各个功能正常运行，需要通过五个环节进行分工有效的数据处理工作，以充分发挥各类数据的作用。系统数据备份主要是对计算机安装的操作系统、软件的驱动程序、防火墙，以及用户常用的软件应用等进行数据存储。

（2）网络数据备份

随着计算机的大范围普及和广泛应用，越来越多的企业对计算机的依赖不断加深，使数据安全显得越发重要，尤其对互联网公司，上亿用户的数据资料一旦丢失或损坏，将带来无法挽回的损失。因此，如何让自身网络数据备份系统更加严密、先进，是企业管理首先要解决的问题。一方面，企业需要进一步在数据保障、处理系统故障和数据恢复等领域加强研究，提升技术的安全性、稳定性、高效性；另一方面，重视制度化运行和管理数据系统的落实，只有将系统制度化，才能让系统运行的各个环节和各部分有序地工作，在出现突发事件、数据故障等危急时刻，能快速解决并实施。网络数据备份的方式有：

第一，直接连接存储。这是一种直接将存储设备与数据系统的服务器相连接的数据备份存储方式，为能够更好地进行数据传输，存储设备与数据服务器之间被设置了一种固定的数据传输方式，但是这种传输方式存在一定的技术局限，即由于不同服务器的型号和配件设置存在差异，以及在传输接口上的限制，并不是所有的存储设备接口和数据服务器接口都能匹配，有的对于文件的类型、运行方式都有较高要求。

第二，网络附加存储。通过拥有专业存储能力的数据备份设备，将网络传输端口与数据服务器相连接进行数据拷贝的存储方式。这种存储方式需要在千兆以太网的网络环境下进行，如果不能够提供高效、高速、高性能的网络环境，网络附加存储很难流畅正常地运行。另外，这种存储方式要以网络协议作为数据传输的凭证和纽带，不同地区、不同平台之间的数据存储应使用单独的网络协议进行文件共享，但是数据安全隐患也会随之产生，由于众多数据资料是通过庞大的网络系统进行传输，如果没有建立起严密的保护、监督和预警系统，极易被非法入侵攻击，窃取数据或者损坏数据。因此，数据安全保障的问题同样需要得到重视。

第三，基于 IP 的远程网络存储。远程网络存储可以独立于数据服务器而存在，是拥有强大信息存储能力的一种网络形式。远程存储的方式，主要是利用光纤通道（FC）将其中作为主存储空间的远程网络存储与另一个作为次要存储空间的远程网络存储连接起来。次要存储空间存在的意义在于当数据出现安全威胁时，可通过 FC 协议将系统数据从主存储空间复制过来，从而维持系统的正常运行。

（3）用户数据备份

由于计算机的功能和软件应用不断被丰富，用户使用的数据随着时间的增长而不断增加，为进一步保护数据，并能够在固定存储位置集中处理数据，用户一般会将重要的文件数据在计算机的固定存储空间中进行管理，不仅有效提升了工作效率，更重要的是避免系统运行故障导致数据破坏和丢失。

2.计算机数据的备份策略

（1）完全备份策略

完全备份是一种相对保险、数据而言比较完整的备份策略，并采取这一方式的目的在于将计算机中的所有数据资料存储在一起，这种策略的优势在于能够保证所有丢失或者损坏的数据都能够被恢复，但是缺点也非常明显，就是数据在进行备份的过程中，一些不重要的数据或垃圾数据也会占用备份的时间和存储空间，从而使最终的数据备份文件内存较高。如果用户更新使用设备时，为方便以后的使用，完全备份策略是最佳选择。

（2）增量备份策略

增量备份是一种定时、定期更新备份数据的方式，主要指已经将计算机内的数据全部备份之后，在使用过程中，在每一个备份时间点都只备份自上次备份以后出现的数据。这一备份方式的特点在于，用户可以自由选择备份数据的时间节点。

（3）差分备份策略

差分备份指每次在备份数据时是上一次完全备份数据所增加或是重新修改过的数据。备份流程为用户在整点时完全备份完数据之后，经过一段时间，用户再将当前时间点内与上次完全备份数据存在差异的数据（更新或改动的数据）进行了备份。

由此可以看出，差分备份策略相比于上述两种备份方式，不仅备份的时间效率更快，数据恢复的操作步骤也相对简单，管理员只需要两个磁盘就能将数据找回和恢复。同时存在缺点，即在对每次备份的大量数据中提取差分数据时，可能出现多次重复提取同一数据内容的情况。

在具体的实际应用中，用户一般会根据备份数据的使用特点，将以上三种数据备份策略结合使用，从而发挥每种备份方式的最大优势。

（二）计算机数据的恢复

计算机数据恢复技术指将受到破坏或丢失的数据恢复到原始位置和文件形式。当前，导致数据损坏和丢失的因素有很多，只有将导致问题的根本性原因分析清楚，才能采取精准的解决方案。此外，计算机系统内的数据可以划分为系统数据和用户数据，大多数计算机系统种类较为单一，具有一定的通用性，数据恢复相对简单，而用户数据包括的内容种类丰富，存储容量相对较大，所以用户数据的恢复更为重要，难度相对较大。

根据具体的操作情境，计算机系统数据遭到破坏和丢失的原因主要有以下三个：

1. 病毒入侵

随着互联网技术的发展，病毒入侵的方式也在不断变化，目前较为常见的病毒入侵是在用户浏览网络页面时，经常会弹出跳转链接，一旦用户不小心点击链接，很可能就会让计算机瞬间被病毒软件入侵，导致系统瘫痪、数据损坏或丢失等问题。因此，用户在使用计算机网络时，应避免下载和安装不熟悉的软件，不随意点击不明网络链接。

2. 计算机硬件设备损坏

计算机的存储硬件一般安装在主机上，在遭到物理冲击，或电路、电压问题导致的零件损坏情况时，数据损坏是不可逆的，如果没有提前进行数据备份，数据被恢复的可能性极低。

3. 用户个体的操作失误

用户在使用计算机时可能会在各种主观和客观因素影响下导致错误操作，如误删文件、误点不明链接、电源中断等操作，均会导致数据的丢失或损坏。因此，为避免这种情况的发生，用户需要养成定期备份数据的习惯。

二、计算机数据的完整性分析

对于数据库来说，计算机数据库的完整性非常重要，在平时有关数据操作的过程中，不可避免地会产生数据输入或输出的错误，从而破坏数据或者数据不一致，如何进行数据完整性保护，找到相应保护措施是十分必要的。

随着科学技术的发展，人们找到了解决数据不完整性的办法，就是容错技术，它的工作原理是给数据库提供正常系统，通过对硬件或者软件的冗余达到减少故障这目的，进而使数据库系统可以自行恢复或者停机。容错技术是以牺牲软件或者硬件为代价，换取系统的可靠性。容错技术具体实现方法如下。

（一）具备一个空闲的备件

容错技术实现的一个前提是系统配置的时候要有一个空闲状态的备件，空闲部件可以取代出现故障的原部件所有功能。例如：一个系统上安装有两个打印机，其中一个是常用的，另一个是不常用的，当常用的打印机出现故障时才启用另外一个打印机，不常用的打印机就是一个空闲备件。空闲备件顶替出现故障的原备件继续工作，然它与原部件又不相同。

（二）具备负载平衡的条件

容错技术在进行的时候，不能将所有的负载都集中在一个处理器中，要分摊到多个处理器中，最终达到负载平衡状态。通常情况下，负载平衡采取的是两个部件同时承担一项任务，当其中一个部件出现故障，另一个部件也可以继续工作。在双电源的服务器中这种做法常见，以防突发电源故障导致系统损坏。

对称多处理的负载平衡多用于网络系统中，对称多处理指的是系统中每一个处理器都有能力去处理任何一项工作，即系统在不同处理器的系统之间保持着负载平衡。所以，对称多处理可以提供容错的能力。

（三）需要掌握镜像技术

系统容错中常见的方法就是镜像技术，在镜像技术作用下，相同的任务由两个等同的系统去完成，其中任意一个系统出现故障，不会影响另一个系统继续正常工作。这种技术多用于磁盘子系统中，两个磁盘控制器可在同样型号磁盘的相同扇区内写入相同内容。镜像技术对系统和任务有共同要求：两个系统相同、完成任务相同。

三、计算机数据库的安全特性与保护

（一）计算机数据库的安全特性

1. 数据独立性

要明确数据独立性，必须区分以下五个概念。

（1）模式

模式也叫逻辑模式，它致力将所有的公共数据都囊括在内，并对数据库中所有数据的特征和内部结构进行描述。但模式并不是数据库的一部分，只是用于描述结构，作为框架来装配数据。

（2）外模式

用户和子模式都属于数据视图，可直接呈现给用户，与其他应用相关的数据逻辑也可以体现出来。外模式是一种数据视图，通常是模式的子集，为所有用户提供服务。

（3）内模式

内模式从内部较低层次开始表现全部数据库,同时定义数据的物理结构和存储方式。

（4）外模式 / 模式映像

同一个模式可以有多个外模式与之相对应,外模式 / 模式映像可以定义外模式中的外模式和模式之间的关系,当需要转变模式时,外模式 / 模式映像也需要做出改变,以保持原来的外模式。

（5）模式 / 内模式映像

模式 / 内模式映像主要用于说明字段和逻辑记录在内部的表现形式,并定义存储结构、数据流、结构之间的关系。当数据库存储结构发生改变时,模式 / 内模式映像也可以做出调整,从而使整体模式保持稳定。

从本质上看,数据独立性的两个主体是程序与数据,分为两个方面,分别是逻辑和物理独立性。内模式转变时,为使整体模式不变,可以调整模式 / 内模式映像。对于整体模式来说,外模式是一个子集,也不会发生独立的转变。另外,外模式是应用程序编程的主要依据,在外模式没有转变时,不需要改变应用程序,如果转变模式,为使外模式保持基本平稳,也可以调整外模式 / 模式映像。外模式则是应用程序编程的依据,在应用程序使外模式保持不变时,也可以保持不变。

2. 数据完整性

数据传输过程是数据库完整性的重点所在,能够对数据完整性起到一定的保证作用,避免输入和输出的过程中出现错误信息,数据库完整性从整体上可以概括为数据库的一致性、正确性和有效性。

3. 数据结构化

数据库系统对象并不是一个应用,而是应用系统的整体,对数据描述和看待,都是从整体观点上出发。

各部门不仅拥有共享的数据,还拥有私有数据。在数据库中,数据线和记录等要素之间存在一定结构,都是互相联系的。所以,如果数据库应用出现新的需求或更高需求,可以对子集进行不同的选取与组合,选择范围更加广泛,系统会更有弹性,然而,这一点很难被文件系统做到。

4. 并发控制

数据库多用户数据共享功能已经全部实现,许多用户能在同一时间内对数据事件进行存取。为保证在共享过程中数据的安全性,防止出现错误、不一致和修改等现象,可以进行并发控制操作,这一操作能够在一定程度上确保数据的正确性。

5. 故障恢复

数据库能够对计算机的电子数据进行保管,数据会在数据库受到破坏时产生损坏,数据库管理系统为使数据库的安全性得到保障,自身也会提供一套方法发现故障并进行修改。

（二）计算机数据库的安全保护

1. 计算机数据库的安全保护层次

（1）数据的网络系统层次安全

目前，在数据库安全中，网络系统层次安全是重要的一部分，纵观整个大环境，保证网络系统的安全是保持数据库安全性的前提，是因为网络系统是出现外部入侵时第一个被入侵的层次。要使数据库的环境足够安全，需要使网络系统能够有能力对外界的攻击进行抵御，只有这样，数据库系统的作用才能被发挥出来。对于数据库安全，网络系统安全是第一道屏障，能够排除绝大多数的危险因素，保证数据库的安全性、完整性和保密性。所以，对于数据库来说，有必要来保证网络系统层次的安全。

（2）数据的操作系统层次安全

由于非法破坏和攻击很容易涉及数据库的系统运行过程，对于数据库系统来说，操作系统是第二道安全保护屏障。所以，推理控制与统计数据的安全、访问控制技术、操作系统的安全管理和系统漏洞分析等是操作系统的主要安全措施。

（3）数据库管理系统层次安全

对于数据库的安全防护，数据库管理系统是最后一道屏障，这道屏障紧密地联系着数据库系统的安全性。数据库系统的安全性在很大程度上也决定数据库管理系统安全性机制的完善程度，从而使许多安全性问题迎刃而解，反之则会受到危险因素的威胁。

数据库系统比较脆弱，入侵者能够通过系统漏洞，非法伪造和篡改数据库文件。所以，解决和防范这些问题是数据库管理系统层中的主要安全措施。

2. 计算机数据库的安全保护机制

（1）身份认证机制

借助特定数据，信息系统可以将系统内用户身份等信息表示出来，计算机只能够识别用户的数字身份，用户授权也仅限于数字身份。要确保只有合法的数字身份拥有者才能操作数字身份，在设置管理时要有依据，所以需要使用身份认证等相关安全技术。

认证服务是其他安全服务的中心，能够保证某个实体身份。对于数据库的安全，数据库身份认证是第一道屏障，能够将非授权用户排除在数据库系统之外。以下身份认证方式是主流数据库系统支持方式。

第一，操作系统认证。用户在认证方式下可以利用操作系统账户直接与数据库相连接，免去用户名和密码设置，这种情况下的系统验证主要是依靠与数据库连接的系统。

第二，数据库系统认证。以加密形式在数据库内部保存数据库用户的账号与口令，口令和账号与操作系统并不联系，仅仅保存在数据库的内部。如果用户需要与数据库相连接，可输入口令和用户账户，得到相应认证。目前，数据系统和操作系统认证被主流的数据库管理系统所支持。

第三，第三方认证。认证数据库用户身份功能已经被许多网络安全认证系统所掌握，密钥分配系统和认证系统是其主要依靠。用户在双重依靠下，可以利用验证令牌和身份证明，对验证请求进行响应。从本质上分析，第三方认证会将一个应用编程界面提供给密钥分配系统，将安全服务提供给所有网络应用程序，所涉及的层面也是全方位的。

（2）访问控制机制

数据库安全控制技术主要包括推导控制、信息流向控制和访问控制，其中应用最广泛的是访问控制技术。这一技术主要用于控制资源访问，决定资源访问是否被许可，还可以控制授权范围，防止非法操作。数据库和操作系统中都有访问控制，但二者的作用不同，数据库中的访问控制对数据粒度的精细化程度要求更高，需要完整定义访问操作，对访问规则进行全面检查。用户只有通过合法认证才能获得授权，这对用户的行为可以起到约束作用。

第一，自主访问控制。系统会参考主体的访问权限和身份，在访问控制过程中进行决策，但自主访问的管理主体为客体属主，属主会以自主方式自行决定是否对其他主体授予自己的部分访问权和客体访问权，即用户通过自主访问控制，属主可以决定是否将文件分享给其他用户。自主访问控制以访问控制矩形阵为表示形式，系统在用户希望操作的情况下，会比照系统的授权存取矩形阵，若通过，该用户的请求会被允许；反之，用户的请求会被拒绝。

因为自主访问控制是根据主体意愿对访问权限进行控制，可以对控制权限进行设置，控制访问资源的用户权限，用户每次都要在验证过后才能访问。所以，要进行相关访问和操作，必须验证合格。这种控制方式主要依照用户要求，灵活性较高。

现在自主访问控制主要用于工业和商业领域，自主访问控制赋予各种应用程序和操作系统管理的功能。自述访问控制应用非常广泛，也比较灵活，但它也存在以下问题：①存在安全风险；②效率不高；③管理复杂且难度大；④易受病毒攻击。

第二，强制访问控制。这种控制方法拥有更高的安全性，在这种控制方法下会通过密集对所有数据对象进行分级，同时分配相应的级别许可证，用户如果想对某一对象进行存取，必须有相应的合法许可证。

第三，多级关系模型。扩展关系模型的自身定义，是使强制访问控制策略应用到关系型数据库中的前提，但是目前很难实现这一要求，也促成多级关系模型的出现，从本质上来看，多级模型会将不同的访问等级分配给不同元组，不同的安全区存在于关系中并各自对应一个访问等级，所有访问等级为 c 的元组，都存在于访问等级为 c 的安全区之内，如果一个主体拥有 c 的访问等级，则能对小于等于 c 的安全区中的所有元组进行访问，以便形成多级关系视图。

（3）数据库加密机制

尽管审计、用户识别和存取控制等各种与数据安全防范相关的功能都附属于大型计算机数据库安全管理系统中，但是保护措施仅针对系统方面，无法很好地防范和拦截黑客，还需要利用一定的保护措施保护数据库文件，进行数据库加密。

对于数据库来说，计算机数据库加密的安全防范措施十分有效。防范措施在控制数据本身时，会利用解密和加密控制，而数据库管理系统是其建立的基础。数据库加密不同于其他加密形式，数据文件中的字段代替数据库成为加密对象，即使黑客对数据文件进行窃取，也无法随意篡改文件，使数据信息获得安全保障，这并不代表数据文件的加密是无效的，并且加密整个数据文件在备份数据并传送到不同区域的过程也十分必要。

用户也在数据库实现加密之后，还需要进行二次加密，二次加密主要利用用户自身密钥，使加密后的数据库安全性大大提升，数据库安全管理员也无法从用户数据库中获取信息。另外，数据库的备份内容在数据库加密后变成密文，很大程度上避免了备份过程中的数据丢失。所以，对于企业内部的安全管理，数据库加密十分重要。

计算机数据库加密的具体要求如下：

第一，字段加密。在了解粒度基础上，再了解字段加密，粒度是记录的每个字段数据，是解密加密的单位，与数据库的操作需求相适应，能够通过解密和加密记录的字段，使数据信息获得更高的安全性。如果加密的是文件，密钥的使用必然会反复，会使加密系统的可靠性降低，也容易出现失效问题。

第二，密钥动态管理。一个逻辑结构在数据库中对应的数据库客体是多个的，可能对应多个数据库的物理课题，其中的逻辑关系十分复杂，并且很难被人们辨别。所以，需要利用密钥动态管理加密数据库，可以进一步解决大量复杂的数据库加密工作。

第三，合理处理数据。合理处理数据的着手点有两个方面：一方面需要对数据库的存储问题进行合理处理，确保加密后的数据库空间开销稳定，需要注意的是，数据库加密对于部分数据库并不是必要的；而另一方面，需要对数据类型进行合理处理，数据库管理系统会将没有妥当处理的数据类型当作不符合定义要求的数据类型，这样数据的加载需求会被拒绝。

四、计算机数据库的安全技术管理

随着互联网技术的快速发展，技术进步带动传统的信息传播方式的改变。正是由于快速而便捷的信息传播方式，使得计算机网络技术得到飞速发展，也具有更为广阔的应用空间。同时，在这样的背景下，如果难以保障全面落实好网络系统中的信息保密工作，容易出现信息泄露的情况，从而造成个人乃至国家的重要经济损失。我们应充分认识到加强信息系统的保密工作以及安全管理的重要性，这样才能更好地维护经济社会的和谐发展，才能更好地保证国家安全。

（一）数据库加密及恢复技术

1. 数据库加密技术

通常情况下，结合各种安全保障措施可以加强计算机数据库的安全管理。不过当其运用于重点领域或是进入敏感范畴，面对攻击时，这些安全保障措施会有不足的地方。黑客依旧会通过一些不合法的手段窃取用户名或者口令，无视规定乱用数据库，更甚者会进入数据库盗取相关文件或者擅自改动信息。

计算机数据库的安全性关系到用户个人的数据隐私。企业可直接对数据库信息系统进行管理，管理者有权访问所有的数据信息。但是在电子商务领域运用时，企业会把经营的有关数据资料交给服务供应商，由他们来管理和保护，这样一来数据也就面临着泄露的风险。

计算机数据库的安全加密技术可以使以上问题迎刃而解，计算机数据库的加密技术主要是把明文数据通过转换（通常是变序和代替）变成密文数据，即将计算机数据库中的数据保存到密文数据，想要使用时可以将其提取出来，然后通过解密的方式获取明文数据。数据的解密和加密是一个相反的过程，解密是加密的逆向过程，即把加密的内容转变为可以看到的明文数据。

计算机数据加密技术可以防止数据库中一些重要数据资料被窃取或丢失，不会被别人轻易进入，保障了数据库中重要数据的安全。所以，计算机数据库加密技术是非常重要的工具，可以有效保证相关单位和部门内部数据的安全。

2. 数据库恢复技术

若对数据库进行恢复需要解决两个问题，一个是对冗余数据的建立和管理；二是如何使用冗余数据将数据库进行恢复。一般情况下有以下两种相关技术。

（1）数据转储技术

后援副本也叫后备副本，它是备份的文本数据，数据转储数据库的管理人员会将数据复制粘贴到磁盘上，从而保存文本数据。一旦数据库遭到破坏，后援副本就能够及时补充被破坏的数据，保证数据不丢失，重新组装后的数据库只有一次恢复数据的转储状态。只有重新运行转储后的数据，方能使数据恢复到故障前的状态。转储有以下两种形态：

第一，静态转储。静态转储指的是数据库系统没有运行事务时所进行的转储形式，是当数据在转储过程中，处于一致状态的数据库。静态转储状态下，无法对数据进行存取和修改。通常情况下，静态转储状态下的副本，数据是一致的，要想正式开始静态转储，只能等所有运行中的业务结束才能开始。但是静态转储也牵制着新事务的运行，导致数据库的利用率明显降低。

第二，动态转储。和静态转储进行比较，动态转储具有更强的可操作性，在数据进行转储的时候可以对数据库中的数据进行修改或者提取，用户的使用不受影响。相比于静态转储，动态转储很好地规避了静态转储中的一些缺点，主要是动态转储可以随时进行数据运行。动态转储也存在缺点，在转储结束的时候其后援副本很难和数据库中的数据保持一致。

（2）日志文件登记技术

日志文件是一种文本形式，功能是记录数据的更新操作，根据数据库的不同系统选择不同的日志格式。从总体上来说，根据基础单位的不同，可以将日志文件分为两种格式：一种是以日志记录为基础，另一种则是以日志数据块为基础。

以记录为基本单位时，需要记录的内容有以下三种：

第一，对事务开端的标记。

第二，对事务结束的标记。

第三，对从开始到结束的记录。因此，日志文件中的记录条可以是所有事务的开始、结尾和更新操作。日志需要记录五项内容：①对事务进行标识化处理，换句话说就是需要注明其属于哪一种事务；②对日志文件操作类型的分类，如对数据的修改、插入或者删除等；③记录数据操作对象，属于内部标识记录；④更新数据以前的数据；⑤更新数据以后的新数据。

在大数据的时代背景下，日志文件的地位不可或缺，可以说起着很关键的作用，日志文件可以修复故障介质、修复系统故障和修复事务过程中的故障。总体来说，日志文件对于修复系统故障至关重要。除此之外，日志文件对于进行动态转储也很重要，因为在进行数据修复的过程中，需要日志文件和后援副本进行结合；静态转储对于日志文件的运用也是必须的；因为一旦数据库被破坏，则可以用后援副本和日志文件进行数据恢复，并且通过日志文件对数据进行各项事务的整理，由此能撤销发生故障时未完成的事务。通过这种方式，可以不再重复被提交的事务，进而使数据能够恢复到故障前的正常状态。

要想使被损数据有效恢复，进行日志文件登记的时候一定要做到这两点：①先编写日志文件，再建立数据库；②要按照时间顺序对事务的执行时间进行记录。这是两种截然不同的操作方式。有时故障在这两种操作方式之间发生，也就是说，数据只完成了其中一项操作。如果只是修改数据，没有通过日志文件进行记录，就很难再次修复。反之，如果先通过日志记录而数据没有做修改，通过日志文件可以对其进行修复，相当于是做了一次没有任何副作用的操作撤销，本质上对数据库的正确性没有影响。所以日志文件是修复数据的基础。

（二）数据库加密的基本特点

数据库的密码控制手段与传统的数据加密不一样，在以往的数据加密只是将报纸文章当作最基础的对象，数据的加密过程与解密过程都是按照原始的由前往后的顺序来执行的。但计算机数据库加密的对象不是其中的全部文件，不能作为最基本的单位，原因是数据库中数据使用的方式不一样。

当面对一些被选择出来的，和检索条件相一致的记录内容时，要迅速地对数据内容进行解密，由于这些数据记录只是全部文件中的一小部分，解密时不能从中间插入进行。以后在数据库加密时，必须思考如何让数据库解密可以从中间某一段着手。计算机数据库加密的基本特点如下：

第一，对数据库进行加密采用公开的密钥密码。一般情况下数据库中的数据都是公开的，用户需要的时候可以随时使用，但前提是要有用户的授权，并且知道密钥。所以数据库采用公开的密钥进行加密。

第二，多级密钥结构。计算机数据库查找的顺序必须是有规律的，加密单位由大到小分为库、表、记录与字段。单数据库中的某一个数据被查找到了，就意味着其所在的库表记录和字段也是明了的，查询者也会知道与查询数据相对应的子密钥，正是这些子密钥共同构成公开密钥，进而供人们需要时可以随时进行解密和加密操作。

（三）数据库加密的技术要求

第一，数据库加密的强度要增大，从而确保数据库的数据在较长时间内不会被大量破解。

第二，对数据库数据进行加密处理后，其需要保存空间只能有轻微变动，不能大幅增加。

第三，要保持系统原来的特点，必须加快加密与解密的速度，以保证用户的体验效率，不会出现延迟的现象。

第四，数据库加密系统要建立一个稳定的、随机应变的体制来管理密钥。数据库加密与解密所采用的密钥保存必须具有安全性，同时使用方便。

第五，数据库的加密与解密技术对合法操作都是公开透明的，加密后的数据与系统原来拥有的功能不会发生冲突。

此外，数据库加密还要符合一些其他要求。比如，要正确认识数据库数据的种类，否则在加密过程中数据会因为与加密数据种类不一致，而导致加载出现错误。

（四）数据库加密的方式方法

最初的数据是通过一些可靠的方式保存在数据库中的，但该种保存方式的安全性不够，可能被入侵者所盗取，并擅自修改数据。所以对数据库所存储的数据进行加密是很有必要的。数据库加密的方式有以下两种。

1. 软件加密方法

根据加密部件和数据管理系统的不同，可以将软件加密分为两个方面：

（1）库内加密

库内加密是在数据库内部进行加密，无论是加密的过程还是解密的过程都是透明的。数据库管理系统（DBMS）是一种操纵和管理数据库的大型软件，用于建立、使用和维护数据库，DBMS 加密或者解密都是在数据物理存储之前完成的，加密密钥保存的位置在 DBMS 能够访问到的系统表（或称数据字典）中。库内加密有着自己独特的优势，即加密功能强，和库外加密有明显区别。此外，库内加密是透明的，可以直接使用，这也是其优势之一。库内加密同时存在着缺点，主要表现在以下几个方面：

第一，加重数据库系统负担。DBMS 一方面要承担正常的功能运作，另一方面还需要承担加密以及解密的运算任务，此任务需要在服务器端进行，所以对数据库系统有较大影响。

第二，在密钥的管理上存在安全的风险。加密密钥和数据库是在一起保存的，密钥的安全性依赖 DBMS 中的访问控制机制，针对这一问题，可以把密钥保存在加装的其他硬件上。

第三，加密功能离不开 DBMS 的支持。但 DBMS 存在着一定的局限性，它只能提供有限的算法和强度，在自主性方面比较差。

（2）库外加密

和库内加密相反，库外加密在数据管理系统之外，主要也是通过加密服务器来进行加密或者解密操作，主要适用于文件加密工作。

计算机数据库的管理和操作系统之间有三种相互连接的方式：①使用文件系统的功能；②使用操作系统 I/O 模型；③使用存储管理。在使用库外加密时，可以对那些在内部存储中运用了 DES、RSA 算法的相关数据先进行加密处理，然后，文件系统会把经过加密处理的那些保存在内部存储中的数据存入数据库文件之中，当读取数据时，只要通过逆方向解密便可获取。

库外加密的密钥的管理难度较低，只需要通过文件加密密钥来进行管理，但是，这种加密方式也有一定的缺点，主要表现在读入数据和写入数据的过程比较复杂，每进行一次读写都需要经过解密与加密的处理，大大影响了编写程序的效率，还会影响读入数据与写入数据库的速度。

2. 硬件加密方法

相对于软件加密，硬件加密在物理存储器和计算机数据库系统的中间层添加硬件层，加密和解密这两个过程都是通过这一硬件层来执行的。不足的是，新增加的硬件可能会和原来的计算机存在的硬件出现兼容问题，导致对读入和写入管理的控制比较麻烦，因此硬件加密方式的运用没有得到普及。

（五）数据库加密的影响因素

1. 加密粒度因素

数据库的加密系统受加密粒度因素的影响，加密粒度从大到小可以分为以表、记录、数据项作为单位等来完成加密和解密工作。通常情况下，加密粒度与灵活度负相关，粒度小则灵活度更高、更安全，但这种技术操作起来比较繁杂，因此在实际操作中，以表作为单位和以数据项作为单位这两种方式使用的频率较高。

以表作为单位的数据库加密方式与操作系统的文件加密方式有一定的相似性，表与表之间通过密钥进行计算，并进行存储。以表作为单位的物理存储实现方式的差异性使得其加密的单位多种多样，可能是文件，也可能是文件块。以表为单位的加密方式是最容易操作实现的，但也意味着其安全性、稳定性、可依赖性程度较低。

以数据项作为单位的数据库加密方式的安全性、稳定性以及操作的灵活性程度虽然高，但是其实现方式也是难度最高的。这种解密方式中的数据项需要独自完成加密工作，还要运用多种数据项密钥，这就需要引进更多的密钥，也会导致密钥自动形成的方式与对其管理运用的难度更高、更复杂。

以记录作为单位的数据库加密方式处于以表作为单位与以数据项作为单位的加密粒度中间，这种加密方式是把记录作为操作的目标，结合在一起共同进行加密与解密的工作。

2. 加密算法因素

对数据进行加密的关键在于加密算法，在进行加密处理的时候，要充分考虑数据库的特征，从而选择有针对性的加密算法。常使用加密算法有以下两种：①对称密钥算法，对称密钥算法指的是加密密钥和解密密钥等同，有时候需要通过加密密钥推算出解密密钥。②非对称密钥算法，非对称密钥算法和对称密钥相反，其解密密钥和加密密钥不等同，通过加密密钥推算不出解密密钥。

3. 密钥管理因素

在对众多的数据进行加密的过程中，每一个加密单元都会有不同的加密密钥，就会出现对众多加密密钥进行管理的问题。加密系统的密钥数量和加密粒度的强弱有很大的关系，它们之间存在着对应关系：加密粒度越小，则密钥数量越多，管理难度也越大。所以，要想确保数据库内容的安全，同时保证密钥交换的效率，就需要通过以下两种方式来处理：①密钥进行集中管理。这种管理方式发挥作用的范围是数据库管理中心地带，在数据库构建的过程中，通常是通过密钥管理中心形成加密密钥，接下来就是对数据做加密处理，然后形成一张密钥表。当用户进入数据库时，密钥管理部门就会启动识别功能，核对用户的身份信息和用户使用的密钥，在进行一系列的审核后，密钥管理机构会调出相关数据的加密密钥，通过解密算法进行数据解密，最后用户获得所需的数据。②多级密钥管理。多级密钥管理机制更受人们关注，对其的研究和应用也更多。在以数据线为单位的加密方式中，系统加密密钥主要由主密钥、表密钥、各个数据项密钥三个结构共同组成。

在数据库系统的整体中存在一个主密钥，其中每一个数据表存在一个表密钥。表密钥需要主密钥进行加密处理，表密钥在这个过程中以密文的方式被储存在数据字典中。通过一个函数，主密钥和每个数据项密钥之间主动形成数据密钥，密钥体制也有不同的级别，和加密的子系统相比，主密钥更加的关键，是核心所在。因此，主密钥的安全性关系到数据库的安全性，对数据库的安全起着决定性作用。

第三章 计算机网络通信技术

第一节 计算机网络理论

一、计算机网络相关背景

21 世纪的一些重要特征就是数字化、网络化与信息化,它是一个以计算机网络为核心的信息时代。要实现信息化就必须依靠完善的计算机通信网络,因为它可以非常迅速地传递信息。因此,计算机网络现在已经成为信息社会的命脉和发展知识经济的重要基础。

计算机网络对社会生活的很多方面以及对社会经济的发展已经产生了不可估量的影响。

物联网的网络通信泛指将终端数据上传到服务平台并能通过服务平台获取数据的传输通道。它通过有线和无线的传输通道,将传感器和终端检测到的数据上传到管理平台,接收管理平台的数据并传送到各个扩展功能节点。这个网络就是我们常说的计算机网络。

随着社会科技、文化和经济的发展,特别是计算机网络技术和通信技术的大发展,人类社会已从工业社会向信息社会进行转变,人们对信息资源的交流与共享的要求越来越强,这些都强烈促进计算机网络的发展。第一颗人造卫星上天,把人类传播信息的能力提高到前所未有的水平，开启了利用卫星进行通信的新时代。20 世纪 70 年代，微型计算机的出现，预示着信息技术的普及成为可能；激光和光纤技术的利用，使信息的处理和传播由"点"扩展到"面"。计算机和通信技术的结合，尤其是网络技术的发展，促进了更大范围的网络互联和信息资源共享。

最早提出关于通过网络进行信息交流设想的人是美国麻省理工学院的 J.C.R. 利克利德。他在《联机人机通信》一文中提出了"巨型网络"的概念，设想每个人可以通过一个全球范围内相互连接的设施，在任何地点迅速获得数据和信息。这个网络概念就其精神实质来说，很像今天的因特网。因特网的发展是以早期的包交换及相关技术的研究为起点的。美国麻省理工学院的 L. 克莱因罗克发表了第一篇关于包交换理论的论文，并出版了关于这个理论的第一本书。包交换主要指在通信网络中将较长的信息分割成若干信息包传送。每一个包就像一个信封，其中有要传送的信息和需要送达目的地的地址，此外还有一个代表这个包在整个信息流中的位置的号码。任何包如果丢失或被阻塞，可以重新发送。当所有的包都抵达目的地时，接收机就将这些数字数据块重新组合成完整的信息。这个称为"包交换"的网络可以使多台计算机使用相同的通信线路，也可以使一个数据流越过拥挤的线路，通过其他路径快速传递。这个利用信息包而不是线路进行通信的理论的提出，是向网络技术方向迈出的重要一步。另一个重要发展使计算机能够互相传递信息的是军用计算机网络 ARPAnet，ARPAnet 是计算机网络最早和最典型的例子，是一个由美国国防部的研究人员和一些大学于 20 世纪 60 年代末共同开发的实验性网络，建立的目的是需要建立一个可以不依靠单一"中央控制计算机"操纵的巨大网络，使整个通信系统不会因网络中的某一部分遭到破坏而停止运行，网络是自主的和自动调节的计算机互联网，允许使用不同存储技术、不同操作系统计算机互联。现在的因特网就是在计算机网络 ARPAnet 的基础上逐渐发展起来的。

计算机网络有很多种类型，这里先给出关于网络、互联网、因特网、万维网和物联网等一些最基本的概念。

网络：由若干节点和连接这些节点的链路组成。网络中的节点可以是计算机、集线器、交换机或路由器等。

互联网：泛指由多个计算机网络通过路由器互连而成的网络，构成一个覆盖范围更大的网络，是"网络的网络"（Network of Networks），在这些网络之间的通信协议（即通信规则）可以是任意的。为了简便起见，以下本书所有关于互联网的称谓统一写作互联网。

因特网：联邦网络委员会（FNC）通过了一项决议，对因特网做出了这样的界定："因特网"是全球性信息系统，在逻辑上由一个以网际互联协议（IP）及其延伸的协议为基础的全球唯一的地址空间连接起来；能够支持使用传输控制协议和国际互联协议（TCP/IP）及其延伸协议，或其他 IP 兼容协议的通信；借助通信和相关基础设施公开或不公开地提供利用或获取高层次服务的机会。因特网以大写字母 I 开头的单词 Internet 来表示。因此，可以说网络把许多计算机连接到一起，而因特网把许多网络连接到一起，因特网是一个最大的互联网。

万维网：万维网是一个由许多互相连接的超文本组成的系统，让 Web 客户端（常用浏览器）通过互联网访问浏览 Web 服务器上的页面。万维网并不等同互联网，万维网只是互联网所能提供的服务之一，是靠着互联网运行的一项服务，而大部分的服务和内容又是在这个最大的互联网—因特网上。万维网是中文名字，其英文全称为 World Wide Web，简写为 WWW，亦作 Web、3W。

物联网：通过各种信息传感设备，如传感器、射频识别（RFID）技术、全球定位系统、红外感应器、激光扫描器、气体感应器等各种装置与技术，实时采集任何需要监控、连接、互动的物体或过程，采集其声、光、热、电、力学、化学、生物、位置等各种需要的信息，与互联网结合形成的一个巨大网络。其目的是实现物与物、物与人，所有的物品与网络的连接，方便识别、管理和控制。这有两层意思：①物联网的核心和基础仍然是互联网，是在互联网基础上的延伸和扩展的网络；②其用户端延伸和扩展到任何物体与物体之间，进行信息交换和通信。

在很多情况下，可以用一朵云表示一个网络，当然也可以表示互联网和因特网。这样做的好处是可以不去关心网络中的细节问题，因而可以集中精力研究涉及与网络互联有关的一些问题。

计算机网络是指将地理位置不同的具有独立功能的多台计算机及其外部设备，通过通信线路连接起来，在网络操作系统，网络管理软件及网络通信协议的管理和协调下，实现资源共享和信息传递的计算机系统。

计算机网络系统由硬件系统和软件系统组成，硬件系统由服务器、计算机、路由器、交换机、网卡、网线、网线接头（模块）等组成。软件系统包含网络操作系统、浏览器、网络通信协议及应用软件等。

二、按照通信方式

（一）有线通信

有线通信是一种通信方式，狭义上现代的有线通信是指有线电信，即利用金属导线、光纤等有形媒质传送信息的方式。光或电信号可以代表声音、文字和图像等。

（二）无线通信

无线通信是利用电磁波信号可以在自由空间中传播的特性进行信息交换的一种通信方式。在移动中实现的无线通信又通称为移动通信，人们把二者合称为无线移动通信。无线通信主要包括微波通信和卫星通信。无线通信的特点是空间传播、投资小、见效快、经济实用、灵活快速；多种传播手段传播各类业务；易受环境因素影响较大；容易受到截获和窃听。

三、按照网络作用范围的不同

（一）广域网

广域网（WideArea Network,WAN）的作用范围通常为几十到几千千米，因而有时也称远程网。广域网是因特网的核心部分，其任务是通过长距离（如跨越不同的国家）运送主机所发送的数据。

连接广域网各节点交换机的链路一般都是高速链路，具有较大的通信容量。

（二）城域网

城域网（Metropolitan Area Networks，MAN）的作用范围一般是一个城市，可跨越几个街区甚至整个城市，其作用距离约为 5 ~ 50km。城域网可以为一个或几个单位所拥有，但也可以是一种公用设施，用来将多个局域网进行互联。目前很多城域网采用的是以太网技术，因此有时也常并入局域网的范围进行讨论。

（三）局域网

局域网（Local Area Network，LAN）一般用微型计算机或工作站通过高速通信线路相连（速率通常在10Mb/s以上），但地理上则局限在较小的范围（如1km左右）。在局域网发展的初期，一个学校或工厂往往只拥有一个局域网，但现在局域网已非常广泛地使用，一个学校或企业大都拥有许多个互联的局域网（这样的网络常称为校园网或企业网）。

（四）个人区域网

个人区域网（Personal Area Netword，PAN）就是在个人工作的地方把属于个人使用的电子设备（如便携式计算机等）用无线技术连接起来的网络，因此也常称为无线个人区域网，其范围大约在 10m 左右。

顺便指出，若中央处理机之间的距离非常近（如仅1m的数量级或甚至更小些），则一般就称之为多处理机系统而不称之为计算机网络。

四、不同使用者的网络

（一）公用网（Public Network）

这是指电信公司（国有或私有）出资建造的大型网络。"公用"的意思就是所有愿意按电信公司的规定交纳费用的人都可以使用这种网络。因此公用网也可称为公众网。

（二）专用网（Private Network）

这是某个部门为本单位特殊业务工作的需要而建造的网络。这种网络不向本单位以外的人提供服务。例如，军队、铁路、电力等系统均有本系统的专用网。

公用网和专用网都可以传送多种业务，如传送的是计算机数据，则分别可用公用计算机网络和专用计算机网络。

五、按交换方式进行分类

（一）线路交换网络

线路交换网络最早出现在电话系统中，早期的计算机网络就是采用此方式来传输数据的，数字信号经过变换成为模拟信号后才能在线路上传输。

（二）报文交换网络

报文交换网络是一种数字化网络。当通信开始时，源机发出的一个报文被存储在交换机里，交换机根据报文的目的地址选择合适的路径发送报文，这种方式称作存储—转发方式。

（三）分组交换网络

分组交换网络采用报文传输，但它不是以不定长的报文作为传输的基本单位，而是将一个长的报文划分为许多定长的报文分组，以分组作为传输的基本单位。灵活性高且传输效率高。这不仅极大地简化了对计算机存储器的管理，而且也加速了信息在网络中的传播速度。

由于分组交换优于线路交换和报文交换，具有许多优点，因此它已成为计算机网络的主流。

六、按网络拓扑结构进行分类

计算机网络的物理连接形式称为网络的物理拓扑结构。连接在网络上的计算机、大容量的外存、高速打印机等设备均可看作是网络上的一个节点，也称为工作站。

（一）星状拓扑结构

星状布局是以中央节点为中心与各节点连接而组成的，各个节点间不能直接通信，而是通过中央节点控制进行通信。这种结构适用于局域网，特别是近年来连接的局域网大都采用这种连接方式。这种连接方式以双绞线或同轴电缆作连接线路。①星状拓扑结构的优点是：安装容易，结构简单，费用低，通常以集线器（Hub）作为中央节点，便于维护和管理。中央节点的正常运行对网络系统来说是至关重要的，便于管理、组网容易、网络延迟时间短、误码率低。②星状拓扑结构的缺点是：共享能力较差、通信线路利用率不高、中央节点负担过重。

（二）环状拓扑结构

环状网中各节点通过环路接口连在一条首尾相连的闭合环形通信线路中，环路上任何节点均可以请求发送信息。请求一旦被批准，便可以向环路发送信息。一个节点发出的信息必须穿越环中所有的环路接口，信息流中目的地址与环上某节点地址相符时，即被该节点的环路接口所接收，而后信息继续流向下一环路接口，一直流回发送该信息的环路接口节点为止，这种结构特别适用于实时控制的局域网系统。

环状拓扑结构的优点是：安装容易，费用较低，电缆故障容易查找与排除。有些网络系统为了提高通信效率和可靠性，采用双环结构，即在原有单环上再套一个环，使每个节点都具有两个接收通道，简化了路径选择的控制，可靠性较高、实时性强。

环状拓扑结构的缺点是：节点过多时传输效率低、故扩充不方便。

（三）总线状拓扑结构

用一条称为总线的中央主电缆，将相互之间以线性方式连接的工作站连接起来的布局方式称为总线状拓扑。总线拓扑结构是一种共享通路的物理结构。这种结构中总线具有信息的双向传输功能，普遍用于局域网的连接，总线一般采用同轴电缆或双绞线。

总线拓扑结构的优点是：结构简单、安装容易、便于扩充、可靠性高、响应速度快、设备量少、价格低、安装使用方便、共享资源能力强、便于广播式工作。

总线结构也有其缺点：由于信道共享，连接的节点不直过多，并且总线自身的故障可以导致系统崩溃。总线长度有一定限制，一条总线也只能连接一定数量的节点。

（四）树状拓扑结构

树状结构是总线状结构的扩展，它是在总线网上加上分支形成的，其传输介质可有多条分支，但不形成闭合回路。树状拓扑结构就像一棵"根"朝上的树，与总线拓扑结构相比，主要区别在于总线拓扑结构中没有"根"，该种拓扑结构的网络一般采用同轴电缆。

树状拓扑结构的优点：优点是容易扩展、故障也容易分离处理。具有一定容错能力、可靠性强、便于广播式工作、容易扩充。

树状拓扑结构的缺点：整个网络对"根"的依赖性很大，一旦网络的"根"发生故障，整个系统就不能正常工作。

（五）网状拓扑结构

将多个子网或多个网络连接起来构成的网络拓扑结构。在一个子网中，集线器、中继器将多个设备连接起来，而桥接器、路由器及网关则将子网连接起来。

网状拓扑结构的优点：可靠性高、资源共享方便，有好的通信软件支持的情况下下通信效率高。

网状拓扑结构的缺点：造价高、结构复杂、软件控制麻烦。

七、按传输介质分类

传输介质就是指用于网络连接的通信线路。目前常用的传输介质有同轴电缆、双绞线、光纤、卫星、微波等有线或无线传输介质，相应可将网络分为同轴电缆网、双绞线网、光纤网、卫星网和无线网。

八、按带宽速率分类

带宽速率指的是"网络带宽"和"传输速率"两个概念。传输速率是指每秒钟传送的二进制位数，通常使用的计量单位为 b/s、kb/s、Mb/s。按网络带宽可以分为基带网（窄带网）和宽带网；按传输速率可以分为低速网、中速网和高速网。

九、按通信协议分类

通信协议是指网络中的计算机进行通信所共同遵守的规则或约定。在不同的计算机网络中采用不同的通信协议。在局域网中，以太网采用 CSMA 协议，令牌环网采用令牌环协议，广域网中的报文分组交换网采用 X.25 协议，Internet 网采用 TCP/IP 协议。

第二节　有线网络通信

有线通信顾名思义就是借助有形媒质（如光纤金属线）来传递信息。有线通信尽管受到有线的限制，但正是如此，有线通信相对无线通信来讲更加稳定，基本不受外界的影响，如果依附在比较强的媒介上，数据传输会更高速。在安全性能方面，因有线产生很小的辐射对人产生的伤害很小。除此之外，有线通信通过电缆传输数据能有效监控数据正确与否，还能由数据的分析预测故障发生的概率，进而提前做好准备，预防数据丢失的情况。尽管当前社会的主流是无线网络但是一些特定环境中，有线通信还是不可或缺的。

按照传输内容可分为有线电话、有线电报、有线传真等。按照信号的调制方式可分为基带传输、调制传输。按照传输信号特征分为数字通信、模拟通信。按照传送信号的复用方式可分为频分复用、时分复用、码分复用。有线通信的特点是一般受干扰较小，可靠性高，保密性强，但建设费用大。常用的媒介有光纤、同轴电缆、电话线、网线等。

目前，我们现在的固定电话网、有线电视网和主干的计算机网络都是采用有线通信网络。

一、因特网概述

因特网（Internet）是一组全球信息资源的总汇。有一种粗略的说法，认为 Internet 是由于许多小的网络（子网）互联而成的一个逻辑网，每个子网中连接着若干台计算机（主机）。Internet 以相互交流信息资源为目的，基于一些共同的协议，并通过许多路由器和公共互联网而成，它是一个信息资源和资源共享集合。

（一）因特网的组成结构

人们组建因特网的目的是实现不同位置计算机间的相互通信和资源共享，如果从因特网各组成部件所完成的功能来划分，可以将因特网分为通信子网与资源子网两大部分。

1. 通信子网

多台计算机间的相互联通是组成因特网的前提，通信子网的目的在于实现网络内多台计算机之间的数据传输。通常情况下，通信子网多由以下几部分组成。

（1）传输介质

传输介质是数据在传输过程中的载体，计算机网络内常见的传输介质分为有线传输介质和无线传输介质两种类型。

①有线传输介质是指能够使多个通信设备实现互联的物理连接部分。计算机网络发展至今，使用过同轴电缆、双绞线和光纤3种不同的有线传输介质。

②无线传输是一种不使用任何物理连接，而是通过空间进行数据传输，以实现多个通信设备互连的技术，其传输介质主要有红外线、激光、微波等。

（2）网络互联设备

数据在网络中是以"包"的形式传递的，但不同网络的"包"，其格式也不尽相同的。如果在不同的网络间传送数据，由于包格式不用，导致数据无法传送，于是网络间连接设备就充当"翻译"的角色，将一种网络中的"信息包"转换成另一种网络的"信息包"。

信息包在网络间的转换，与OSI的七层模型关系密切。如果两个网络间的差别程度小，则需转换的层数也少。例如以太网与以太网互联，因为它们属于一种网络，数据包仅需转换到OSI的第二层（数据链路层），所需网间连接设备的功能也简单（如网桥）；若以太网与令牌环网相联，数据信息需转换至OSI的第三层（网络层），所需中介设备也比较复杂（如路由器）；如果连接两个完全不同结构的网络TCP/IP和SNA，其数据包需做七层的转换，需要的连接设备也最复杂（如网关）。

2. 资源子网

对于因特网用户而言，资源子网实现了面向用户提供和管理共享资源的目的，是因特网的重要组成部分，通常由以下几部分组成。

（1）服务器

服务器是计算机网络中向其他计算机或网络设备提供服务计算机，通常会按照所提供服务的类型被冠以不同的名称，如数据库服务器、邮件服务器等。

（2）客户机

客户机是一种与服务器相对应的概念。在计算机网络中，享受其他计算机所提供服务的计算机就称为客户机。

（3）打印机、传真机等共享设备

共享设备是计算机网络共享硬件资源的一种常见方式，而打印机、传真机等设备则是较为常见的共享设备。

（4）网络软件

网络软件主要分为服务软件和网络操作系统两种类型。其中，网络操作系统管理着网络内的软硬件资源，同时在服务软件的支持下为用户提供各种服务项目。

（二）物联网与互联网的区别

物联网是射频识别技术与互联网结合而产生的新型网络，主要解决物品到物品（Thing to Thing，T2T）、人到物品（Human to Thing，H2T）、人到人（Human to Human，H2H）之间的互联。其中，H2T是指人利用通用装置与物品之间的连接，H2H是指人之间不依赖于个人计算机而进行的互连。物联网具有与互联网类同的资源寻址需求，以确保其中联网物品的相关信息能够被高效、准确和安全地寻址、定位和查询，其用户端是对互联网的延伸和扩展，即任何物品和物品之间可以通过物联网进行信息交换和通信。因此，物联网又在以下几个方面有别于互联网。

1. 不同应用领域的专用性

互联网的主要目的是构建一个全球性的信息通信计算机网络，通过TCP/IP技术互联全球所有的数据传输网络，在较短时间实现了全球信息互联、互通，但是也带来了互联网上难以克服的安全性、移动性和服务质量等一系列问题。而物联网则主要从应用出发，利用互联网、无线通信网络资源进行业务信息的传送，是互联网、移动通信网络应用的延伸，也是自动化控制、遥控遥测及信息应用技术的综合发展。不同应用领域的物联网均具有各自不同的属性。例如，汽车电子领域的物联网不同于医疗卫生领域的物联网，医疗卫生领域的物联网不同于环境监测领域的物联网，环境监测领域的物联网不同于仓储物流领域的物联网，仓储物流领域的物联网不同于楼宇监控领域的物联网，等等。由于不同应用领域具有完全不同的网络应用需求和服务质量要求，物联网节点大部分都是资源受限的节点，只有通过专用联网技术才能满足物联网的应用需求。物联网应用特殊性以及其他特征，使得它无法再复制互联网成功的技术模式。

2. 高度的稳定性和可靠性

物联网是与许多关键领域物理设备相关的网络，必须至少保证该网络是稳定的。例如，在仓储物流应用领域，物联网必须是稳定的，不能像现在的互联网一样，时常网络不通、电子邮件丢失等，仓储的物联网必须稳定地检测进库和出库的物品，不能有任何差错。有些物联网需要高可靠性，例如医疗卫生的物联网，必须要求具有很高的可靠性，保证不会由于物联网的误操作而威胁病人的生命。

3. 严密的安全性和可控性

物联网的绝大多数应用都涉及个人隐私或机构内部秘密，因而物联网必须提供严密的安全性和可控性：物联网系统具有保护个人隐私、防御网络攻击的能力，物联网的个人用户或机构用户可以严密控制物联网中信息采集、传递和查询操作，且不会由于个人隐私或机构秘密的泄露而造成对个人或机构的伤害。

尽管物联网与互联网有很大的区别，但是从信息化发展的角度看，物联网的发展与互联网的发展密不可分，而且和移动电信网络的发展、下一代网络以及网络化物理系统、无线传感网络等都有千丝万缕的联系。

（三）因特网提供的服务

1. 万维网（WWW）服务

万维网是 Internet 上集文本、声音、图像、视频等多媒体信息于一身全球信息资源网络，是 Internet 上的重要组成部分。在网页浏览器（Web browser）方式下，可以浏览、搜索、查询各种信息，可以发布自己的信息，可以与他人进行实时或者非实时的交流，可以游戏、娱乐、购物等。万维网的网页文件是超文本标记语言（Hyper Text Markup Language，HTML）编写，并在超文本传输协议（Hype Text Transmission Protocol，HTTP）支持下运行的。超文本中不仅含有文本信息，还包括图形、声音、图像、视频等多媒体信息（故超文本又称超媒体），更重要的是超文本中隐含着指向其他超文本的链接，这种链接称为超链（Hyper Links），利用超文本，用户能轻松地从一个网页链接到其他相关内容的网页上，而不必关心这些网页分散在何处的主机中。

2. 电子邮件服务

E-mail 是 Internet 上使用最广泛的一种服务。用户只要能与 Internet 连接，具有能收发电子邮件的程序及个人的 E-mail 地址，就可以与 Internet 上具有 E-mail 的所有用户方便、快速、经济地交换电子邮件，可以在两个用户间交换，也可以向多个用户发送同一封邮件，或将收到的邮件转发给其他用户。电子邮件中除文本外，还包含声音、图像、应用程序等各类计算机文件。此外，用户还可以邮件方式在网上订阅电子杂志、获取所需文件、参与有关的公告和讨论组，甚至还可浏览 WWW 资源。

收发电子邮件必须有相应的软件支持。常用的收发电子邮件的软件有 Exchange，Outlook Express 等，这些软件提供邮件的接收、编辑、发送及管理功能。大多数 Internet 浏览器也都包含收发电子邮件的功能，如 Internet Explorer 和 Navigator/Communicator，邮件服务器使用的协议有简单邮件转输协议（Simple Mail Transfer Protocol，SMTP），电子邮件扩充协议（Multipurpose Internet Mail Extensions，MIME）和邮局协议（Post Office Protocol，POP）。POP 服务需由一个邮件服务器来提供，用户必须在该邮件服务器上取得账号才可能使用这种服务。使用得较普遍的 POP 协议为第 3 版，故又称为 POP3 协议。

3. 远程登录服务

远程登录服务又被称为 Telnet 服务，其也是 Internet 中最早提供的服务功能之一。Telnet 是 Internet 远程登录服务的一个协议，该协议定义了远程登录用户与服务器交互的方式。远程登录就是通过 Internet 进入和使用远距离的计算机系统，就像使用本地计算机一样。要使用远程登录服务，必须在本地计算机上启动一个客户应用程序，指定远程计算机的名字，并通过 Internet 与之建立连接。一旦连接成功，本地计算机就成为远端计算机的终端，用户可以正式注册（Login）进入远端计算机系统成为合法用户，直接访问远程计算机系统的资源。远程登录软件允许用户直接与远程计算机交互，通过键盘或鼠标操作，客户应用程序将有关的信息发送给远程计算机，之后再由服务器将输出结果返回给用户。在完成操作任务后，通过注销（Logout）退出远端计算机系统，同时退出 Telnet，用户的键盘、显示控制权又回到本地计算机。一般用户可以通过 Windows 的 Telnet 客户程序进行远程登录。

4.文件传输服务

文本传输服务又称为 FTP 服务，它是 Internet 中最早提供的服务功能之一，仍在广泛使用。FTP（File Transfer Protocol）协议是 Internet 上文件传输的基础，通常所说的 FTP 是基于该协议的一种服务。FTP 文件传输服务允许 Internet 上的用户将一台计算机上的文件传输到另一台上，几乎所有类型的文件，包括文本文件、二进制可执行文件、声音文件、图像文件、数据压缩文件等，都可以用 FTP 传送。

FTP 实际上是一套文件传输服务软件，它以文件传输为界面，使用简单的 get 或 put 命令进行文件的下载或上传，如同在 Internet 上 执行文件复制命令一样。大多数 FTP 服务器主机都采用 UNIX 操作系统，但普通用户通过 Windows 操作系统也能方便地使用 FTP。

FTP 最大的特点是用户可以使用 Internet 上 众多的匿名 FTP 服务器。所谓匿名服务器，指的是不需要专门的用户名和口令就可进入的系统。用户连接匿名 FTP 服务器时，都可以用 Anonymous 作为用户名，以自己的 E-mail 地址作为口令登录。登录成功后，用户便可以从匿名服务器上下载文件。匿名服务器的标准目录为 pub，用户通常可以访问该目录下所有子目录中的文件。考虑到安全问题，大多数匿名服务器不允许用户上传文件。

5.Usenet 网络新闻组服务

Usenet 是一个由众多趣味相投的用户共同组织起来的各种专题讨论组集合。通常也将之称为全球性的电子公告板系统（Bulletin Board Service，BBS），Usenet 用于发布公告、新闻、评论及各种文章供网上用户使用和讨论。Usenet 按不同的主题分为多个栏目，栏目的划分是依据大多数 Usenet 使用者的需求、喜好而设立，每个栏目内部还可以分出更多的子栏目。BBS 的使用权限分为浏览、发帖子、发邮件、发送文件和聊天等。Usenet 实际上也是一种网站，从技术角度讲，实际上是在分布式信息处理系统中在网络的某台计算机上设置的一个公共信息存储区。Usenet 的交流特点与 Internet 最大的不同，正像被描述为一个"公告牌"一样，运行在 Usenet 站点上的绝大多数电子邮件都是公开信件，用户所面对的将是站点上几乎全部的信息，几乎任何上网用户都有自由浏览的权力，只有经过正式注册的用户可以享有其他服务。用户除了可以选择参加感兴趣的专题小组，也可以自己开设新的专题组。只要有人参加，该专题组就可一直存在下去；若经过一段时间无人参加，则这个专题组便会被自动删除。

6.网络电话

对于上述 Internet 提供的服务而言，网络电话是 Intenet 上的一种新的科技，它使人们通过一台 PC 打电话到世界任何一部普通电话机上，而不仅仅是 PC 到 PC 的网上电话。

7.IRC

IRC（Internet Relay Chat）是一种网络即时聊天系统。它的最大的优点速度特别快，用户在发送信息的时候基本上感觉不到信息的停滞，而且支持在线的文件传递以及安全的私聊功能。相对于 BBS 来说，它有着更直观、更友好的界面。

8.ICQ

ICQ 是英文 I Seek you 的连音缩写，人们常称之为"网络寻呼机"，是一种免费网络软件。主要功能是可与网上同样安装有 ICQ 的用户发送信息或进行交流。可以即时发送文字信息、语音信息、聊天和发送文件，并让使用者侦测出朋友的连网状态。而且它还具有很强的"一体化"功能，可以将寻呼机、手机、电子邮件等多种通信方式集于一身。

二、万维网

人们普遍认为超文本的概念源于范尼瓦·布什。他在 20 世纪 30 年代即提出了一种称为 Memex（Memory Extender，存储扩充器）的设想，预言了文本的一种非线性结构，写成文章 As We May Think，在《大西洋月刊》发表。该篇文章呼唤在有思维的人和所有的知识之间建立一种新的关系。由于条件所限，布什的思想在当时并没有变成现实，但是他的思想在此后的 50 多年中产生了巨大影响。

德特·纳尔逊创造了术语"超文本"，德特在其著作中使用术语"超文本"描述了这一想法：创建一个全球化的大文档，文档的各个部分分布在不同的服务器中。通过激活称为链接的超文本项目，例如研究论文里的参考书目，就可以跳转到引用的论文。20世纪 80 年代后期，超文本技术已经出现。当时，国际间超文本学术会议，每次都有上百篇论文问世。只是没有人想到将其用之于计算机网络上。在大家眼中，超文本只是一种新型文本而已。电子媒介的崛起深刻改变了世界的文化面貌。电影、电视可以把纸面上的文学转换成可视可听的电子形式，计算机的技术条件所提供的"超文本"使罗兰·巴特设想过的"可写文本"变成了现实。

万维网是欧洲粒子物理实验室的 Tim Berners Lee 最初提出的。他成功开发出世界上第一个 Web 服务器和第一个 Web 客户机，并正式定名为 World Wide Web，即人们熟悉的 WWW，中文名字叫万维网。虽然这个 Web 服务器简陋得只能说是欧洲核子研究组织 CERN 的电话号码簿，它只是允许用户进入主机以查询每个研究人员的电话号码，但它实实在在是一个所见即所得的超文本浏览 / 编辑器。

万维网是基于 TCP/IP 协议实现的，TCP/IP 协议由很多协议组成，不同类型的协议又被放在不同的层，其中，位于应用层的协议就有很多，如 FTP，SMTP，HTTP 等。只要应用层使用的是 HTTP 协议，就称为万维网（World Wide Web）。之所以在浏览器里输入网址时，能看见某网站提供的网页，就是因为用户个人浏览器和某网站的服务器之间使用的是 HTTP 协议在交流。

万维网是一个分布式的超媒体系统，它是超文本系统的扩充。利用一个链接可以使用户找到另一个文档，而这又可链接到其他文档（依次类推）。这些文档可以位于世界上任何一个连接在因特网上的超文本系统中。超文本是万维网的基础。分布式和非分布式的超媒体系统有很大区别。在非分布式系统中，各种信息都驻留在单个计算机的磁盘中。由于各种文档都可从本地获得，因此这些文档之间的链接可进行一致性检查。所以，一个非分布式超媒体系统能够保证所有的链接都是有效的和一致的。

万维网分为Web客户端和Web服务器程序。万维网可以让Web客户端（常用浏览器）访问浏览 Web 服务器上的页面。是一个由许多互相链接的超文本组成的系统，通过互联网访问。在这个系统中，每个有用的事物，称为一种"资源"；并且由一个全局"统一资源标识符"（URI）标识；这些资源通过超文本传输协议传送给用户，然而后者通过点击链接来获得资源。

（一）超文本 HT

超文本（Hyper Text，HT）是超级文本的中文缩写。超文本是用超链接的方法，将各种不同空间的文字信息组织在一起的网状文本。超文本更是一种用户界面范式，用以显示文本及与文本之间相关的内容。现时超文本普遍以电子文档方式存在，其中的文字包含可以连接到其他位置或者文档的连接，允许从当前阅读位置直接切换到超文本链接所指向的位置。概括地说，超文本就是收集，存储和浏览离散信息以及建立和表现信息之间关联的一门网络技术。超文本的格式有很多，目前最常使用的是超文本标记语言（HTML）及富文本格式。

超文本是由一个称为网页浏览器（Web Browser）的程序显示，网页浏览器通过一种超文本方式，把网络上不同计算机内的信息有机地结合在一起，并且可以通过超文本传输协议（HTTP）从一台网页服务器（Web Server）转到另一台网页服务器上检索信息，从网页服务器取回称为"文档"或"网页"的信息并显示。人们日常浏览的网页上的链接都属于超文本。超媒体与超文本的区别是文档内容不同。超文本文档仅包含文本信息，而超媒体文档还包含其他表示方式的信息，如图形、图像、声音、动画，甚至活动视频图像。人们可以跟随网页上的超链接（Hyperlink），再取回文件，甚至也可以送出数据给服务器。顺着超链接走的行为又称为浏览网页。相关的数据通常排成一群网页，又称为网站。网页服务器能发布图文并茂的信息，甚至在软件支持的情况下还可以发布音频和视频信息。

此外，Internet 的许多其他功能，例如 E-mail、Telnet、FTP、WA1S 等都有可通过 Web 实现。

（二）超链接 Hyperlink

超链接是超级链接（Hyperlink）的简称，在本质上属于一个网页的一部分，是一种允许人们同其他网页或站点之间进行连接的元素。各个网页连接在一起后，才能真正构成一个网站。所谓的超链接是指从一个网页指向一个目标的连接关系，这个目标可以是另一个网页，也可以是相同网页上的不同位置，还可以是一个图片、一个电子邮件地址、一个文件，甚至是一个应用程序。在一个网页中用来超链接的对象，可以是一段文本或者是一个图片。当浏览者单击已经链接的文字或图片后，链接目标将显示在浏览器上，并且根据目标的类型来打开或运行。

如果按照超链接使用对象的不同，网页中的链接又可以分为文本超链接、图像超链接、E-mail 链接、锚点链接、多媒体文件链接和空链接等。超链接是一种对象，它以特殊编码的文本或图形的形式来实现链接，如果单击该链接，则相当于指示浏览器移至同一网页内的某个位置，或打开一个新的网页，或打开某一个新的 WWW 网站中的网页。

网页上的超链接一般分为 3 种：第一种是绝对（URL）的超链接。URL 就是统一资源定位符，简单地讲就是网络上的一个站点、网页的完整路径。第二种是相对 URL 的超链接。如将自己网页上的某一段文字或某标题链接到同一网站的其他网页上面。第三种称为同一网页的超链接，这种超链接又可称为书签。

（三）超文本传输协议 HTTP

超文本传输协议（HTTP）是互联网上应用最为广泛的一种网络协议。超文本（Hypertext）是 HTTP 超文本传输协议标准架构的发展根基。超文本传输协议提供了访问超文本信息的功能，是网页浏览器和网页服务器之间的应用层通信协议。HTTP 协议是用于分布式协作超文本信息系统的、通用的、面向对象的协议。通过扩展命令，它可用于类似的任务，如域名服务或分布式面向对象系统。网页使用 HTTP 协议传输各种超文本页面和数据。

（四）超级文本标记语言 HTML

超文本标记语言（Hypertext Markup Language，HTML）是标准通用标记语言下的一个应用，也是一种规范，一种标准。它通过标记符号来标记要显示的网页中的各个部分。网页文件本身是一种文本文件，通过在文本文件中添加标记符，可以告诉浏览器如何显示其中的内容（如文字如何处理、画面如何安排、图片如何显示等），浏览器按顺序阅读网页文件，然后根据标记符解释和显示其标记的内容，对书写出错的标记将不指出其错误，且不停止其解释执行过程，编制者只能通过显示效果来分析出错原因和出错部位。但需要注意的是，对于不同的浏览器，对同一标记符可能会有不完全相同的解释，因而可能会有不同的显示效果。

超级文本标记语言文档制作不是很复杂，但功能强大，且支持不同数据格式的文件镶入，这也是万维网盛行的原因之一，其主要特点如下。

1. 简易性

超级文本标记语言版本升级采用超集方式，从而更加灵活方便。

2. 可扩展性

超级文本标记语言的广泛应用带来了加强功能，增加标识符等要求，超级文本标记语言采取子类元素的方式，为系统扩展带来保证。

3. 平台无关性

虽然个人计算机大行其道，使用 MAC 等其他机器的大有人在，超级文本标记语言可以使用在广泛的平台上，这也是万维网（WWW）盛行的另一个原因。

4.通用性

另外，HTML 是网络的通用语言，一种简单、通用全置标记语言。它允许网页制作人建立文本与图片相结合的复杂页面，这些页面可以被网上任何其他人浏览到，无论使用的是什么类型的计算机或浏览器。

网页的本质就是超级文本标记语言，通过结合使用其他 Web 技术（如脚本语言、公共网关接口、组件等），可以创造出功能强大的网页。因而，超级文本标记语言是万维网（Web）编程的基础，也就是说万维网是建立在超文本基础之上的。超级文本标记语言之所以称为超文本标记语言，是因为文本中包含所谓"超级链接"点。

网站由众多不同内容的网页构成，网页的内容可体现网站的全部功能，是网站的基本信息单位，是万维网的基本文档。网页由文字、图片、动画、声音等多种媒体信息以及链接组成，是用 HTML 编写的，可在万维网上传输，能被网页浏览器识别并显示的文本文件。

国际互联网 Internet 20 世纪 60 年代就诞生了，为什么没有迅速流传开来呢？其实，很重要的原因是当时连接到 Internet 需要经过一系列复杂的操作，非专业人员很难操作上网，网络的权限也很分明，而且网上内容的表现形式极端单调枯燥。正是由于万维网的出现，使因特网从仅由少数计算机专家使用变为普通百姓也能利用的信息资源，成为因特网的这种指数级增长的主要驱动力。因此，万维网的出现是因特网发展中的一个非常重要的里程碑。

第三节　无线网络通信

一、无线广域网

无线广域网（WWAN）多是采用无线网络把物理距离极为分散的局域网（LAN）连接起来的通信方式。WWAN 连接地理范围较大，常常是一个国家或是一个洲。其目的是让分布较远的各局域网互联，它的结构分为末端系统（两端的用户集合）和通信系统（中间链路）两部分。

IEEE 802.20 是 WWAN 的重要标准。IEEE 802.20 是由 IEEE 802.16 工作组提出的，并为此成立专门的工作小组，这个小组独立为 IEEE 802.20 工作组。IEEE 802.20 是为实现高速移动环境下的高速率数据传输，以弥补 IEEE 802.1x 协议族在移动性上的劣势。IEEE 802.20 技术可以有效解决移动性与传输速率相互矛盾的问题，它是一种适用于高速移动环境下的宽带无线接入系统空中接口规范，其工作频率小于 3.5GHz。

IEEE 802.20 标准在物理层技术上，并以正交频分复用技术（OFDM）和多输入多输出技术（MIMO）为核心，充分挖掘时域、频域和空间域的资源，大幅提高系统的频谱效率。IEEE 802.20 能够满足无线通信市场高移动性和高吞吐量的需求，具有性能好、效率高、成本低和部署灵活等特点。其设计理念符合下一代无线通信技术的发展方向，因而是一种非常有前景的无线技术。

二、无线城域网

无线城域网（WMAN）的推出是为了满足日益增长的宽带无线接入（BWA）市场需求。虽然多年来 802.11x 技术一直与许多其他专有技术一起被应用于 BWA，并获得很大成功，但是 WLAN 的总体设计及其提供的特点并不能很好地适用于室外的 BWA 应用。当其用于室外时，在带宽和用户数方面将受到限制，同时存在着通信距离等其他一些问题。基于上述情况 IEEE 决定制定一种新的、更复杂的全球标准，这个标准应能同时解决物理层环境（室外射频传输）和 QoS 两方面的问题，以满足 BWA 和"最后一公里"接入市场的需要。

（一）IEEE 802.16 协议结构

IEEE 802.16 协议规定了 MAC 层和 PHY 层的规范。MAC 层独立于 PHY 层，并且支持多种不同的 PHY 层。IEEE 802.16 的 MAC 层采用分层结构，分为 3 个子层：特定业务汇聚子层（CS）负责将业务接入点（SAP）收到的外部网络数据转换和映射到 MAC 业务数据单元（SDU），并传递到 MAC 层业务接入点；公共部分子层（CPS）是 MAC 的核心部分，主要功能包括系统接入、带宽分配、连接建立和连接维护等，将 CS 层的数据分类到特定的 MAC 连接，同时对物理层上传输和调度的数据实施 QoS 控制；加密子层主要功能是提供认证、密钥交换和加解密处理。IEEE 802.16 的 MAC 层支持两种网络拓扑方式，802.16 主要针对点对多点（PMP）结构的宽带无线接入应用而设计。为了适应 2 ~ 11GHz 频段的物理环境和不同业务需求，802.16a 增强了 MAC 层的功能，提出了网状（Mesh）结构，用户站之间可以构成小规模多跳无线连接。IEEE 802.16 MAC 层是基于连接的，用户站进入网络后会与基站（BS）建立传输连接。SS 在上行信道上进行资源请求，可由 BS 根据链路质量和服务协定进行上行链路资源分配管理。

（二）IEEE 802.16 系列标准

IEEE 802.16 是为制定无线城域网标准成立的工作组。成立 WIMAX 论坛组织，因而相关无线城域网技术在市场上又称为"WIMAX 技术"。该组织对基于 IEEE 802.16 标准和 ETSI HiperMAN 标准的宽带无线接入产品进行兼容性和互操作性的测试和认证，发放 WIMAX 认证标志，借此推动无线宽带接入技术的发展。

IEEE 802.16 工作组通过最早的 IEEE 802.16 标准，发布了修正和扩展后的 IEEE 802.16a 标准。该标准工作频段为 2 ~ 11GHz，在 MAC 层提供了 QoS 保证机制，支持语音和视频等实时性业务。通过的 IEEE 802.16d 标准，对 2 ~ 66GHz 频段的空中接口物理层和 MAC 层做了详细的规定。该协议作为相对成熟的版本，业界各大厂商基于该标准开发产品。IEEE 批准 IEEE 802.16e 标准，该标准在 2 ～ 6GHz 频段上支持移动宽带接入，实现了移动中提供高速数据业务的宽带无线接入解决方案。以 IEEE 802.16 系列标准为基础的 WIMAX 技术，支持固定（802.16d）与移动（802.16e）宽带无线接入，基站覆盖范围达 km 量级，为宽带数据接入提供了新的解决方案。

1.IEEE 802.16d/e 的物理层

可选用单载波、正交频分复用（OFDM）和正交频分多址（OFDMA）共 3 种技术。单载波选项主要是为了兼容 10 ～ 66GHz 频段的视距传输（OFDM 和 OFDMA 只用于大于 11GHz 的频段）。IEEE 802.16d OFDM 物理层采用 256 个子载波，OFDMA 物理层采用 2048 个子载波，信号带宽从 1.25 ～ 20MHz 可变。IEEE 802.16e 对 OFDMA 物理层进行了修改，使其可支持 128，512，1024 和 2048 共 4 种不同的子载波数量，但子载波间隔不变，信号带宽与子载波数量成正比。这种技术称为可扩展的 OFDMA（Scalable OFDMA）。采用这种技术，系统可以在移动环境中灵活适应信道带宽的变化。IEEE 802.16 技术在不同的无线参数组合下可以获得不同的接入速率。以 10MHz 载波带宽为例，若采用 OFDM-64QAM 调制方式，除去开销，则单载波带宽可以提供约 30Mb/s 的有效接入速率。IEEE 802.16 标准适用的载波带宽范围从 1.75MHz 到 20MHz 不等，在 20MHz 信道带宽、64QAM 调制的情况下，传输速率能达 74.81Mb/s。

2.IEEE 802.16d/e 标准

支持全 IP 网络层协议，IEEE 802.16d/e 设备可以作为一个路由器接入现有的 IP 网络。同时，IEEE 802.16 协议也可以通过一个 ATM 汇聚子层将 ATM 信元映射到 MAC 层。IEEE802.16 标准在 MAC 层定义了较为完整的服务质量（QoS）机制，可以根据业务的需要提供实时、非实时的不同速率要求的数据传输服务。MAC 层针对每个连接可以分别设置不同的 QoS 参数，包括速率、延时等指标。为更好地控制上行数据的带宽分配，标准还定义了主动授权业务（VOS）、实时轮询业务（rtPS）、非实时轮询业务（nrtPS）和尽力传输业务（BE）4 种不同的上行带宽调度模式。同时，IEEE 802.16 系统采用了根据连接的 QoS 特性和业务实际需要来动态分配带宽的机制，不同于传统的移动通信系统所采用的分配固定信道的方式，因而具有更大的灵活性，可以在满足 QoS 要求的前提下尽可能地提高资源的利用率，能够更好地适应 TCP/IP 协议族所采用的包交换方式。

3. 在多址方式方面

IEEE 802.16d/e 在上行采用时分多址（TDMA），下行应采用时分复用（TDM）支持多用户传输；另一种多址方式是采用 OFDMA，以 2048 个子载波的情况为例，系统将所有可用的子载波分为 32 个子信道，每个子信道包含若干子载波。多用户多址采用与跳频类似的方式实现，只是跳频的频域单位为一个子信道，时域单位为 2 或 3 个符号周期。

4. 在调制技术方面

IEEE 802.16d/e 支持的最高阶调制方式为 64QAM，而相对于蜂窝移动通信系统（3GPP HSDPA 最高支持 16QAM），IEEE 802.16d/e 更强调在信道条件较好时实现极高的峰值速率。为适应高质量数据通信的要求，IEEE 802.16d/e 选用了块 Turbo 码、卷积 Turbo 码等纠错能力很强但解码延时较大的信道码，同时考虑使用低复杂度、低延时的低密度稀疏检验矩阵码（LDPC）。

（三）WIMAX 的技术优势

WIMAX 论坛组织是 WIMAX 推广的大力支持者，目前该组织拥有 300 多个成员，其中包括 Alcatel、AT&T、FUJITSU、英国电信、诺基亚和英特尔等行业巨头。WIMAX 之所以能获得如此多公司的支持和推动，与其所具有的技术优势也是分不开的。WIMAX 的技术优势可以简要概括为以下几点。

1. 传输距离远、接入速度高、应用范围广

由于其具有传输距离远、接入速度高的优势，其可以应用于广域接入、企业宽带接入、移动宽带接入，以及数据回传等几乎所有的宽带接入市场。

2. 解决"最后1km"的"瓶颈"限制，系统容量较大

WIMAX 作为一种宽带无线接入技术，它可以将 Wi-Fi 热点连接到互联网，也可作为 DSL 等有线接入方式的无线扩展，实现最后 1km 的宽带接入。WIMAX 可为 50km 区域内的用户提供服务，用户只要与基站建立宽带连接即可享受服务，因而其系统容量大。

3. 提供广泛的多媒体通信服务

由于 WIMAX 具有很好的可扩展性和安全性，从而可以提供面向连接的、具有完善 QoS 保障的、电信级的多媒体通信服务，其提供的服务按优先级从高到低有主动授予服务、实时轮询服务、非实时轮询服务和尽力投递服务。

4. 安全性高

WIMAX 空中接口专门在 MAC 层增加了私密子层，不仅可避免非法用户接入，保证合法用户顺利接入，而且还提供了加密功能（如 EAP-SIM 认证），保护用户隐私。

总之，从技术层面讲，WIMAX 更适合用于城域网建设的"最后 1km"无线接入部分，尤其对于新兴的运营商更为合适。WIMAX 技术具备传输距离远、数据速率高的特点，配合其他设备，比如网络电话（Voice over Internet Protocol，VoIP）、Wi-Fi 等可提供数据、图像和语音等多种较高质量的业务服务。在有线系统难以覆盖的区域和临时通信需要的领域，可作为有线系统的补充，具有较大的优势。随着 WIMAX 的大规模商用，其成本也将大幅降低。相信在未来的无线宽带市场中，尤其是专用网络市场中，WIMAX 将占有重要位置。WIMAX 可应用于固定、简单移动、便携、游牧和自由移动这 5 类应用场景。

三、无线局域网

无线局域网（WLAN）是指以无线电波、红外线等作传输媒介的计算机局域网络，是在有线网的基础上发展起来的。无线局域网具有安装方便、移动性高、保密性强、抗干扰性好和维护容易等优点，作为有线网络的延伸和补充，可以在传统有线网络难以实施的场所进行网络覆盖。无线局域网具有多种配置方式，能够根据需要灵活选择。这样，无线局域网能胜任从只有几个用户的小型局域网到成百上千用户的大型网络。因无线局域网具有众多优点，所以发展迅速并得到广泛的应用。

（一）无线局域网的组成

无线局域网可分为两大类。第一类是有固定基础设施的，第二类是无固定基础设施的。所谓"固定基础设施"是指预先建立起来的、能够覆盖一定地理范围的一批固定基站。大家经常使用的蜂窝移动电话，就是利用电信公司预先建立的、覆盖全国的大量固定基站来接通用户手机拨打的电话。

1. 有固定基础设施的无线局域网

对于第一类有固定基础设施的无线局域网，IEEE 制定出无线局域网的协议标准 IEEE 802.11 系列标准。IEEE 802.11 是个相当复杂的标准。但简单地说，IEEE 802.11 是无线以太网的标准，它使用星状拓扑，其中心称为接入点 AP（Access Point），在 MAC 层使用 CSMA/CA 协议。凡使用 IEEE 802.11 系列协议的局域网又称为"无线保真度"（Wireless Fidelity，Wi-Fi）。因此，在许多文献中 Wi-Fi 几乎成为无线局域网 WLAN 的同义词。

IEEE 802.11 标准规定无线局域网的最小构件是基本服务集 BSS（Basic Service Set）。一个基本服务集 BSS 包括一个基站和若干个移动站，所有的站在本 BSS 以内都可以直接通信，但在和本 BSS 以外的站通信时都可以通过本 BSS 的基站。在 IEEE 802.11 术语中，上面提到的接入点 AP 就是基本服务集内的基站（Base Station）。当网络管理员安装 AP 时，必须为该 AP 分配一个不超过 32 字节的服务集标识符 SSID（Service Set IDentifier）和一个信道。一个基本服务集 BSS 所覆盖的地理范围称为一个基本服务区 BSA（Basic Service Area）。基本服务区 BSA 和无线移动通信的蜂窝小区相似。无线局域网的基本服务区 BSA 的范围直径一般不超过 100m。

一个基本服务集可以是孤立的，也可通过接入点 AP 连接到一个分配系统 DS（Distribution System），然后再连接到另一个基本服务集，这样就构成了一个扩展的服务集 ESS（Extended Service Set）。分配系统的作用就是使扩展的服务集 ESS 对上层的表现就像一个基本服务集 BSS一样。分配系统可以使用以太网、点对点链路或其他无线网络。扩展服务集 ESS 还可为无线用户提供到 802.x 局域网（也就是非 802.11 无线局域网）的接入。这种接入是通过称为 PortaK 门户的设备来实现的。Portal 的作用就相当于一个网桥。在一个扩展服务集内的几个不同的基本服务集也可能有相交的部分。802.11 标准并没有定义如何实现漫游，但定义了一些基本的工具。例如一个移动站若要加入一个基本服务集 BSS，必须先选择一个接入点 AP，并与此接入点建立关联（Association）。建立关联就表示这个移动站加入了选定的 AP 所属的子网，并和这个接入点 AP 之间创建了一个虚拟线路。只有关联的 AP 才向这个移动站发送数据帧，而这个移动站也只有通过关联的 AP 才能向其他站点发送数据帧。此后，这个移动站就和选定的 AP 互相使用 802.11 关联协议进行对话。移动站点还要向该 AP 鉴别自身。在关联之后移动站点要通过关联的 AP 向该子网发送 DHCP 发现报文以获取 IP 地址。这时，因特网中的其他部分就把这个移动站当作该 AP 子网中的一台主机。

若移动站使用重建关联服务，就可把这种关联转移到另一个接入点。当使用分离（Dissociation）服务时，就可终止这种关联。移动站与接入点建立关联的方法有两种。一种是被动扫描，即移动站等待接收接入站周期性发出的（如每秒 10 次或 100 次）信标帧（Beacon Frame）。信标帧中包含若干系统参数（如服务集标识符 SSID 以及支持的速率等）。另一种是主动扫描，即移动站主动发出探测请求帧（Probe Request Frame），然后等待从接入点发回的探测响应帧（probe response frame），现在许多地方，如办公室、机场、快餐店、旅馆、购物中心等都能够向公众提供有偿或无偿接入 Wi-Fi 的服务。这样的地点就叫作热点（Hot Spot）。由许多热点和接入点 AP 连接起来的区域叫作热区（Hot Zone）。热点也就是公众无线入网点。由于无线信道的使用日益增多，因此现在也出现了无线因特网服务提供者 WISP（Wireless Internet Service Provider）这一名词。用户可以通过无线信道接入 WISP，之后再经过无线信道接入因特网。

2. 无固定基础设施的无线局域网

无固定基础设施的无线局域网，又称为自组网络。这种自组网络没有上述基本服务集中的接入点 AP 而是由一些处于平等状态的移动站之间相互通信组成的临时网络。

自组网络通常是这样构成的：一些可移动的设备发现在它们附近还有其他可移动设备，并且要求和其他移动设备进行通信。随着便携式计算机的大量普及，自组网络的组网方式已受到人们的广泛关注。由于在自组网络中的每一个移动站都要参与网络中的其他移动站的路由的发现和维护，同时由移动站构成的网络拓扑有可能随时间变化得很快，因此在固定网络中行之有效的一些路由选择协议对移动自组网络已不适用。在自组网络中路由选择协议就引起了特别的关注。还有一个重要问题是多播。在移动自组网络中往往需要将某个重要信息同时向多个移动站传送。这种多播比固定节点网络的多播要复杂得多，需要有实时性好而效率又高的多播协议。在移动自组网络中，安全问题也是一个更为突出的问题。

移动自组网络中的一个子集：无线传感网（Wireless Sensor Networks，WSN），有时简称无线传感网。无线传感网是由大量传感器节点通过无线通信技术构成的自组网络。无线传感网的应用就是进行各种数据的采集、处理和传输，一般并不需要很高的带宽，但是在大部分时间必须保持低功耗，以节省电池的消耗。由于无线传感节点的存储容量受限，因此对协议栈的大小有严格的限制。此外，无线传感网还对网络安全性、节点自动配置、网络动态重组等方面有一定的要求。

（二）IEEE 802.11 系列标准

由于 WLAN 是基于计算机网络与无线通信技术，在计算机网络结构之中，逻辑链路控制（LLC）层及其之上的应用层对不同的物理层的要求可以是相同的，也可以是不同的因此，WLAN 标准主要是针对物理层（PHY）和数据链路层的媒质访问控制子层（MAC），涉及所使用的无线频率范围、空中接口通信协议等技术规范与技术标准。其中物理层又由 3 个部分组成，①物理层管理（Physical Layer Management，PLM），为物理层提供管理功能与 MAC 层管理相连；②物理层汇聚子层（Physical Layer Convergence Procedure，PLCP）通过将 MAC 层信息映射到物理介质关联层接口（Physical Medium Dependent，PMD），使 MAC 层对 PMD 的依赖减到最低；③PMD 提供了对无线介质进行控制的方法和手段。

MAC 提供的服务有 3 个，①担负从物理层向对等的 LLC 实体提供用于相互交换的媒介访问控制服务数据单元（MAC Service Data Unit，MSDU）的任务；②安全服务，鉴权服务和加密服务是 IEEE 802.11 能够提供的两种安全服务，范围仅限于站点之间的数据交换。加密服务要依靠 WEP 算法对 MSDU 进行加密，该项工作需要在 MAC 子层完成；③MSDU 的排序。

1.IEEE 802.11

IEEE 802.11 是最早提出的无线局域网网络规范，是 IEEE 推出的，它工作于 2.4GHz 的 ISM 频段，物理层采用红外、跳频扩频（FHSS）或直接序列扩频（DSSS）技术，其数据传输速率最高可达 2Mb/s，它主要应用于解决办公室局域网和校园网中用户终端等的无线接入问题。

使用 FHSS 技术时，2.4GHz 频道被划分成 75 个 1MHz 的子频道，当接收方和发送方协商一个跳频的模式，数据则按照这个序列在各个子频道上进行传送，每次在 IEEE 802.11 网络上进行的会话都可能采用了一种不同的跳频模式，采用这种跳频方式避免了两个发送端同时采用同一个子频段；而 DSSS 技术将 2.4GHz 的频段划分成 14 个 22MHz 的子频段，数据就从 14 个频段中选择一个进行传送而不需要在子频段之间跳跃。由于临近的频段互相重叠，在这 14 个子频段中只有 3 个频段是互不覆盖。

2.IEEE 802.11a

IEEE 802.11a 工作于 5GHz 频带，但在美国是工作于 U-N Ⅱ 频段，即 5.15 ~ 5.25GHz，5.25 ~ 5.35GHz，5.725 ~ 5.825GHz3 个频段范围，其物理层速率可达 54Mb/s，传输层可达 25Mb/s。IEEE 802.11a 的物理层还可以工作在红外线频段，波长为 850 ~ 950 纳米，信号传输距离约 10m。IEEE 802.11a 采用正交频分复用（OFDM）的独特扩频技术，并提供 25Mb/s 的无线 ATM 接口和 10Mb/s 的以太网无线帧结构接口，支持语音、数据、图像业务。IEEE 802.11a 使用正交频分复用技术来增大传输范围，采用数据加密可达 152 位的 WEP。

就技术角度而言，IEEE 802.11a 与 IEEE 802.11b 之间的差别主要体现在工作频段上。由于 IEEE 802.11a 工作在与 IEEE 802.11b 不同的 5GHz 频段，其避开了大量无线电子产品广泛采用的 2.4GHz 频段，因此其产品在无线通信过程中所受到干扰大为降低，抗干扰性较 IEEE 802.11b 更为出色。高达 54Mb/s 数据传输带宽，是 IEEE 802.11a 的真正意义所在。当 IEEE 802.11b 以其 11Mb/s 的数据传输率满足了一般上网浏览网页、数据交换、共享外设等需求的时候 IEEE 802.11a 已经为今后无线宽带网的高数据传输要求做好了准备，从长远的发展角度来看，其竞争力是不言而喻的。此外，IEEE 802.11a 的无线网络产品较 IEEE 02.11b 有着更低的功耗，这对笔记本电脑及 PDA 等移动设备来说也有着重大实用价值。

然而在 IEEE 802.11a 的普及过程中也面临着很多问题。首先，来自厂商方面的压力。IEEE 802.11b 已走向成熟，许多拥有 IEEE 802.11b 产品的厂商会对 IEEE 802.11a 都持保守态度。从目前的情况来看，由于这两种技术标准互不兼容，不少厂商为了均衡市场需求，直接将其产品做成了 a+b 的形式，这种做法虽然解决了"兼容"问题，但也使得成本增加。其次，由于相关法律法规的限制，使得 5GHz 频段无法在全球各个国家中获得批准和认可。5GHz 频段虽然令基于 IEEE 802.11a 的设备具有了低干扰的使用环境，但也有其不利的一面，由于太空中数以千计的人造卫星与地面站通信也恰恰使用 5GHz 频段，这样它们之间产生的干扰是不可避免的。此外欧盟也已将 5GHz 频率用于其自己制定的 HiperLAN 无线通信标准。

3.IEEE 802.11b

IEEE 802.11b 又称为 Wi-Fi，是目前最普及、应用最广泛的无线标准。IEEE 802.11b 工作于 2.4GHz 频带，物理层支持 5.5Mb/s 和 11Mb/s 两个速率。IEEE 802.11b 的传输速率会因环境干扰或传输距离而变化，其速率在 1Mb/s、2Mb/s、5.5Mb/s、11Mb/s 之间切换，而且在 1Mb/s、2Mb/s 速率时与 IEEE 802.11 兼容。IEEE 802.11b 采用了直接序列扩频 DSSS 技术，并提供数据加密，使用的是高达 128 位的有线等效保密协议（Wired Equivalent Privacy，WEP）。但是 IEEE 802.11b 和后面推出的工作在 5GHz 频率上的 IEEE 802.11a 标准不兼容。

从工作方式上看，IEEE 802.11b 的工作模式分为两种：点对点模式与基本模式。点对点模式是指无线网卡和无线网卡之间的通信方式，即一台配置了无线网卡的计算机可以与另一台配置了无线网卡的计算机进行通信，对于小规模无线网络来说，这是一种非常方便的互联方案；而基本模式则是指无线网络的扩充或无线和有线网络并存时的通信方式，这也是 IEEE 802.11b 最常用的连接方式。在该工作模式下，配置了无线网卡的计算机需要通过"无线接入点"才能与另一台计算机连接，由接入点来负责频段管理等工作。在带宽允许的情况下，一个接入点最多可支持 1024 个无线节点的接入。当无线节点增加时，网络存取速度会随之变慢，此时通过添加接入点的数量可以有效地控制和管理频段。

IEEE 802.11b 技术的成熟，使得基于该标准网络产品的成本得到很大的降低，无论家庭还是公司企业用户，无须太多的资金投入即可组建一套完整的无线局域网。当然 IEEE 802.11b 并不是完美，也有其不足之处，IEEE802.11b 最高 11Mb/s 的传输速率并不能很好地满足用户高数据传输的需要，因而在要求高宽带时，其应用也受到限制，但是可以作为有线网络的一种很好的补充。

4.IEEE 802.11d/c

IEEE 802.11d 是根据各国无线电频谱规定做的调整。IEEE 802.11c 则为符合 IEEE802.11 的媒体接入控制层（MAC）桥接（MACLayer Bridging）。

5.IEEE 802.11 e/f/h

IEEE 802.11e 标准对 WLAN MAC 层协议提出改进，并以支持多媒体传输，支持所有 WLAN 无线广播接口的服务质量保证 QoS 机制。IEEE 802.11f 定义访问节点之间的通信，支持 IEEE 802.11 的接入点互操作协议（IAPP）。IEEE 802.11h 用于 IEEE 802.11a 的频谱管理技术。

6.IEEE 802.11g

IEEE 802.11g 是对 IEEE 802.11b 的一种高速物理层扩展，它也工作于 2.4GHz 频带，物理层采用直接序列扩频（DSSS）技术，而且它采用了 OFDM 技术，使无线网络传输速率最高可达 54Mb/s，并且与 IEEE802.11b 完全兼容。IEEE 802.11g 和 IEEE 802.11a 的设计方式几乎是一样的。

IEEE 802.11g 的出现为无线传感网市场多了一种通信技术选择，但也带来了争议，争议的焦点是围绕在 IEEE 802.11g 与 IEEE 802.11a 之间的。与 IEEE 802.11a 相同的是，IEEE 802.11g 也采用了 OFDM 技术，这是其数据传输能达到 54Mb/s 的原因。然而不同的是，IEEE 802.11g 的工作频段并不是 IEEE 802.11a 的工作频段 5GHz，而是和 IEEE 802.11b 一致的 2.4GHz 频段，这样一来，基于 IEEE 802.11b 技术产品的用户所担心的兼容性问题就得到了很好的解决。

从多个角度来看，IEEE 802.11b 可以由 IEEE 802.11a 来替代，那么 IEEE 802.11g 的推出是否就是多余的呢？答案当然是否定的。IEEE 802.11g 除具备高数据传输速率及兼容性的优势外，其所工作的 2.4GHz 频段的信号衰减程度也不像 IEEE 802.11a 所在的 5GHz 那么严重，并且 IEEE 802.11g 还具备更优秀的"穿透"能力，能在复杂的使用环境中具有很好的通信效果。但是 IEEE 802.11g 工作频段为 2.4GHz，使得 IEEE 802.11g 与 IEEE 802.11b 一样极易受到来自微波、无线电话等设备的干扰。此外，IEEE 802.11g 的信号比 IEEE 802.11b 的信号能够覆盖的范围要小得多，用户需要通过添置更多的无线接入点才能满足原有使用面积的信号覆盖，这或许就是 IEEE 802.11g 能够具有高宽带所付出的代价。

802.11g 在 2.4GHz 频段使用 OFDM 调制技术，确保数据传输速率提高到 20Mb/s 以上；IEEE 802.11g 标准能够与 802.11b 的 Wi-Fi 系统互相连通，共存在同一个 AP 的网络里，保障了后向兼容性。这样原有的 WLAN 系统可以平滑地向高速无线局域网过渡，延长了 IEEE 80211b 产品的使用寿命，降低用户的投资。

7.IEEE 802.11i

IEEE 802.11i 标准是结合 IEEE 802.1x 中的用户端口身份验证与设备验证，对 WLAN MAC 层进行修改与整合，定义了严格的加密格式和鉴权机制，以改善 WLAN 的安全性。IEEE 802.11i 新修订标准主要包括两项内容："Wi-Fi 保护访问"（Wi-Fi Protected Access，WPA）技术和"强健安全网络"（RSN）。Wi-Fi 联盟计划采用 IEEE 802.11i 标准作为 WPA 的第二个版本。IEEE 802.11i 标准在 WLAN 网络建设中是相当重要的，数据的安全性是 WLAN 设备制造商和 WLAN 网络运营商应该首先考虑的头等工作。

8.IEEE 802.11n

IEEE 802.11n 将 WLAN 的传输速率从 802.11a 和 802.lib 的 54Mb/s 增加至 108Mb/s 以上，最高速率可达 320Mb/s，成为 IEEE 802.11b、802.11a，802.1lg 之后的另一场重头戏。和以往的 802.11 标准不同，802.11n 协议为双频工作模式（包含 2.4GHz 和 5GHz 两个工作频段）。这样 802.11n 保障了与以往的 802.11a、802.11b、802.11g 标准兼容。IEEE802.11n 采用 MIMO 与 OFDM 相结合，使传输速率成倍提高。另外，天线技术及传输技术，使得无线局域网的传输距离大幅提高，可以达到几 km（并且能够保障 100Mb/s 的传输速率）。IEEE 802.11n 标准全面改进了 IEEE 802.11 标准，不仅涉及物理层标准，也采用新的高性能无线传输技术提升 MAC 层的性能，优化数据帧结构，提高网络的吞吐量性能。

（三）无线自组网 MANET

无线自组网 MANET 是一种不同于传统无线通信网络的技术。无线自组网有多个英文名称，IEEE 正式采用 Ad Hoc network 术语。Ad Hoc 一词源于拉丁语，它在英语中的含义是 for the specific purpose only，即"专门为某个特定目的、即兴的、事先未准备的"意思。IEEE 将 Ad Hoc 网络定义为一种特殊的自组织、对等式、多跳、无线移动网络。

IEEE 802.11 无线局域网是基于基础设施的，是节点直接与接入点设备 AP 通信的一跳网络，进行数据的转发和用户服务控制；而无线自组网是不需要基础设施的多跳网络，各节点即用户终端自行组网，通信时，由其他用户节点进行数据的转发，其目的是通过动态路由和移动管理技术传输具有服务质量要求的多媒体信息流，通常节点具有持续的能量供给。无线自组网是一种可以在任何地点、任何时间迅速构建的，由几十到上百个节点组成的移动性对等网络。这种网络形式突破了传统无线蜂窝网络的地理局限性，能够更加快速、便捷、高效地部署，适合一些紧急场合的通信需要，如战场的单兵通信系统和赈灾应急通信系统等。但无线自组网也存在网络带宽受限、对实时性业务支持较差、安全性不高的弊端。目前，国内外有大量研究人员进行此项目研究。

1. 无线自组网技术的主要特点

无线自组网是由一组带有无线通信收发设备的移动节点组成的多跳、临时和无中心的自治系统。网络中的移动节点本身具有路由和分组转发的功能，可通过无线方式自组成任意的拓扑。无线自组网可以独立工作，也可接入移动无线网络或互联网。当无线自组网接入移动无线网或互联网时，考虑到无线通信设备的带宽与电源功率的限制，它通常不会作为中间的承载网络，而是作为末端的子网出现。它只会产生作为源节点的数据分组，或接收将本节点作为目的节点的分组，不转发其他网络穿越本网络的分组。无线自组网中的每个节点都担负着主机与路由器的两个角色。节点作为主机，需要运行应用程序；节点作为路由器，需要根据路由策略运行相应的程序，参与分组转发与路由维护的功能。

2. 无线自组网的主要应用领域

无线自组网在民用和军事通信领域都具有很好的应用前景。在军事领域，由于战场上往往没有预先建好的固定接入点，其移动站就可以利用临时建立的移动自组网进行通信。由于每一个移动设备都具有路由器转发分组的功能，因此分布式的移动自组网的生存性非常好。在民用领域，持有笔记本电脑的人可以利用这种移动自组网方便地交换信息，而不受便携式电脑附近没有网线插头的限制。当出现自然灾害时，在抢险救灾时利用移动自组网络并行及时的通信往往也是很有效的，因为这时已事先建好的固定网络基础设施（基站）可能已经都被破坏了。

（1）办公环境的应用

无线自组网的快速组网能力，可以免去布线和部署网络设备，使得它可以用于临时性工作场合的通信，例如会议、庆典、展览等应用。在室外临时环境中，工作团体的所有成员可以通过无线自组网组成一个临时的协同工作网络。在室内办公环境中，办公人员携带的有无线自组网收发器的 PDA、便携式个人计算机，可以方便地相互通信。无线自组网可以与无线局域网相结合，灵活地将移动用户接入互联网。无线自组网与蜂窝移动通信系统相结合，利用无线自组网节点的多跳路由转发能力，可以扩大蜂窝移动通信系统的覆盖范围，均衡相邻小区的业务，提高小区边缘的数据速率。

（2）灾难环境中的应用

在发生地震、水灾、火灾或遭受其他灾难打击后，固定的通信网络设施可能被损毁或无法正常工作。这时就需要这种不依赖任何固定网络设施，就能快速布设的自组织网络技术。无线自组网能在这些恶劣和特殊的环境下提供通信服务。

（3）特殊环境的应用

当处于偏远或野外地区时，无法依赖固定或预设的网络设施进行通信，无线自组网技术是最佳选择。它可以用于野外科考队、边远矿山作业、边远地区执行任务分队的通信。对于执行运输任务的汽车队这样的动态场合，无线自组网技术也可以提供很好的通信支持。人们正在开展将无线自组网技术应用于高速公路上自动驾驶汽车间通信的研究。未来，装有无线自组网收发设备的机场预约和登机系统可以自动地与乘客携带的个人无线自组网设备通信，完成换登机牌等手续，尽而节省排队等候时间。

（4）个人区域网络中的应用

无线自组网的另一个重要应用领域是在 PAN（Personal Area Networks）中的应用。

无线自组网技术可以在个人活动的小范围内，实现 PDA、手机、掌上电脑等个人电子通信设备之间的通信，构建虚拟教室和讨论组等崭新的移动对等应用。考虑到辐射问题，PAN 通信设备的无线发射功率应尽量小，这样无线自组网的多跳通信能力将再次凸现出它的特点。

（5）家庭无线网络的应用

无线自组网技术可以用于家庭无线网络、移动医疗监护系统，开展移动和可携带计算等技术的研究。

目前，无线自组网技术向两个方向发展的趋势已经清晰，一个是向军事和特定行业发展和应用的无线传感网，另一个是向民用的接入网领域发展的无线网格网。

3. 无线自组网的关键技术研究

无线自组网在应用需求、协议设计和组网方面都与传统的 802.11 无线局域网和 802.16 无线城域网有很大区别，因此无线自组网技术的研究有它的特殊性。无线自组网的关键技术研究主要集中在信道接入、路由协议、服务质量、多播与安全 5 个方面。

（1）信道接入技术的研究

信道接入是指如何控制节点接入无线信道的方法。信道接入方法研究是无线自组网协议研究的基础，它对无线自组网的性能起决定性作用。无线自组网采用"多跳共享的广播信道"。在无线自组网中，当一个节点发送数据时，只有最近的邻节点可以收到数据，而一跳以外的其他节点无法感知。但是，感知不到的节点会同时发送数据，这时就会产生冲突。多跳共享的广播信道带来的直接影响是数据帧发送的冲突与节点的位置相关，因此冲突只是一个局部的事件，并非所有节点同时能感知冲突的发生，这就导致基于一跳共享的广播信道、集中控制的多点共享信道的介质访问控制方法都不能直接用于无线自组网。因此，"多跳共享的广播信道"的介质访问控制方法很复杂，必须专门研究特殊的信道接入技术。

（2）路由协议的研究

在无线自组网中，由于节点的移动以及无线信道的衰耗、干扰等原因造成网络拓扑结构的频繁变化，同时考虑到单向信道问题与无线传输信道较窄等因素，无线自组网的路由问题与固定网络相比要复杂得多。无线自组网实现多跳路由必须有相应的路由协议支持。IETF 成立的 MANET 工作组主要负责无线自组网的网络层路由标准的制定。

（3）服务质量的研究

初期的无线自组网主要用于传输少量的数据。随着应用的不断扩展，需要在无线自组网中传输话音、图像等多媒体信息。多媒体信息对带宽、时延、时延抖动等都提出很高的要求，这就需要保证服务质量。

在讨论无线自组网服务质量时，必须认识到其特殊性的一面。这种特殊性主要表现在链路质量难以预测，链路带宽资源难以确定，分布式控制为保证服务质量带来困难，网络动态性是保证服务质量难点。

（4）多播技术的研究

用于互联网的多播协议不适用于无线自组网。并在无线自组网拓扑结构不断发生动态变化的情况下，节点之间路由矢量或链路状态表的频繁交换，将会产生大量的信道和处理开销，并使信道不堪重负。因此，无线自组网多播研究是一个具有挑战性的课题。目前，针对无线自组网多播协议的研究可分为基于树的多播协议与基于网的多播协议两类。

（5）安全技术的研究

从网络安全的角度来看，无线自组网与传统网络相比有很大区别。无线自组网面临的安全威胁有其自身的特殊性，传统的网络安全机制不再适用于无线自组网。无线自组网的安全性需求除与传统网络安全一样，应包括机密性、完整性、有效性、身份认证与不可抵赖性等外，它也有特殊的要求。多用于军事用途的无线自组网在数据传输安全性的要求更高。

（四）无线网格网 WMN

无线网格网络（WMN）是移动 Ad Hoc 网络（无线自组网）的一种特殊形态，它的早期研究均源于移动 Ad Hoc 网络的研究与开发，有的文献也称为无线网状网。它是一种高容量高速率的分布式网络，不同于传统的无线网络，可以看成是一种 WLAN 和 Ad Hoc 网络的融合，且发挥了两者的优势，作为一种可以解决"最后一千米""瓶颈"问题的新型网络结构。

无线网格网是由网格路由器和网格客户端组成，基于多跳路由、对等网络技术的新型网络结构具有移动宽带的特性，同时它本身可以动态地不断扩展，自我组网、自我管理，自动修复、自我平衡。其中网格路由器是构成无线网格网的骨干，提供网格客户端和传统客户端对网络的访问服务。通过网格路由器可以实现无线网格网与互联网（Internet），蜂窝网（Cellu1ar）IEEE 802.11，IEEE 802.15，IEEE 802.16 和无线传感网等网络的综合桥接功能。无线网格网能够极大地改善 Ad Hoc 网络、无线局域网（WLAN）、无线个人地区网络（WPAN）和无线城域网（WMAN）的性能，能够对很大的区域像社区、校园、城市等提供无线服务。尽管无线网格网的性能如此突出，然而在网络体系的各层研究中仍有很多问题有待解决，如网络的容量、网络各层协议设计等问题。

WMN 被 写 入 IEEE 802.16（Worldwide Imeroperability for Microwave Access，WIMAX）无线城域网（Wireless Municipal Area Network，WMAN）标准中。

1. 无线网格网的网络结构

无线网格网是在无线自组网技术基础上发展起来，它在与无线局域网、无线城域网技术的结合过程中，为适应不同的应用呈现出不同的网络结构。

（1）平面网络结构

平面结构是一种最简单的无线网格网结构。平面网络结构中所有的无线网格网节点采用 P2P 结构，每个节点都执行相同的 MAC、路由、网管以及安全协议，它的作用与无线自组网的节点相同。

（2）多级网络结构

网络下层由终端设备组成，这些设备可以是普通的 VoIP 手机、带有无线通信设备的笔记本电脑、无线 PDA 等；网络上层由无线路由器（WR）构成无线通信环境，并通过网关接入互联网。下层的终端设备接入无线路由器，无线路由器通过路由协议与管理控制功能为下层终端设备之间的通信选择最佳路径。下层的终端设备之间不具备通信功能。

（3）混合网络结构

顶层的智能接入点 AP，也称无线接入点或网络桥接器，组成骨干网，采用无线城域网，充分发挥无线城域网技术的远距离、高带宽优点，在 50km 范围内提供最高为 70Mb/s 的传输速率；一个 AP 能够在几十至上百米的范围内连接多个无线路由器，AP 的主要作用首先是将无线网络接入核心网，其次要将各个与无线路由器相连的无线客户端连接到一起，使装有无线网卡的终端设备可以通过 AP 共享核心网的资源。IAP（智能接入点）是在 AP 的基础上增加了 Ad Hoc 路由选择功能。除此以外，AP/IAP 还具有网管的功能，实现对无线接入网络的控制和管理，把传统交换机的智能性分散到接入点（AP/IAP）中，大幅节省了骨干网络建设的成本，提高了网络的可延展性。

中层在智能接入点的下层，配置无线路由器 WR，组成接入网，采用无线局域网，满足一定的地理范围内的用户无线接入需求；从而为底层的移动终端设备（用户）提供分组路由和转发功能，并且从智能接入点下载并实现无线广播软件更新。转发分组信息的路由根据当时可使用的节点配置临时决定，即实现动态路由。在该网络结构中，通过使用无线路由器 WR 可以实现移动终端设备与接入点间通信范围的弹性延展。

底层采用平面结构的无线网格网，无线局域网接入点可以与邻近的无线网格网路由器连接，由无线网格网路由器组成的无线自组网传输平台，实现无线局域网不能覆盖范围的大量 VoIP 手机、笔记本电脑、无线 PDA 等设备接入。这种结构着眼于延伸无线局域网的覆盖范围，提供更为方便、灵活的城域范围无线宽带接入，这是人们所能看到的无线自组网转向民用的最重要应用之一。

2. 无线网格网的优势

无线网格网是在无线自组网技术基础上发展起来的一种基于多跳路由、对等结构、高容量的网络，其本身可以动态扩展。无线网格网支持分布式控制，以及 Web，VoIP 与多媒体等无线通信业务。无线网格网中每个节点都能接收 / 传送数据，也和路由器一样，将数据传给它的邻接点。通过中继处理，数据包用可靠的通信链路，贯穿中间的各节点，抵达指定目标。

相似因特网和其他点对点路由网，网格网拥有多个冗余的通信路径。如果一条路径在任何理由下中断（包括射频干扰中断），网格网将自动选择另一条路径，维持正常通信。一般情况下，网格网能自动地选择最短路径，提高了连接质量。

根据实践，如果距离减小两倍，则接收端的信号强度会增加四倍，使链路更加可靠，还不增加节点发射功率。只要在网格网里增加节点数目，即可增加可及范围，或从冗余链路的增加上，带来更多的可靠性。WMN 与传统无线网络相比有许多优势。

（1）可靠性大幅增强

WMN 采用的网格拓扑结构避免了点对多点星状结构，如 802.11 WLAN 和蜂窝网等由于集中控制方式而出现的业务汇聚、中心网络拥塞以及干扰、单点故障，从而带来额外可靠性保证成本投资。

（2）具有冲突保护机制

WMN 可对产生碰撞的链路进行标识，同时可选链路与本身链路之间的夹角为钝角，减轻了链路间的干扰。

（3）简化链路设计

WMN 通常需要较短的无线链路长度，这样降低了天线的成本（传输距离与性能）；另外，降低了发射功率，也将随之降低不同系统射频信号间的干扰和系统自干扰，最终简化了无线链路设计。

（4）网络的覆盖范围增大

由于 WR 与 IAP 的引入，终端用户可以在任何地点接入网络或其他的节点联系，与传统的网络相比接入点的范围极大地增强，而且频谱的利用率提高，系统的容量增大。

（5）组网灵活、维护方便

由于 WMN 网络本身的组网特点，只要在需要的地方加上 WR 等少量的无线设备，即可与已有的设施组成无线的宽带接入网。WMN 网络的路由选择特性使链路中断或局部扩容和升级不影响整个网络运行，因此提高了网络的柔韧性和可行性，和传统网络相比功能更强大、更完善。

（6）投资成本低、风险小

WMN 网络的初建成本低，AP 和 WR 一旦投入使用，其位置基本固定不变，因而节省了网络资源。WMN 具有可伸缩性、易扩容、自动配置和应用范围广等优势，对于投资者来说在短期之内即可获得相关盈利。

第四章　计算机海量数据的并行快速压缩技术研究

第一节　并行压缩程序算法介绍

一、并行编程技术概述

（一）并行计算机体系结构

随着计算机广泛在应科学计算领域的应用，有时候大量数据处理往往需要单个计算机花费几年甚至几十年的时间。在这种背景下，人们想办法用多个处理器来共同完成同一个任务，配合适当的并行算法，这种体系结构可以解决大型的科学计算问题。并行计算机体系结构一般分成两类。

1. 分布内存结构

独立的处理器通过网线连接，它们可以通过不同的拓扑结构（如环型、超立方体等）进行连接。在这种结构中，各个处理单元都拥有自己独立的局部存储器，因不存在公共可用的存储单元，因此各个处理器之间通过消息传递来交换信息协调和控制各个处理器的执行。

2. 共享内存结构

所有处理器共享内存，两个处理器之间的通信是通过共享内存实现的。

在本方案中，主要针对第一种并行计算机体系结构进行讨论，一是因为这种并行计算机实验环境更容易搭建，在实际工作中所使用的计算机基本是这种架构，实验环境是双 CPU 的刀片机。而且这种结构也可以在串行计算机上以线程的方式进行模拟。二是数据压缩过程中使用基于上下文的自适应算术编码方案，它要维护一个关于输入流的数据结构，该数据结构用于保存来自输入流中的每个符号的所有上下文（从 0 到 N 阶）信息，以便让编码和解码模块迅速定位输入流的上下文。可采用每个并行模块各自维护所处理的数据块对应输入流的一个数据结构，以便该模块使用。在处理结束时，由规约模块存储这些数据结构，在解码时利用各自对应的数据结构进行解码，这样就减少了各处理器间信息传输的量，大大提高了程序的压缩效率。

（二）并行程序编程环境

在并行计算机体系结构发展的过程中，人们逐渐认识到。现有的串行编程方法已不能满足这种并行计算机体系运行的要求，因此，1998 年总结出四种为并行计算机开发编译环境的方法：①扩展现有编译器把现在的串行程序转换为并行程序。②扩展现有编程语言语法，让它可以进行并行操作。③在现有串行编程语言上加入新的一层，以支持新的并行语言。④完全定义一种新并行程序开发语言和编译环境。

MPI（Message Passing Interface）是满足以上第二条建议的一种编程标准，是现今最为流行也最为通用的一种并行程序编制工具。其是由一系列的库函数组成的，这些库函数及相关的使用说明书可以在网上免费得到，所以为我们编制并行应用程序提供了很大方便。该标准是用 C 语言编制而成，我们可以在只熟悉 C 语言的情况下，开发出功能完备的并行计算机程序。

（三）并行算法设计

根据运算的基本对象的不同，可以将并行算法分为数值并行算法（数值计算）和非数值并行算法（符号计算），当然这两种算法也不是截然分开的，比如在数值计算的过程中会用到查找、匹配等非数值计算的方法，当然非数值计算中一般也会用到数值计算的方法，划分为何种类型的算法主要取决于需要计算的对象和宏观的计算方法。

在文中的并行算法设计，就用到了把数值算法和非数据算法相结合的算法。在对输入流进行自适应数字编码的时候，在编码和解码过程中都需要对由字符组成的二叉树进行搜索，这就用到非数据值方法，同时在编码和解码过程中还用到大量的计算，这就用到了数值算法。

并行算法的设计在很大程度上决定算法的效率，在整个并行程序中，应尽可能地减少处理器或进程之间的通信，提高单个处理器的计算效率，这样才能在总体上提高计算效率。在压缩程序中，由于在每个单独进程运行的过程中，各自维护了一个自己编码和解码的数据结构。所以在运行过程中，处理器之间很少有信息的交换，每个处理器对所分配的数据流处理完毕后，把编码信息写入某一个存储器时，这时候处理器之间才有信息的传输。但在处理器向某一个存储空间传递编码或解码信息时，文件的存储有先后顺序，并在文中用并行编程技术的同步解决方案来解决这个问题。

（四）基于消息传递的并行程序执行模式

基于消息传递的并行程序的执行模式大致分为两类，一类作为同步方式，另一类是异步方式。

1.SPMD（Single Program Multiple Data）模式

由于设计的并行压缩程序是一个程序共同完成各数据块压缩工作。在各进程中压缩很少有数据的交换，所以采用这种方式是非常好的。规约后形成的文件即数据文件压缩的结果。

2.MPMD（Multiple Program Multiple Data）模式

除在运行之初可执行文件数据不同外，其他流程大致和 SPMD 相似。这种模式在程序执行之初有多个可执行程序，这些程序由多个不同处理器异步执行，也可采用同步的方式，但各应用程序在执行过程中实现同步非常困难，这种模式多用于应用程序联合完成一个计算任务的情况。

（五）并行编程接口 MPI 简介

MPI 是一个消息传递接口库规范，它是由一个包括计算机零售商、开发者和用户组成的委员会提出的。它具有移植性好、功能强大、效率高等多种优点，而且有多种不同的免费高效实用的标准。

MPI 其实就是一个库，共有上百个函数调用接口，在 FORTRAN 77 和 C 语言中可以直接对这些函数进行调用。MPI 提供的调用虽然很多，但最常使用的只有 6 个，只要会使用 FORTRAN 77 或是 C 语言就可以比较容易地掌握 MPI 的基本功能，只需通过使用这 6 个函数就可以完成几乎所有的通信功能。由于 Fortran90 和 C++ 的使用也十分广泛，MPI 后来又进一步提供对 Fortran90 和 C++ 的调用接口，这更提高了 MPI 的适用性。

在实现方案中，使用基于 C 语言的 MPI 版本。因为 C 语言编制的程序在现有大部分系统中是可用的。由于在文件的压缩中要从外部文件读取数据，C 语言在这方面也有良好的支持。

在使用 MPI 接口规范前，要从 MPI 的网站下载 C 语言接口库（免费资源）。下载完成后按配置规范安装到本地计算机。

1. 应用现状

工业、科学与工程计算部门的大量科研和工程软件（气象、石油、地震、空气动力学、核等）目前已有大量并行应用软件使用 MPI 标准，并且已在这些领域发挥重要作用。

MPI 是目前应用最广的并行程序设计标准，几乎被所有并行计算环境（共享和分布式存储并行机、机群系统等）和流行的多进程操作系统（UNIX，Windows NT）所支持，基于它开发的应用程序具有最佳的可移植性；MPI 是目前超大规模工程计算最可依赖的标准。

2.MPI 接口规范常用函数

MPI_Init：初始化 MPI 接口，并在每个应用程序进行并行计算之前必须首先调用该方法。

MPI_Comm_rank：指定每个进程的 ID 号。

MPI_Comm_size：指定总的进程数。

MPI_reduce：规约功能。当一个进程完成它的并行任务时，该进程就等待着参与规约操作，它的主要作用是对各操作所得的结果进行一个总结，并产生最终输出结果。

MPI_Finalize：终止 MPI 方法的调用。

MPI_Barrier：进程同步。主要用于确保所有进程完成大致相同的工作，也就是完成所分配的工作，每个进程所花的时间差不多一样，因为如果一个进程所花费的时间太多，也就失去并行程序意义，将大大影响并行程序的效率。所以在进行程序算法设计过程中这是一个必须考虑的问题，因为它直接关系程序的运行效率。

MPI_Wtime 和 MPI_Wtick：MPI_Wtime 用于返回并行程序执行过程中从某一点到程序的另一处所花费的秒数。而 MPI_tick 用于返回 MPI_Wtime 值的精确值。

3.C 语言对 MPI 接口库的引用

MPI 接口库可以在 MPI 的网站上免费下载，下载库文件解压到 C 编译器所在目录下的 include 文件夹中，用下面的语句在 C 语言中加以引用，即可实现对接口库中函数的引用，引用语句如下：#include < mpi.h >。

二、并行压缩程序算法分析

（一）并行压缩程序总体架构

首先由发起并行程序请求的处理器（主处理器）对海量数据进行分析，按预定的分割原则把数据分块，该处理器把分割后的数据块交给各处理器建立相应输入流自适应数据结构并进行算术编码运算，然后由规约模块对生成的最终结果进行汇总，得到最终的压缩编码文件。

按并行压缩程序的工作流程来划分，其要完成以下任务：分析全部输入流、对输入数据进行划分、分配任务给已有处理器、各处理器建立输入流的数据结构、进行编码、通知前端计算机启动规约模块、进行相应处理后生成最终压缩程序。

（二）并行程序任务分割算法概述

根据以上设计，要保证程序的正常高效运行，分配协调各处理器所要完成的数据处理任务尤其重要。假定分布式内存体系结构中的计算机 CPU 性能差不多，如果各处理器在差不多的时候完成各任务的处理，则能在较短的时间完成该压缩任务的规约处理。反之，如果某个处理器分配任务太多，则某些任务完成后，规约模块要等待未完成的任务完成后方能完成对数据汇总处理。很明显，任务分配在并行处理环境中存在两种极端情况。一种是把任务分成一块，则其执行的时间复杂度 $O(n)$，这种情况下压缩程序的效率等于串行程序的压缩效率，不能达到提高效率的目的。另一种情况则是把任务分成 n 块，程序执行的时间复杂度为 $O(1)$，显然是不现实的，首先是不可能有足够多的处理器来完成这些任务，再就是处理器所要维护的数据结构数目太多，导致数据压缩率急剧降低。

1. 现有任务分解策略

任务分割是一个分割计算任务和数据的过程，为达到分割的目的，可以采取以数据为中心的分配策略和以计算为中心的分配策略。

（1）域分解策略

首先把数据分成若干小块，然后根据这些数据来决定要进行哪些计算以及这些计算如何关联。这显然是属于上述的第一种分配策略，以数据为中心，在程序的执行过程中，要频繁访问这些数据，以决定下一步应该进行何种操作。

（2）功能分解策略

首先对数据进行分割，然后决定如何把数据和单独的计算联系起来。通常情况下功能分解策略得到一个按先后次序并发执行的任务集合。它是域分解策略的一种补充形式。

由于功能分解存在一定程度的复杂性，下面举例说明这种分解策略是如何工作的。比如在压缩程序中，在开始压缩程序以前，需要对数据进行扫描，通过扫描得到结果后方能进行下一步数据流分配工作。分配任务执行后，程序才能进行对数据的压缩。而压缩完成后，规约程序才能进行对数据汇总，这里面有一个先后顺序。这些先后顺序的产生，原因就是某些并发执行步骤需要用到上面一次并发任务所产生结果，所以必须按先后顺序（程序功能）对数据块进行分割。

2. 分解策略的评价原则

我们可以使用下列原则来评价一个分割算法的质量好坏，最好的分割算法应该满足以下所列属性。

在目标并行计算机中子任务数目（指一次分配的任务）应该不超过处理器数目。

如果不满足这个条件，可能限制随后程序设计的选择空间。

冗余计算和冗余数据存储尽可能小。如果不满足这个条件，当任务规模增大时（如海量数据），可能设计的并行应用程序不能很好地工作，有可能随着任务规模的增大，产生大量的数据存储。

分割后的任务在大小上应该大致相等，也就是说各处理器所承担的处理任务应该大致公平。如果不满足这个条件，则很难平衡各处理器的工作负载。

子任务的数目应该是原始数据流大小的线性函数。如果不满足这个条件，则该算法可能不能使用更多的处理器去解决更大规模的计算问题。

（三）并行压缩程序任务分割算法设计

如果按文件大小把文件分成均等的 n 部分，即有可能出现某块熵值特别大，即压缩后产生的码字就较长，而有的数据块可能熵值特别小，产生很短的码字。这样就很难满足以上关于各处理器负载平衡的要求。而且码字太长，则计算量就大，这样每个处理器所承担的数据处理任务则明显不平衡。

按熵值均等原则对数据进行分块，则每个处理器所承担的任务的计算量是大致相同的，这不但有利于处理器之间的协调，而且提高了程序的运行效率。虽然在处理之初，要对数据流进行分析，并计算熵值进行比较。但这些计算花费的时间比由于任务分配不均各处理器为了同步所耗费的时间要少得多。

1. 熵的定义

熵本来是一个热力学概念，后由信息论的创始人香农把这个概念引入信息领域，后来就形成了平时在数据传输、数据压缩等领域常提到的信息熵。信息熵是信息论中用于度量信息量的一个概念。一个系统越是有序，信息熵就越低；反之，一个系统越是混乱，信息熵就越高。所以，信息熵也可以说是系统有序化程度的一个度量。在压缩领域，这个概念也适用于衡量一个压缩算法的好坏以及寻找合适的压缩码字。对于一个数据输入流，信息论中熵有如下定义：

$$\text{Entropy}(p) = -\sum_{i=1}^{n} p_i \log_2 p_i \text{ (比特／符号)}$$

假设输入流的长度为 s，则输入流的信息量为：$H=s*\text{Entropy}（p）$。根据上面的定义，可以看出熵是衡量一个数据流信息量的量。因此，对某输入信息流进行分割，只要各部分信息量大致相等，那么各部分通过算术编码后生成的码字的长度也不会差太多，相应的计算量也就差不多，就可以达到各处理器所承担的任务相差不大的目的，各处理器之间的同步问题也能很好解决。如何让分割的数据块熵值差不多，这就是下面的分割算法要完成的任务。

在算法设计中，除了考虑熵值的问题，还要结合并行计算机系统的处理器的数目来设计算法。因为如果一次性分配任务数目超出处理器个数，将大大浪费计算机内存资源，造成压缩程序效率降低。注意如果处理器太少，则可以把原始任务分割成处理器个数的 n 倍，然后根据流水线原则依次对这些数据进行分批处理。

2. 算法设计

根据实际工作中所遇到的海量数据管理以及上面熵的定义，我们可以知道数据的分割在编制并行程序的过程中占据极其重要的位置，它具有基础性作用。如果对数据的分割做得不好，将影响后面压缩操作的效率。对数据的分割主要涉及两个方面：一是确定数据块的数量（一般不大于处理器数量），二是确定块的界限，即如何分问题。

（1）任务分割数目确定

根据以上提出的并行程序衡量原则第一条，在设计并行程序算法的时候，最好做到数据块的数目不大于处理器的数目，因为如果数据块的数目大于处理器数目，将在执行等待的过程中，占据大量存储资源，而且也增加了程序的复杂性。

由于在对海量数据的分析过程中，数据量太大，如果逐个分析，然后按处理负载对数据进行分块，则会影响程序的效率，失去了并行程序编制的意义。所以在对原始数据进行分析的时候，首先要注意到处理器的数目。结合处理器的数目来对原始数据流进行分块才是科学的方法，因为有可能你不按照处理器数目来分割，则有可能分割后的数据子任务太多，造成存储资源浪费；也有可能子任务数目太少，不能充分利用已有的处理器资源，同样无法达到编制并行程序的目的。

根据以上讨论，确定以下分割数目确定原则：在数据量小于某个特定值（如100M，该值可由程序根据具体处理器情况设定）时，分割数据流的子任务数据满足如下公式：

$$\theta = \frac{n}{KN}$$

说明：θ 为指定阈值，n 指子任务个数，N 指处理器数目，K 指处理器的倍数。

该公式在特定值如 $\theta=1/N$ 是，指的是分割子任务数目为1，也就是对当前数据进行串行处理，在数据量比较小时，运用现有压缩程序的串行操作能力是完全可以的。当 n 等于处理器数目 N 时，指的是分割的块数刚好与处理器数据相等，这种情况充分利用了现存处理器的计算机能力，是比较好的方案。但这适用数据量较大（海量）的场合，因为如果数据量较小，分成若干块后，每个块要维护一个相关输入流的数据结构同样浪费资源。通过上面的公式我们可以看到 $\theta > 1$ 时，子任务的数据大于处理器数目，这是并行算法评价规则的第一条所不允许的，所以在 θ 的指定上，最好不要让 θ 的值大于1。上面公式中 N 是固定的，可以通过设置 A 值很容易确定分块的个数。

对于这里的压缩方案，由于处理的数据文件大部分属于海量数据文件，所以选择 $\theta=1$ 的情况，因为数据量大，所以要最大限度利用现有的处理器来共同完成数据的处理工作。这样既满足了并行算法评判规则，又充分利用了现有资源。也就是说在压缩程序中，首先完成对系统中现有空闲处理器数目的搜索，然后根据这个数据确定数据分块的子任务个数。对某一个任务来说，处理器数目可能是动态的，因为有可能在这一任务开始的时候，系统中某些处理器正在进行其他的工作。一旦初始模块完成空闲处理器的搜索工作，立刻把这个数据传送给子任务划分模块，以此作为参数，对输入数据流进行分割，并对这些处理器进行锁定，避免其他海量数据处理任务介入其中，影响计算效率，甚至有可能导致系统崩溃。

（2）数据块划分界限确定

在确定了块的数目以后，如何来确定对原始数据流的分块界限，是一个极其重要的问题。而这也是子任务分配模块的中心任务，相关算法也是任务分配的核心算法。

数据的分块，大致遵循熵均等原则，即各数据块的熵总值是差不多大小，也就是各部分的信息量差不多。这就涉及一个数据块搜索统计问题，所以这个模块的主要任务就是对数据流进行统计分析，然后确定合理的分割，让各部分的熵值大致相等，因为熵值的大小反应编码后的码字长度，而算术编码后的码字长度非常接近于熵值，码字长度同时也反映计算量的大小，所以让各子任务熵值均等就是要各处理器所承担的计算任务差不多。熵值的计算已在上面有明确的说明，并找一种高效的搜索方式就是这个算法要完成的任务。

但在搜索统计的过程中，还存在一个问题，若不设定一个各熵值的差值阈值，可能这个搜索过程永远也不会停止，原因是在一个随机的数据流中，很难有这样的界限让各个块的熵值相等，所以只能指定一个阈值，当各数据块的差值达到这一阈值时，则该模块停止界限搜索的统计过程。这就好比在生活中分配任务一样，负责管理的人得用公平的原则让每个人完成差不多的任务，不至于某些人做得太多，某些人做得太少，在实际生活中分配如同程序的分配算法，不可能达到绝对的公平，只要大致公平就可以了。因此在搜索统计过程中，涉及以下几个参数：分块数量、搜索完成阈值、子任务分块相对位置（返回参数）。

如果对数据流的分割局限于局部的熵值均等的话，则难以找到一个分割标准。原因是一个子任务发生变化，则会引起其他子任务也跟着发生变化，结果是找到一个好的分割方法要浪费大量的计算时间。通过观察知道，对一个输入文件来说，一个文件各字符出现的概率是一定，以此为标准，来对进行文件分割，就可以很快达到目的。虽然对一个海量数据文件扫描并对每个字符出现的概率进行计算也要耗费大量时间，但相比串行方法对一个数据文件处理所耗费的时间来说，花这点时间是微不足道的。

原理分析：在对数据块进行划分之初，先统计文件中各字符出现的次数，并计算每个字符出现的概率，再根据处理器（进程）数量把原始数据文件按顺序划分成相等的 n 等分。然后根据上面计算的概率计算每个块的熵值，再求每个块熵值的差，这实际反映的是在输入流中各子任务所含信息量的差异。当差值大于某个阈值时，则按一定跨度调整各块的大小，这样很快就可以对原始数据按熵值均等原则进行分割。

根据对输入流的统计数据，计算每个字符出现的概率，这是整个数据划分的基础，在计算数据块的熵值和各数据块熵的差值时都要用到这个统计概率。对数据的分割要用到以下计算公式：

①在程序划分数据块计算之初，应计算各字符出现的概率，计算概率的公式为

$$p_i = \frac{K}{N}$$

在此对该公式进行说明。P_i：某字符出现的概率；K：某字符出现的累积次数；N：数据流的总长度。

②在概率计算完成后程序对数据块进行分块，初始分块规则为按处理器数量 n 把数据分成相等长度的块，则每块的长度为 $l=N/n$，然后针对分块数据依据上面所列熵的计算公式计算熵值。

③计算各数据块信息量的差值。

$$\Delta H = \Delta H_i - \Delta H_i - 1 \ (i=1, \ 2, \ \cdots, \ n)$$

利用统计概率计算这些差值的方差，当方差小于指定阈值时就终止划分界限的搜索，返回数据块划分界限。

④如果不满足，则根据多减少加的原则对各数据块进行适当的调整。调整方法是根

据统计所得概率计算原始数据流的熵均值，然后把现有按长度平均原则分配的数据流的熵值与这个平均值做比较，如果大于这个值，则把这个块尾部的数据划分一些到下一块，然后把下一起尾部的数据划分一些到下下一块，依次类推，直到每块数据的熵值均大致等于熵均值为止，这样计算出来的样本方差肯定会满足指定阈值的限制。调整算法如下：

$$\Delta H = H_i - \bar{H}$$（$\bar{p}$ 为原始数据流的信息量均值，$\bar{H} = H / n$）

当 $\Delta H > 0$ 时，从第一块的下限 j 处开始倒退，直到 $\Delta H - S^*_i \sum\limits_{i=j}^{j-k} p_i \log_2 p_i \leqslant \theta(\theta$

为指定阈值，S_i 指数据块 i 的长度）。这时候 $\delta_i = K$ 的值即为块的下限值。相邻块的上限值为 $\varepsilon_{i+1} = K+1$。当 $\Delta H < 0$ 时，从第一块的下限 j 处开始倒退，直到

$$\Delta H - S^*_i \sum\limits_{i=j+1}^{j+k} p_i \log_2 p_i \leqslant \theta$$（θ 为指定阈值）。这时候 $\delta_i = K$ 的值即为块的下限值，相邻

块的上限值为 $\varepsilon_{i+1} = K+1$。依次类推，可以很快对数据进行大致的平均分割。

（四）编码／解码算法

常规的算法包括编码和解码两部分，编码是源信息到编码码字的映射过程，是对源码冗余信息的剔除。编码后的数据流可以直接输出到网络或设备上，也可以生成相应的编码文件。编码的核心技术是编码的算法，则直接影响压缩程序的效率。

在海量数据的压缩中主要考虑：统计模型建立、数据结构、编码压缩算法（自适应算术编码）、解码算法四个方面。

只要能编写出在串行机器上运行解码／编码算法，那么程序在并行体系结构中就是并行程序设计的任务了，所以在讨论压缩算法时，主要以串行计算机为背景进行讨论。

1. 基于上下文的统计模型

压缩算法的统计模型分为两种，一种是简单概率模型，根据符号已出现的次数给它赋予一个概率。假设已经输入和编码了 1000 个字符，其中 30 个 Q，如果下一个符号是 Q，那么其概率就是 30/1000，计数值就加 1。下一次 Q 再出现时概率就是 31/t，t 为已输入符号的总数（不包括最后输入的一个 Q）。这种统计方案的好处是简单，易于操作，但对一个输入流完全分成若干单个字符进行处理，完全忽略了上下文间的联系。如何把输入流的上下文联系起来，基于上下文的统计模型也就应运而生。

基于上下文的统计模型，其基本思想就是给某个符号分配概率时不仅根据它出现的概率，而且根据它已经出现过的上下文。这是一个基于当前已存在的上下文对下一个符号的概率进行估计的方法。举例说明，字母 h 在英文中出现的概率约为 5%，在实际处理过程中，我们预期 h 会以 5% 的概率出现，但是，如果当前符号是 t，那么下一个字符出现 h 的概率则高达 30%。如果下一个符号确实是 h，我们就给它分配一个大概率。如果 h 是一个罕见字母组合的第二个字母时，则要分配给它一个小概率。

这种基于上下文的模型是对第一种统计模型的优化，并在实际的压缩方案（特别是

文本压缩）有十分重要的意义。

基于上下文的统计模型也分为静态模型和自适应模型两类。首先简述静态模型，它始终使用相同的概率，包含一个静态表，表中有字母表中所有可能的双字母组合（或 3字母组合）的概率，并利用该表为下一个符号 S 分配概率，依据是 S 的前一个符号（S 的上下文）C。这种模型简单，平均来说效果也还可以，但有两个问题：一是某些实际输入流的统计特性与用于构造该表的数据相差甚远，此时用静态编码器可能会导致相当大的扩展。二是零概率问题，零概率问题我们将在以后专门论述，并说明其解决方案。

基于上下文的自适应模型也维持一个概率表，表中存放着字母表中所有可能的双字母（或 3 字母组合甚至更长的上下文）的概率。利用该表把概率分配给下一个符号 S，这取决于紧靠在 S 前面的若干个符号。随着更多符号的输入，该表不停地更新，使得概率能与压缩中的特殊数据相适应，这就是我们以后要详细讲解的数据结构的更新、查询等。

这种模型比静态模型更慢更复杂，但是压缩效果要好些，这是因为即使输入中含有与平均概率相差很大的数据，它也能使用正确的概率。

2. 零概率问题的解决

如果在压缩过程中采用基于上下文的静态统计方案，则有可能产生零概率问题，也就是输入的信息在概率表中找不到与之匹配的模式串，因此就出现零概率问题，在这种模型中要解决这个问题是十分困难的，但基于上下文的自适应统计方案就可以很容易解决这个问题。下面是这种算法解决零概率问题的原理。

当输入某一符号时，它首先在最高阶数 n 阶的上下文中查找，如果找到匹配串，则就利用当前上下文的概率给该字符分配一个概率，然后更新概率表，如果在本阶未找到匹配串，则转向 n−1 阶进行模式匹配，重复上面的步骤。直到查找所有 0 阶上下文都未找到与之匹配的串，则程序就给该字符分配一个固定概率，该概率为：$1/N$（N 表示字母表长度）。

说明：当编码器转向上一阶上下文时，则应向输出流中写入一个保留符号，如 esc 等，写入这个符号是为解码的时候使用。

3. 基于上下文的自适应算术编码数据结构

在自适应算术编码的过程中，每个符号的记数是变化的，随着数据流的输入，整个关于数据流的数据结构也在不断地更新中，所以数据结构包括四方面的内容：数据结构选择、阶数 N 的确定、数据结构实现。

（1）数据结构选择

输入流数据结构是编码器和解码器的基础，关系到查找的效率和构建这棵树的难度，所以选择合适的数据结构对一个数据压缩程序至关重要。对于海量数据处理而言，选择一个静态基于上下文的类似字典的方案是不现实的，这是因为对这个数据结构的存储要占用大量的空间。所以这里选择动态的 n 叉树数据结构来满足自适应算术编码的需要。在该数据结构中，n 叉树代表数据流中出现的不同单个字符数，而树深度表示上下文的长度。单个字符指的是 0 阶上下文，二个字符指 1 阶上下文，依次类推。深度 $h=N+1$，这里 N 指上下文的阶数。

上下文阶数 N 的确定，这是一个重要的问题，从理论上来说，N 越大，概率估计得越准确，压缩效果就越好。很明显，长上下文能减少某些符号查询的次数，从而提高压缩的效率，通过观察我们可以看到，这种无限制的长上下文会对压缩程序带来致使的打击，有可能为存储这些长上下文而无法达到压缩效果。总体来看，这种对 N 不加限制的策略会引起以下三个问题：

①如果我们根据一个符号的前 30000（指上下文的阶数 N）对其编码，可能唯一的解决办法就是往输入流中写它们的原始 ASC II 码，这就降低了总体压缩效率。

②大的 N 值可能会有太多的可能的上下文，若符号是 7 位 ASC II 码，则字母表中有 128 个符号，因此有 128×128=16384 个 2 阶上下文，依次类推，上下文的数据为 $128N$，成指数增长，将会是一个十分惊人的数字。

③一段很长的前文保留了老数据的自然信息。经验表明在部分大数据文件的不同部分符号的分布也不同。因而若模型能使老数据信息的重要性降低，使新数据的变调，就可取得好的压缩，短的上下文就可以产生这种效果。

经验表明，在实际应用中一般都用较短（2～10）阶上下文。通过对实际海量数据文件（实际是文本文件）的分析，作者选择 6 阶上下文，因为数据文件中大部分是工程数据，其精度一般不会超过 6 位，也就是说，在这 6 位小数中，有相同上下文的数据的概率较大，所以我选择 6 阶作为上下文的阶数。

（2）阶数 N 的确定

确定压缩算法的树结构的阶数是很重要的，原因是树的阶数严重影响压缩程序的效率，根据上面的阐述，可以了解，如果把上下文确定为任意阶数，可以提高概率估计的精确度，也可以提高压缩的效率，但在现实的程序实现过程中，我们不可能为一个海量数据文件建立一个无限大深度的树结构，原因很简单：一是增大了上下文的编码难度，二是无限增大的树的广度，加大了搜索难度。我们可以想象一下，如果我们建一个深度为 100 的树，而树的一阶广度为 100，那么它可能扩展 100 的叶子节点，这是一个庞大的数据。只是在这棵树中进行搜索已经是一件不可能的事，何况对其进行编码，更是一个难以达到的目标。

由于上面的原因，我们在确定数据结构以前一定要慎重选择树的深度即 $N+1$ 的值，也就是确定上下文的阶数 N。

（3）数据结构实现

从上面的论述中，我们清楚这样一个事实，不可能为一个输入流建立具有无限长（指数据上下文的阶数）阶数的数据结构，这有可能影响数据压缩效率，原因是如果一个树为 N 阶，但刚好有 $N+1$ 阶的符号在数据输入流中占的比重较大，如果按照传统的方案，则在编码器未找到匹配的上下文的时候重建一个该符号串最后一位的分支，同时分配 $1/n$（n 指不同字符的个数）的概率。有可能该概率比建 $N+1$ 阶数据结构所分配的概率要小得多，从而影响了程序的压缩效率。

4. 自适应算术编码器原理

（1）用自适应算术编码的理由

对于编码和解码算法，静态编码与自适应编码的区分主要在概率模型之上。我们把事先已经知道概率分布的模型叫静态模型，把概率动态分配的模型叫作自适应模型，与之对应的算法就叫作自适应算术编码算法。用这种自适应的算术编码，主要是基于两方面的考虑：一方面是在某些文本压缩中，不可能事先对概率进行统计；另一方面主要是对压缩效率的考虑。比如海量数据的压缩，它的数据量非常庞大，如果对这些数据进行统计，然后得出概率模型，则会严重影响压缩程序的效率，但如果我们使用自适应模型，则可以节省大量的统计时间。

自适应编码：我们以 0 阶自适应编码为例对自适应编码的概念进行说明。事先我们定义一个数组 K，这个数组的大小为字母表长度。所有数组初始均为 0。现在我们假设输入一个字符 s。这将增加相应符号数组的值，也将增大总数值 z（指输入序列中出现的字母总和）。然后模型就按下面的公式重新分配概率：

$$p_M^{(z)}(s) = K[s]/z$$

假设我们的输入序列为"$abad$"，由此而得的自适应模型概率分布（0 阶）见表4-1。

表4-1　自适应模型概率分布表

s	$K[a]$	$K[b]$	$K[c]$	$K[d]$	z	$p_M^{(z)}(a)$	$p_M^{(z)}(b)$	$p_M^{(z)}(c)$	$p_M^{(z)}(d)$
a	1	0	0	0	1	1	0	0	0
b	1	1	0	0	2	1/2	1/2	0	0
a	2	1	0	0	3	2/3	1/3	0	0
d	2	1	0	1	4	1/4	1/4	0	0

从上表我们可以看出，当最后一个符号输入以后，计算的概率值就是符号在这个长的序列中出现的真实概率值。因此我们的自适应编码在对序列编码时，越到结尾编码效果越好，也就是说，越到最后码长越接近该序列的熵值，所以总体来说是一个很有效率的编码方案。

因为符号的初始值是已知的，而且概率的统计也是在符号输入后逐个进行的，解码器能完全跟踪这个过程，对编码的序列进行解码，所以不用存储这个数据结构到输入流，只需在输入流中记录用了何种数据结构就可以了。解码器可以根据已解码的符号构造一棵树，这棵树与编码器使用的树是一样的。

编码器只是在树结构中读取参数 high[X] 与 low[X]。所以我们在讲述编码器算法的时候不讲其基于自适应的编码方案的原理，只讲这个算法的静态编码原理就可以了。因为对于编码器来说，静态编码和自适应编码实际都是一样的，都是根据符号的概率值对区间 [0，1] 进行分割。为了清晰地阐述算术编码的原理，先讨论算术编码的几个概念。

（2）概念分析

在利用算术编码算法对输入序列进行编码时，要用到区间的区间划分、累积概率等概念，下面将逐个讲述这几个概念。

①实数编码

在 20 世纪 70 年代算术编码被开发过来之前，Huffman 编码被认为是最优的编码算法。它最后的码字往往很接近熵值，某些特例还可以达到熵值。它的缺点是产生代码树相对复杂以及编码多个符号或符号组的限制。

由平衡二叉树产生的 Huffman 编码近似于符号的概率：从根开始搜索给定的符号的合适结点。树枝被二进制标识，因此结果是搜索过程中所穿过的树枝序列。因为穿过数枝的数量一直是一个整数，所以每个符号总是以整数个比特来编码的。

我们要寻找的方式就是不用为每个符号分配固定的概率就可以编码信息。因此让我们看一下符号的概率：所有概率在 [0，1] 之间，但无论在何种情况下，它的总和均为 1。在这个区间内，包含无限多的实数，因此把各种不同序列编码到 [0，1] 之间的实数是可能的。我们可以根据符号的概率分割区间。我们可以为输入序列的每个符号重复上面的步骤，把输入序列表示为一个唯一的输出结果。在这个区间的任何数据都能作为这个输入序列的码字。

②区间划分

区间划分是根据消息的概率对区间 [0，1] 进行分割。假设模型 M，用字母表 $A=a，b，c，d$。在消息中符号的概率为 $p_M（a）=0.5，p_M（b）=0.25，p_M（c）=0.125，p_M（d）=0.125$。

现在区间将按图 4-1 所示进行分割。

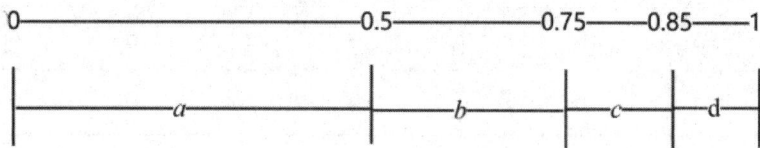

图 4-1　用给定模型分割区间

③累积概率

累积概率是指该符号（也包括该符号）输入前各符号的概率总和。子区间的范围是通过累积概率来实现的。

$$K\left(a_k\right)=\sum_{i=1}^{k}P_M\left(a_l\right)$$

随着编码的进行，区间的上限和下限随着发生改变。然而累积概率却为常数。累积概率用于更新上限和下限的值。关于上面的例子，我们得下面的值，见表 4-2。

表 4-2　累积概率分布表

High	1.0	$K(0)$	0.0	$K(2)$	0.75
Low	0.0	$K(1)$	0.5	$K(3)$	0.875

我们将会明白区间的细分主要取决于模型。我们仍然假设给定了一个包含累积概率 $K(a_i)$ 的固定概率表，在现实的应用中，这种模型也存在，我们把这种模型叫作静态模型。自适应模型在概率表的构造上和静态模型不一样，但原理是基本一样的。

（3）算术编码器原理

编码器可以是任何算法，它把输入序列以某种方式转换成输出序列，解码器主要用于恢复原始数据。对于输入序列 S，我们把编码器输出即编码序列和解码器输入简记为：$Code(S)$ 或 $C(S)$。两种算法的应用分别叫作编码和解码。

下面我们将分别讨论编码和解码算法。

在数据压缩领域，通常要区分有损和无损两种算法。特别作为模拟信号通常以有损的方式压缩，因为这些数据最后都是被人类的某些器官来解释，而这些器官根本不能识别某种程度的噪声和失真。在这里我们将不讨论任何形式的有损压缩，主要集中阐述无损压缩，这种压缩技术能应用到所有数据压缩领域，因此我们仅考虑能恢复输入数据流的编码方法。简洁地说，我们的 $Code(S)$ 将被证明是无损的，而且是最优的。

编码的第一步是初始化区间 $I=$[low, high]，low$=0$，high$=1$。当读入第一个符号 S_1 时，区间可被重新分配为 I'，I' 的边界就叫作区间的上限和下限，在这个模型中，我们选择 I' 等于 S_1 的边界。然而，这些边界计算方式是：假设 $S_1=a_k$ 是字母表的第 K 个符号。于是新区间的下限是：

$$\text{low} = \sum_{i=1}^{k-1} P_M(a_i) = K(a_k-1)$$

上限为：

$$\text{high} = \sum_{i=1}^{k} P_M(a_i) = K(a_k)$$

新的区间 I' 被设置到 [low，high]。这类计算没有什么新鲜，只是如图构建区间的数据方法而已。最重要的方面就是子区间因为有更多的 S_1 而变得更大。区间越大，小数位数越小，将需要更短的代码。下一个循环产生的数在 I' 这个区间里，我们以 I' 为基准区间进行计算，就如第一步我们对区间 [0，1] 所做的操作一样。

下面我们处理第二个符号 $S_2=a_j$，然而，问题出现了，我们模型描述 [0,1] 区间的分配，不是对前一步所计算的结果 I' 的分配。我们不得不按比例缩放和移动边界去匹配新的区间。缩放是通过乘以 high-low 来实现的。high-low 实际就是区间的长度，移动是通过加 low 实现的，结果如下：

$$low' = low + \sum_{i=1}^{j-1} p_M(a_i)^* (high - low) = low + K(a_j - 1)^* (high - low)$$

$$high' = low + \sum_{i=1}^{L} p_M(a_i)^* (high - low) = low + K(a_j)^* (high - low)$$

该规则对所有步骤均是有效的，特别是第一步 low=0，high=1 时。因为我们不需要旧的边界为下一步重复操作。在程序中我们可以用下面的等式覆盖存储在变量值：

$$low = low'$$

$$high = high'$$

（4）防止溢出

在算术编码过程中，我们发现如果输入序列无限长（或很长），则区间上下限有可能收缩到很接近的位置，这样浮点数就容易造成精度丢失，使编码器失去编码能力，而且当浮点数变长后，运算速度也跟着变慢。在实用的压缩方案中，一般采用整数来解决以上问题。

我们用两个整型变量 low 和 high 来说明这种基于整数的解决方案，指定 low 和 high 的值为 4 位十进制数。初始值为 low=0000、high=9999，这是因为 high 应该初始化为 1，但我们的区间是开区间 [0, 1]，所以把 1 初始化为 0.9999，即 high=9999。

通过对上面编码器计算步骤的观察发现当计算到某一步时，low 和 high 的前面一位就会变成一样，而且在以后的计算中，该位都不会变。根据这一特点，可以在计算的过程中，把 low 和 high 的相同位移出，同时把这位写入输出流的某个具体位置。在解码时，就可把这个码字，按一定规则进行解码。移出相同位的规则如下：当变量移出后，在 low 的右端补 0，在 high 的右端补 9。这种方法不但提高算法的速度，而且很巧妙地防止溢出的发生。

第二节　整合算术编码与并行编程技术分析

一、并行编程原理

MPI 是基于 C 语言的扩展，它能进行消息传递库的调用，以便完成进程对进程的直接消息传递。在这种方法中，必须显式地说明要执行哪些进程，何时在并发进程间传递消息，以及传递什么样的消息。在这种类型的消息传递系统中编程必须使用以下两个基本方法：一是创建独立进程使它们能在不同的计算机上执行的方法；二是发送和接收消息的方法。

（一）单程序多数据流（single program multiple-data，SPMD）

文中主要应用 SPMD 这种进程创建模式，虽然在前面的概述中对这种创建方式已经有所提及，但为了彻底弄清楚这个概念，我们在下面还是要作详细的讨论。SPMD 主要适用于静态进程的创建，在 SPMD 计算模型中，不同的进程将被放到一个程序中。在该程序中将由控制语句为每个进程选择程序的不同部分。在用控制语句分离每个所要完成动作的源程序构成之后，就将源程序编译成每个处理器可执行的代码，每个处理器将装载该代码的拷贝到它的本地存储器中以便执行，且所有处理器可以同时开始执行这些代码。如果处理器类型不同，那么就需要为每种不同类型的处理把源代码编译成可执行代码，而每个处理器必须装载符合自己类型的代码以便执行。

（二）机群计算环境配置

1. 机群配置分类

在并行计算体系结构的发展过程中，出现了许多机群的配置方式，下面做一个简要介绍。

（1）现有联网计算机

使用实验室现在正在工作的联网计算机构成机群，而这些工作站已经分配了 IP 地址，通信软件也提供了通信手段，所以组建这样一个并行计算环境特别的方便，但它有弱点：一是使用网络的处理器来进行计算，有可能影响该处理器所在工作的站的正常工作流程，二是如果工作有一个停止或其他的操作，则会让并行程序陷入瘫痪。

（2）专用的计算机机群

这种方案就是利用实验室已淘汰的计算机来组成一个专用的并行计算环境，它同上面的方式非常的相近，只是这些工作站不再进行其他操作，只专门用于计算。

（3）Beowulf 机群

这种方案是致力通过使用很容易得到的低廉部件来构成经济有效的计算机机群，这种方案在当前的并行计算领域非常流行。

（4）超越 Beowulf

它同上面的一种方式非常相似，只是在计算结点的、网络部件的选择上选择了更为高性能的部件，组建成一个真正高性能的并行计算环境。

2. 选择的并行计算环境

（1）硬件配置

将正在使用的性能比较高的计算机做主结点，而机群中的其他计算机在私有网络中作为计算结点。主结点如同一台文件服务器，有任务分配的功能，有大容量主存储器和外存储器。

计算结点和主结点的连接用快速以太网连接，主结点里包含第二个以太网接口，连接到 Internet。主结点有全局可访问的 IP 地址。计算结点只有私有 IP 地址，而这些计算机只能在机群网络中通信，在机群外不能对它们进行直接访问，它们也不能访问外部网络，这样就保证了在并行计算环境中进行并行计算的安全性。

（2）软件配置

通常机群中的每一台计算机都有一个操作系统的拷贝，如果是 Windows 机群，就用 Windows 操作系统。传统的一般是用 Linux 操作系统。主结点为机群有的应用程序文件，并能使用网络文件系统将其配置成一个文件服务器，它允许计算结点远程访问已存储的文件。在我们主结点中，用最流行的 NSF 网络文件系统。在主结点上还安装有消息传递软件（MPI 或 PVM）、机群管理工具以及并行应用程序。这些资源都可免费从网上得到。消息传递软件介于操作系统和用户之间，所以叫作中间件（Middleware）。

把以上所有软件都安装好以后，用户可以在主节点上登录，并使用消息传递软件登记到各计算节点。首先最主要的任务是设置机群，这需要有详尽的操作系统和网络知识，这是一个非常复杂的过程，然而幸运的是网络上有一个免费软件包可以帮我们完成这个工作。这个软件包的名称是开源机群应用资源（Open Source Cluster Application Resources Oscar），它是一个菜单驱动的软件，这使我们使用起来非常方便。设置过程是在主节点上设置 NSF 及网络协议，而在数据库中定义机群。由用户选择 IP 地址对私有网络加以定义，并收集计算节点的网卡 MAC 地址，这只需每个计算节点向主节点发一个 Boot Protocol（自举协议）请求就可以了，将为计算节点返回的是 IP 地址，此外还返回指明要自举哪一部分核心的"自举"文件名。之后将核心下载并自举，并创建计算节点的文件系统。计算节点上的操作系统是用 Linux 安装程序的 LUI 通过网络实现的。最后配置机群，安装配置中间件，软件环境就配置完成，在后面的实现中将具体讲述如何配置这种并行计算环境。

3. 消息传递接口 MPI

通过以上对并行计算的硬件环境和软件环境的介绍，我们知道，在并行编程环境中，最重要的是消息传递软件，因为其他诸如硬件环境等方面的因素是已经成熟的技术，没法在这上面有大的改动。但对消息传递软件来说，它的效率却严重影响程序的运行效率，而且在压缩程序的编制过程中，消息的传递也影响了对原始数据的分块策略，所以下面要对其做详细论述。

（1）MPI

为促进更广泛地使用和可移植性，学术界和实业界的合作伙伴决定联合研发一种他们希望成为"标准"的消息传递系统，这就是 MPI 的产生背景。它的基本特征是：它定义的是一个"标准"而不是具体实现。现在有好几种 MPI 的免费实现，在程序中，使用 MPI-2 来实现并行程序，MPI-2 在 MPI-1 的基础上加入了很多新的特征，尤其是针对动态进行创建的支持，由于在并行程序中主进程要动态生成从进程，就要用到 MPI-2 动态创建进程的这个功能，所以选择用 MPI-2 的库来开发并行程序。

（2）进程创建和执行

如同一般的并行程序设计，要将并行计算分解成若干并发进程。在 MPI 标准中，有意不对创建和启动 MPI 进程加以定义，它们将依赖具体实现。在 MPI 版本 1 中只支持静态的进程创建，这就是说，所有进程在执行前必须创建，且必须一起启动。在MPI-2 中引入动态进程创建，并设有派生函数 MPI_Comm Spawne（），但用户一般不用这个特征，因为动态进程的创建会带来额外的开销，而且也加大了程序的复杂度。

用 SPMD 计算模型可只编写一个程序但由多处理器来执行，启动不同程序方法由具体实现确定。通常启动可执行的 MPI 程序是通过命令行来实现的。例如，相同的可执行程序可同时在四个处理器上被启动通过：mpirun programl-np 4。这个命令没有说明programl 的拷贝将在哪个处理器上执行。MPI 没有定义如何将进程映射到处理器上，指定映射可用一个文件来完成，后面我们将专门讨论这个问题（进程映射问题）。这个文件中包含可执行程序的名称以及指定用来运行每个可执行程序的处理器。

（3）使用 SPMD 计算模型

当每个进程实际执行相同代码时，SPMD 是一个理想的模型。作者压缩程序的并行执行恰好满足这种模型的条件，所以选择这种模型来作为并行程序的计算模型。一般来说，所有应用中的一个或多个进程常需要执行不同代码。为在单个程序中方便地实现这一点，就需要在代码中插入一些语句来选择每个处理器执行哪一部分代码。因而，SPMD 不排斥主从方法，而只是必须将主代码和从代码放在同一程序中。下面这段程序将展示 MPI 如何做到这一点。

```
main（int argc，char*argv[]）{
MPI_Init（&argc，&argv）;
MPI_Comm_rank（MPI_COMM_WORLD，&myrank）; /* 找到处理器排队 */
If（myrank=：0）master（）; else slave（）;
MPI Finalize（）;
}
```

其中 master（）和 slave（）是由主进程和从进程分别执行的过程。需要注意的一点是给定一个 SPMD 模型，任何全局变量声明将在每个进程内被复制。不用复制的那些变量需要在每个进程内加以声明。

（4）消息传递函数

消息传递通信是错误操作的源头，在并行程序中出现错误，大部分都是因为并行程序在这一操作中出现了某种形式的混乱，导致错误操作。

MPI 为所有点对点和集合的 MPI 消息传递通信使用了通信子。一个通信子是一个定义了一组允许组内进程相互通信进程的通信域。用这种方法，就可使库的通信域与用户程序分隔开。在通信子中，每个进程有一个序号，它是从 0 到 $p-1$ 的一个整数，其中p 是进程数。实际中有两类通信子可以使用，一类是组内通信的内通信子，另一类是组间通信的外通信子。组用来定义参与通信的进程的集合，且组内每个进程有一个唯一的序号（从 0 到 $m-1$ 的一个整数，其中 m 是组中进程数），一个进程可同时是多个组的成员。对于简单的程序只使用内通信子，因此就不需要组的附加概念。

MPI_COMM_WORLD 是 MPI 一个内通信子，它作为应用程序所有进程的第一个通信子存在。在简单的应用中，不需要引入新的通信子。MPI_COMM_WORLD 可在所有点对点的集合操作中使用，新的通信子要在已有的通信子上创建。MPI 中有一组函数，专门用来在已有的通信子上生成新的通信子（以及从已有的组中创建新的组）。

①点对点通信

消息传递是由常见的发送和接收调用来完成的，需使用消息标记，可使用能配符 MPI_ANYJAG 代替消息标记，也可用通配符 MPI_ANY_SOURCE 在接收函数代替原 ID。

消息的数据类型在发送 / 接收参数中定义。数据类型可从标准 MPI 数据类型表中选择数据类型中派生出来的。用这种方法，用户可创建一个数据结构以表示具有任何复杂性的消息。

②完成

有若干种关于接收和发送的版本。便可使用局部完成或全局完成来描述这种版本的变化。我们说一个函数已完成了操作中所有它的部分则该函数是局部完成的。

如果该操作涉及的所有函数都已完成了操作中它们自己的部分且操作已全部进行，则称函数是全局完成的。

③阻塞函数

在 MPI 中，阻塞函数（发送或接收）在它们局部完成后就可返回，阻塞发送函数的完成条件是：保存消息的单元可再次为其他语句或函数所使用或是其内容改变但不会影响消息的发送。阻塞发送将发送消息并返回，这并不表明消息已被接收，只是指进程可以自由地继续执行而不会对消息产生负面影响。实质上是将源进程阻塞了一段最小时间，以在这段时间内对该数据进行访问。当一个阻塞接收函数局部完成时它也将返回，在这种情况下，意味着该消息已被接收到目的单元，并可以读出该目的单元。

阻塞发送函数参数的一般格式如下：

MPI_send（buf，count，datatype，dest，tag，comm）

参数说明：

buf：发送缓冲区地址 count：要发送的项数

datatype：每项的数据类型 dest：目的进程序号

tag：消息标记 comet：通信子

阻塞接收函数参数的格式如下：

MPI_Recv（buf，count，datatype，src，tag，comet，status）

参数说明：

buf：接收缓冲区地址

count：要接收的最大项数

datatype：每项的数据类型

src：源进程的序号

tag：消息标记

comm：通信子

status：操作后的状态

由上面的函数 MPI_Recv 我们可以看出，其对最大消息的尺寸做了说明，如果被接收的消息大于最大尺寸，将发生溢出错误。如果接收的消息小于最大尺寸，消息将被存储在缓冲区前部，而其余的单元将不受影响。所以这个长度确定对一个算法来说也是很重要的。

④非阻塞函数

非阻塞函数将立即返回，也就是说，无论函数是否已完成允许继续执行下一条语句。非阻塞发送 MPI_Isende（）将在源单元可安全地改变之前就可返回。非阻塞接收 MPI_Irecve（）即使没有接收消息也将立即返回。

可以用 MPI_Waite（）和 MPI_Test 函数来检查发送或接收操作是否已经完成。MPI_Wait（）将一直等待直到操作已确实完成，然后再返回；而 MPI_Test（）立即返回，并以标记位置来指明操作是否已经完成。这些函数需与一个特定操作相关，通过使用相同的 request 参数就可做到这一点。非阻塞接收函数提供了在等待消息到达期间进程继续进行其他活动的能力。

⑤发送通信方式

MPI 发送函数可为通信方式中的一种，所使用通信方式定义了发送 / 接收协议。这四种方式为标准、缓冲、同步和就绪，下面依次加以说明。

在标准发送中，并不假设相应的接收函数已经启动。如果有缓冲，缓冲区的大小依赖具体实现，MPI 并未对其作具体的定义。如果提供缓冲的话，发送在接收到达前就可完成，如果是非阻塞的，则当匹配了 MPI_Waite（）或 MPI_Test（）时返回便完成。

在缓冲方式中，发送可在匹配接收之前就启动和返回。针对这种方式，必须在应用程序中提供指定的缓冲区空间。缓冲区空间可借助 MPI 函数 MPI_Buffer_attache（）提供给系统，并可用函数 MPI_Buffer_detache（）收回。

在同步方式中，发送和接收两个函数中任一个函数均可在另一个函数之前启动，但两者只能一起完成。

在就绪方式中，仅当与匹配接收函数已经到达时，发送才可开始，否则将出错。使用这种方式时必须非常谨慎，以免错误操作。

对于阻塞和非阻塞的发送函数，这四种方式均可使用。对其中的三种非标准方式在助记符中用一个字母加以标识。

例如，MPI_Isende（）是一个非阻塞同步发送进程。在这些组合中，也有一些是不允许的，对于阻塞和非阻塞接收函数只可以使用标准方式，且并不假设相应的发送已经开始。任何类型的发送函数可以与任何类型的接收函数一起使用。

⑥集合通信

与点对点的通信只涉及一个源进程和一个目的进程不同，集合通信则会涉及一组进程，这些进程是指那些由内通信子所定义的那些进程，它们不需要消息标记。

下面列举一些广播集中和分散函数：

MPI_Bcaste（）从根结点向所有其他进程广播

MPI_Gathere（ ）为进程组集中值

MPI_Scattere（ ）将缓冲区中的部分值分散给进程组

MPI_Alltoalle（ ）从所有进程向所有进程发送数据

MPI_Reducee（ ）将所有进程的值组合成一个值

MPI_Reduce_Scattere（ ）组合值并分散结果

MPI_Scane（ ）在各个进程上计算前缀数据归约

⑦障栅

如同与所有消息传递系统一样，MPI 提供了一种同步进程方法，它将停止每个进程直到所有进程都已到达指定"障栅"调用。

二、理想并行计算

一种能分解成诸多完全独立部分且每一部分可用一个独立的处理器执行的计算，就叫作易并行计算。这是并行编程的基础形式，在程序运行的过程中，各进程（处理器间）没有数据的交换。

并行程序设计包括将一个问题分解成若干部分，然后由各个处理器对各个部分分别进行计算。一个理想的并行计算是能被立即分解成许多完全独立部分且它们能同时执行的计算，这就是所谓的自然并行。现有大量的实际应用是属易并行的，或至少是接近于易并行的。通常来说，由于各个独立部分有相同的计算，因此称其为 SPMD 则更为贴切。由于数据不是共享的，因此使用分布式存储器多处理机或消息传递多计算机就更为合适。如果它们需要同一数据，则该数据必须拷贝到每个进程中去。该种并行计算的主要特征是进程之间没有交互。

在压缩程序中，需要将数据分布到各个进程，并用某种方式收集和组合结果。这就意味着在开始和最后，只有一个进程处于运行状态。如果要创建动态进程，通常的方法采用主从结构，首先创建一个主进程，由它派生（启动）相同的从进程。下图显示了这种最终的结构，主进程和从进程都放在同一程序中，而使用 IF 语句根据进程标识符 ID（主 ID 或从 ID）来选择主代码或从代码。后面将对主、从进程启动的实现细节作详细说明。

由于涉及的并行应用进程之间有很少的交互，但由于编码和解码后生成的文件有顺序性，所以在各进程仍然需要一定程度的同步，用来保证编码和解码的文件的顺序仍然和串行编码和解码后生成的文件一致，所以在程序中要解决负载平衡和同步的问题。即使从进程全都一样，静态地将进程分配给处理仍可能得不到优化解，处理器不相同时更是如此。

三、同步与负载平衡

（一）同步的概念

同步是指一组进程必须互相等待才能继续程序后面的运行步骤，这个等待的过程就叫作同步，程序需要同步的根源是后续程序需要用到前面计算得到的值或由结果的固有顺序而决定，在并行压缩程序中，同步的原因就是因为第二种原因。各进程必须按一定的次序把压缩后的数据发送给主进程，以便子进程对这些数据进行处理。

可以直观看出，同步运算需要耗费大量的时间，在某些情况下，甚至是不可忍受的。有可能进行等待所花的时间比进程计算所花费的时间还要多，所以要用负载平衡来解决这个问题，这样就可以让同步花费尽可能少的时间，还有一种方法则是减少并行程序的同步运算。

（二）障栅函数

想象一下有许多计算值的进程，每个进程最终都必须相互等待，直到所有的进程都到达了计算中某一个指定参考点。这种情况通常发生在进程需要相互交换数据然后从一个已知状态一起继续运行的场合。如果可以动态创建进程，那么通过进程退出和再派生就可以实现这种效果，但这种方法花销很大。可采用某种机制阻止任何进程通过某个特定点，直到所有进程就绪后才让进程继续，实现这种同步的机制称为障栅（barrier）。在每个进程必须等待的点处插入一个障栅，当所有进程到达时（在某些实现中，到达的进程超过一定数目时），所有的进程才能从这一点处继续执行。在的程序中，必须所有进程都到达障栅处时，主进程才能进行下一步操作，原因是显而易见的。

障栅可以应用于共享存储器系统或消息传递系统。这里构架的并行计算环境主要是基于消息传递的系统。所以下面着重阐述消息传递系统的障栅函数，即 MPI 的障栅函数 MPI_Barrier（），唯一的参数是一个已命名的通信子。组中的每一个进程都要调用这个函数，它阻塞进程直到所有组的成员到达障栅调用并且只在那时才返回，这种特性刚好满足压缩程序的要求。

（三）障栅实现方式

1. 计数器实现

集中式计数器实现有时候也叫作线性障栅。用一个计数器对到达的障栅的进程数目计数。在任何进程到达它的障栅前，计数器先初始化为 0。然后每个调用障栅的进程将使计数器增加 1，并检查是否已达到正确数目 P（进程的总数）。若计数器未到 P，进程就停顿或输入不活动状态。如已到达 P，就继续进行从进程的发送数据的操作，主进程则进行数据的规约操作。

基于计数器的障栅常分为两个阶段：一个是到达阶段，另一个是离开（或释放）阶段。进程进入到达阶段后，直到所有进程都进入这个阶段方能离开此阶段。然后进程进入离开阶段并释放。

在程序中，主进程维护障栅计数器。在到达阶段，在从进程到达它们的障栅时主进程对来自从进程的消息计数，而在离开阶段主进程释放从进程。使用阻塞 sendO 和 recv 发送 / 接收消息且用 for 循环计数的主进程的障栅代码形式如下：

```
for（i=0；i < p；i++）{recv（Pny）；}
```

for（i=0；i < p；i++）{send（Pany）；}

变量 i 是障栅计数器。从进程的障栅代码如下：

send（Pmaster）；recv（Pmaster）

通过分析以上代码我们知道，任何次序可以接收从进程发来的消息，但送往从进程的消息则是按次序的。这种实现允许在一个进程中障栅被重复调用，因为明确定义了所有进程都必须先进入到达阶段才可能转入离开阶段。

2. 并行压缩程序的障栅原理

假设分割块数量为 m，根据数据的块数我们可按顺序为每个数据块分配唯一的标识 P_i，其中 i 对应每一个数据块的编号（按顺序编码），这个标识对应该数据块所在处理器的标识号。那么在返回数据时主进程设置一个计数器，初始值为 0。当主进程把这些数据块分配到相应的处理器后，就等待从进程发送返回消息。从进程在数据处理终止后，向处理器发送一个消息表明数据处理已经完成，等待主进程发送消息然后再返回数据。当主进程收到数据处理就绪的消息后，就对计数器加 1，当计数器值等于分割块的数量的时候就按顺序向各从进程发送消息，等待接收从进程发送过来的数据，然后把接收到数据按顺序写入本地文件中，同时释放该进程所在的处理器。

四、映射

映射一个分配任务到处理器的过程。如果我们使用的共享内存的并行计算环境，那么操作系统将自动分配任务到处理器，就不需要任务分配。但分布式内存并行计算环境就不一样了，它需要有完整的任务分配机制。

（一）映射的目标

映射的目标是充分利用现有的活动处理器，尽量减少处理器之间的交流。处理器应用指的是为解决某一个问题处理器执行某一操作所花费的平均时间。如果允许所有处理在同一时间开始和执行操作，当计算量均衡的情况下，处理器的使用效率最高。

当映射到两个不同处理器的任务需要交换数据的时候，则处理器间的通信量会增大。如果两个处理器之间很少有数据交换的时候，则处理器的通信量很少或几乎没有，对于压缩程序，由于各处理器分别按事先已知的模型处理自己的这一块数据，所以不存在处理间的交流问题。

在现实编程活动中，改善处理器的利用率和减少处理器的通信量往往是冲突的，需要根据实际需要和我们平时的经验，在二者之间掌握一个平衡点，使并行程序能获得较高的效率。

（二）映射分类

当问题采用域分解策略时，对这些分割进行分组后，各分组往往有相同的计算量，那么在各处理器之间的负载平衡。如果处理器间的通信模拟为一般通信模式，那么一个好的策略就是创建 P 个分组任务，这 P 个任务之间很少有通信，并把这 P 个任务映射到各处不同处理器上。

按执行时间分配任务，但完成每个任务的时间各不相同。如果相邻的数据块有相同的计算量，则采用循环任务映射策略可以使处理器间负载平衡，但代价是在处理器花费了大量时间用于通信。

在任务之间需要一种非结构化的通信，在这种情况下以最小化处理器间的通信策略来对任务进行映射，在程序执行操作之前用一个静态负载平衡算法来决定任务分配策略。对于这一点在固定任务数的问题中尤其有用。动态负载平衡算法多用于程序运行时创建任务或取消任务的执行。动态负载平衡算法往往在程序执行期间动态调用，它分析当前的任务并产生一个新的处理器映射策略。

某些并行设计为了完成某些特殊的功能，创建一些短期任务，在各任务之间没有数据交换。相反，给每个任务分配一个子问题去解决，并且返回子问题的解决方法。在这种情况下，任务分配算法可能是集中式的，也可能是分布式的。

（三）映射算法

1. 集中式映射算法

并行计算环境中的处理器被分成两部分：一类是主处理器，这个处理器主要完成数据分割、任务调试、数据规约等操作；另一类是从处理器，主要应对主处理器发送来的数据进行操作。主处理器维护一个所分配任务的清单。当从处理器处于空闲状态时，它向主处理器发送一个消息，向该处理器申请一个任务，之后主处理器就把相应的数据发送到从处理器，并更新任务清单。当从处理器完成计算后，把最终结果返回给主处理器，并向主处理器申请另外一个任务。这种算术的缺点是主处理器可能变成任务分配的"瓶颈"，因为所有从处理器都要向主处理器申请任务，有可能出现主处理器非常繁忙的情况。有一些方案可以解决这个问题，比如一次分配多个任务或在从处理器处理一个数据块的时候就向主处理器发送一个预定消息，这样就可以让主处理器在空闲的时候准备好某个从处理器所需要的数据。

2. 分布式映射算法

在分布式映射算法中，各处理器维护各自所拥有的任务，这种模式要求我们有一个在各处理器间分发任务的机制。一些算法依赖"推"的策略，有太多任务的处理器向它的邻近处理器发送消息，如果邻近处理器空闲，则发送一部分任务给这个处理器。而另一些算法依赖"拉"的策略，即如果一个处理器空闲，则向邻近处理器发送消息，申请一部分任务来处理。这种分布式映射算法的问题就是各处理器不知道何时任务分配完成。如何解决这个问题，这里提出一个方法供参考：数据在各处理器执行操作期间动态发布，当某一处理器接收到文件 EOF 时，则广播一条消息，让所有处理器均停止分配算法的运行，这样就可以解决这个问题，代价则是花费了更多的通信时间。

3. 其他映射算法

其他映射算法大部分是上面两种方法的折中，例如一个有两个主处理器的主 1 从处理器分配策略。它把主处理器分为两个层次，高层次用于监测低层次的一组处理器，每个低层次的处理器分配任务给它自己管理的从处理器。这些低层次的主处理器按一定时间间隔交换信息，以平衡各主处理器未分配的任务的负载。

第三节　并行压缩程序创建与测试

一、并行编程硬件环境搭建

本来共享内存的并行编程环境对本节来说无论是在程序调试或是程序的性能测试方面更为方便，但实验室没有这样的高性能设备，所以根本没办法在这样的现存的高端环境中编写和调试并行压缩程序。为给自己的并行压缩创建一个并行环境，唯一能利用的就是实验室中现在正在使用的计算机和现有网络设备。经查阅大量资料，表明这样一个环境完全可以搭建一个并行计算环境。所以选择利用实验室的计算机构成一个并行计算环境，在这个环境中编写和调试程序。

在构建这个并行环境的过程中，主要考虑就是各计算节点之间连接速度的问题，这很显然没办法与千兆位网络的性能相提并论。也许在进行并行压缩程序的测试过程中可能严重影响程序的性能，有可能速度有时候比串行压缩还慢。因为网络速度太慢，并行程序的 Tstartup 和 Tcomm 都很大，这就导致整体性能下降。所以在测试时，只有按一定方式对结果进行加权，以屏蔽由于网络速度而带来的影响。

二、软件实现方案

前面部分已经对压缩程序的原理、并行编程技术做了详细的阐述，并且已经搭建好并行编程环境，下面将基于这些理论，着重讨论软件的具体实现，主要包括以下几个方面：模块划分、统计模块设计、数据分割模块设计。

（一）模块划分

按照并行压缩程序的功能来分，其主要分为以下几个功能模块：统计模块、数据分割模块、任务分配模块、概率模型构建模块、编码器、解码器、进程控制模块、规约模块。每个模块均完成一个压缩程序的一部分功能，各模块之间是相辅相成的。

（二）统计模块设计

该功能的主要作用是完成输入流的概率统计，为海量数据的数据分割作基础准备。海量数据就是根据这个概率，然后计算各数据块的熵，根据这个熵值对原始数据进行分割。

这个模块要具备以下几个功能：原始数据分析、频率统计、概率计算。根据各字符出现频率计算字符在数据文件中出现的概率，该模块的输出就是各字符的频率。

1. 原始数据分析

文中研究的数据对象是文本文件，在文本文件中有两种字符，一是英文字符，用 ASC Ⅱ 码表示，但在文本中还有部分中文字符，所以对原始数据流的分析要用到 unicode 码，这种编码方式可以同时处理中文和英文。现有 C 语言编译器支持这种码，所以在程序编制上完全没有问题的，处理这种混合文本和处理单纯的英文文本差不多。

对于海量数据文本的处理，我们只需要分析文本文件正文，没有必要去分析文本文件的附加部分（文件头和结尾信息），文件头信息及结尾信息按原样写入就可以了，因为这些信息相对于海量数据文本来说，所占的比例极其小，因为不考虑在压缩文本范畴之内。

2. 频率统计

在统计模块中，对文本文件输入流的统计是逐个字符进行的，在统计过程中，要创建一个链表，这个链表用于记录数据及数据出现的频率。这个链表是个动态链表，随字符出现的增加而增大，所以要用到动态内存分配技术。

这里每输入一个字符都涉及数据的查询工作，对海量文本的搜索来说，这样一个搜索过程要耗费大量时间。如何寻找一个办法来解决这个问题，在程序中，用到了记住上一个字符的方法，即让程序记住上一个字符的在数组中的位置。如果下一个字符与所记住的字符一样，则直接到记住的指针指定的位置去更新这个字符的频率。如果当前字符与上一个字符不一样，则从头开始搜索，如果找到，则改变相应的计数；若找不到，则重新分配数据的大小，插入一个新的字符。

3. 概率计算

概率计算是根据上面所得出的结果进行统计分析，计算每个字符出现的概率。然后创建一个二维数组，这个数组用于存储字符和相应的字符概率，以备在原始数据的分割算法中使用。概率计算公式如下：

$$p_i = \frac{p_i}{\sum_{j=1}^{n} p_j}$$

式中 p_i 指第 i 个字符出现的频率，n 指不同的字符个数，p_i 由经典概率模型统计得出，原理也非常简单。

（三）数据分割模块设计

数据分割模块是属于核心内容，这是因为它决定了处理器的任务分配，而且涉及各处理器间的负载平衡。设计一个好的分割算法可以提高并行压缩算法的效率。

分割算法有两种，一种是以数据为中心，另一种是以计算为中心的分割算法。我们采用以数据为中心的数据分割算法。由于我们是根据活动处理器的数量来对数据进行分割的，所以就可以省去分组这个步骤。原始数据是一个文本文件，没有前后的逻辑关系，所以对数据的分割用不着考虑数据的逻辑结构，只需要根据计算的熵值进行分割就可以了。

分割算法包含以下功能：熵值计算、分割计算、返回分割界限值、输出分割文本的边界链表。

分割数据时，把原始数据分成从处理数据整数个熵值相等的数据块，然后按映射策略把这些数据块分发给指定的处理器进行数据处理。例如：若一个并行计算系统的从处理器个数为 n，那么数据划分的块数就是处理器个数的整数倍，则原始数据应该被划分成 $1n$，$2n$，…，kn 个数据块。

这部分算法极其简单，只是把以前所叙述的算法应用编程中。所以我们不详细说明其具体设计。

（四）编码器实现

因为概率模型构建包含在算术编码器，而且解码器原理同编码器原理类似，所以我们不分开对三者进行论述，下面将在编码器实现中具体阐述这三者的实现以及它们之间的结合关系。

编码器是压缩算法的核心部分，但并行编码器与串行编码的实现略有不同，因为在并行编码器中，调用 MPI 的库函数来完成串行程序中同样的功能，所以二者在形式上是不同的。

编码器的代码及函数调用必须到 MPI_Init（）和 MPI_Finalize（）之间。对于函数，我们仍然可以使用串行编码器中的函数，只是这些函数要在以上两个函数间调用。

1. 功能说明

编码器模块应该包括以下功能：生成自适应数据结构、自适应编码、发送就绪信息。生成自适应数据结构指编码器根据输入流的符号生成一棵 N 叉树，记录符号的频率和累积频率，以备编辑一下个符号时读出某符号的概率，送给编码器。自适应算术编码模块用于根据概率模型把输入流中的符号编码成目的编码。发送就绪消息功能用于在数据处理完毕后向主处理器发送一个就绪信息并等待主处理器的数据发送请求。

2. 程序代码（数据编码部分）

```
#include < stdio.h >
#include < mpi.h >
#define NUMLOOPS 10000
#define ADAPT1
#define FILET "FileOne"
#define FILE2 "FileTwo"
#define MASK1（（0x1+3）-1）
#define MASK2（（0xl+5）-1）
#define NSYM1（MASK1+1）
```

```
#define NSYM2（MASK2+1）
int main（in argc，char*argv[]）{
int sym，i;
MPI_init（&argc，&argv）;
MPI_comm rank（MPI_COMM_WORLD，&i）;
MPI_comm_size（MPI_COMM_WORLD，&sym）;
Encoder（argc，sym）/* 编码器函数 */
MPI_Finalise（）;
Return 0:
}
```

（五）规约模块

规约模块属于串行编程范畴，其是由主进程按前面所讲的同步原则依次把处理完的数据一次性写入输出流中（包括直接输出到文件或其他形式的输出介质上）。无论是编码或是解码过程，这个模块都以相同的方式工作。

规约模块在主进程中，但其运行时刻是在各处理器完成一批数据处理后，该模块根据数据分割模块产生的数据块表的顺序依次要求从处理器发送回已经处理的数据，把这些数据写入输出流中就可以了。写入数据结束后，该模块又转入"空闲"状态，等待下一批数据处理完成。

第五章 新一代信息技术

第一节 计算机应用技术概述

一、基本概念

计算机应用指的是计算机应用在各个学科、领域的理论、方法、技术与系统，同时指以该应用为核心研究的学科。简言之，计算机应用就是将计算机学科与其他学科、领域进行融合的方式、过程与结果。

计算机应用技术就是在计算机具体应用过程中采用的方法和手段。随着计算机技术的快速发展，计算机应用技术也在更多领域取得了突破，如农业、工业、文化教育、服务行业、家庭生活、娱乐等。随着我国 Internet 的普及，计算机应用已经与人们的生活密不可分，是信息化背景下的重要学科。

二、关键技术应用

随着计算机技术的迅猛发展，计算机的应用也已渗透到社会的各个领域，正在改变人们的工作、学习和生活的方式，同时推动着社会的发展。归纳起来，计算机的应用技术可分为以下 7 个方面。

（一）科学计算（数值计算）

科学计算又称为数值计算，它是计算机最早的应用领域。科学计算指计算机用于完成科学研究和工程技术中所提出的数学问题的计算。这类计算往往公式复杂，难度很大，用一般计算机或人力难以完成。例如，气象预报需要求解描述大气运动规律的微分方程，发射导弹需要求解导弹弹道曲线方程，这些都要通过计算机的高速而精确的计算才能完成。

（二）数据处理（信息处理）

在人们的日常生活和工作中，会得到大量的原始数据，包括大量图片、文字、声音等信息处理就是对数据进行收集、分类、排序、存储、计算、传输、制表等操作。目前，计算机的信息处理应用已非常普遍，如人事管理、库存管理、财务管理、图书资料管理、商业数据管理等。

在大数据时代，信息处理已成为当代计算机的主要任务。据统计，全世界计算机用于数据处理的工作量占全部计算机应用的80%以上，大大提高了工作效率和管理水平。

（三）自动控制

自动控制是指通过计算机对某一过程进行自动操作，其不需要人工干预，能按照人设定的目标和状态进行过程控制。过程控制是指对操作数据进行实时采集、检测、处理和判断，按最佳值进行调节的过程。

目前，自动控制被广泛用于操作复杂的钢铁、石油化工、医药等行业的生产中。使用计算机进行自动控制可大大提高控制的实时性和准确性，提高生产效率和产品质量，降低成本，缩短生产周期。计算机自动控制还在国防和航空航天领域中起决定性作用。例如，无人驾驶飞机、导弹、人造卫星和宇宙飞船等飞行器的控制，都是依靠计算机实现的。可以说，计算机是现代国防和航空航天领域的神经中枢。

（四）计算机辅助设计和辅助教学

计算机辅助设计（Computer Aided Design，CAD）是指借助计算机的帮助，人们可自动或半自动地完成各类工程设计工作。目前，CAD技术已应用于飞机设计、船舶设计、建筑设计、机械设计、大规模集成电路设计等。

在京九铁路的勘测设计中，使用计算机辅助设计系统绘制一张图纸仅需几个小时，而过去人工完成同样工作则要一周甚至更长时间。由此可见，采用计算机辅助设计可缩短设计时间，提高工作效率，节省人力、物力和财力，更重要的是提高了设计质量。

CAD已得到各国工程技术人员的高度重视。有些国家已把CAD和计算机辅助制造（Computer Aided Manufacturing，CAM）、计算机辅助测试（Computer Aided Test，CAT）及计算机辅助工程（Computer Aided Engineering，CAE）组成一个集成系统，使设计、制造、测试和管理有机地组成为一体，形成高度自动化的系统，因此产生了自动化生产线和"无人工厂"。

计算机辅助教学（Computer Aided Instruction，CAI）指用计算机来辅助完成教学计划或模拟某个实验过程。计算机可按不同要求，分别提供所需教材内容，还可以个别教学，及时指出该学生在学习中出现的错误，根据计算机对该学生的测试成绩决定该学生的学习从一个阶段进入另一个阶段。CAI 不仅能减轻教师的负担，还可以激发学生的学习兴趣，提高教学质量，为培养现代化高质量人才提供了有效方法。

（五）人工智能方面的研究和应用

人工智能（Artificial Intelligence，AI）是指计算机模拟人类某些智力行为的理论、技术和应用。人工智能是计算机应用的一个新的领域，这方面的研究和应用正处于发展阶段，在医疗诊断、定理证明、语言翻译、机器人等方面，已有了显著成效。例如，用计算机模拟人脑的部分功能进行思维学习、推理、联想和决策，使计算机具有一定"思维能力"。我国已成功开发了一些中医专家诊断系统，模拟名医给患者诊病开方。

机器人是计算机人工智能的典型例子。机器人的核心是计算机。第一代机器人是机械手；第二代机器人对外界信息能够反馈，有一定的触觉、视觉、听觉；第三代机器人是智能机器人，具有感知和理解周围环境，使用语言、推理、规划和操纵工具的技能，能模仿人完成某些动作。机器人不怕疲劳、精确度高、适应力强，现已开始用于搬运、喷漆、焊接、装配等工作中。机器人还能代替人在危险工作中进行繁重的劳动，例如在有放射线、有毒污染、高温、低温、高压、水下等环境中工作。

（六）多媒体技术应用

随着电子技术特别是通信和计算机技术的发展，人们已经有能力把文本、音频、视频、动画、图形和图像等各种信息形式综合起来，构成一种全新的信息形式——"多媒体"。在医疗、教育、商业、银行、保险、行政管理、军事、工业、广播与出版等领域，多媒体的应用发展很快。

（七）计算机网络技术

计算机网络技术是现代计算机技术与通信技术高度发展和密切结合的产物，它利用通信设备和线路将地理位置不同、功能独立的多个计算机系统连接起来，用功能完善的网络软件实现网络中资源的共享和信息的传递。例如，全世界最大的计算机网络Internet 把整个地球变成了一个小小的村落，人们通过计算机网络实现数据与信息的查询、高速通信服务（电子邮件、文档传输、即时通信等）、电子教育、电子娱乐、电子商务、远程医疗和会诊、交通信息管理等。物联网是"万物相连的 Internet"，是Internet 的延伸和扩展，将各种信息传感设备与 Internet 结合起来，实现在任何时间、任何地点，人、机、物的互联互通。物联网技术有改变世界的潜能，则像 Internet 一样，甚至更深远。

三、计算机应用技术的发展

近几年媒体上频繁出现"新一代信息技术"这一概念，计算机应用技术也开始被新一代信息技术所涵盖。新一代信息技术，不只是指信息领域的一些分支技术如集成电路、计算机、无线通信等的纵向升级，更主要的是指信息技术的整体平台和产业更迭。

20世纪80年代以前普遍采用的大型主机和简易的终端，被认为是第一代信息技术平台。从20世纪80年代中期到21世纪初，广泛流行的是个人计算机和通过Internet连接的分散的服务器，其被认为是第二代信息技术平台。近10年来，以社交网络、云计算、大数据为特征的第三代信息技术架构蓬勃发展。新一代信息技术发展的热点不是信息领域各个分支技术的纵向升级，而是信息技术横向渗透融合到制造、金融等行业，信息技术研究的主要方向将从产品技术转向服务技术。以信息化与工业化深度融合为主要目标的"互联网+"是新一代信息技术的集中体现。

（一）网络互联的移动化和泛在化

近几年Internet的一个重要变化是手机上网用户超过桌面计算机用户，以微信为代表的社交网络服务已成为我国Internet的第一大应用。移动Internet的普及得益于无线通信技术的飞速发展，5G无线通信不只是追求提高通信带宽，而且是要构建计算机与通信技术融合的超宽带、低延时、高密度、高可靠、高可信的移动计算与通信的基础设施。当前，基于IPv4协议的Internet在可扩展性、服务质量和安全性等方面已遇到难以突破的"瓶颈"，各大企业和研究者们正在积极发展软件定义的Internet和以内容为中心的Internet，这可能是未来Internet发展的重要方向。过去几十年，信息网络发展实现了计算机与计算机、人与人、人与计算机的交互联系，未来信息网络发展的一个趋势是实现物与物、物与人、物与计算机的交互联系，将Internet拓展到物端，通过物联网形成人、机、物三元融合的世界，进入万物互联时代。

（二）信息处理的集中化和大数据化

20世纪末流行个人计算机，由分散的功能单一的服务器提供各种服务，但这种分散的服务器效率不高，难以应付动态变化的信息服务需求。近几年兴起的云计算将服务器集中在云计算中心，统一调配计算和存储资源，通过虚拟化技术将一台服务器变成多台服务器，能高效率地满足众多用户个性化的并发请求。过去长期以来计算机企业追求的主要目标是"算得快"，每隔11年左右超级计算机的计算速度就提高1000倍。但为了满足日益增长的云计算和网络服务的需求，未来计算机研制的主要目标是"算得多"，即在用户可容忍的时间内尽量满足更多的用户请求。这与传统的计算机在体系结构、编程模式等方面有很大区别，需要突破计算机系统输入/输出和存储能力不足的"瓶颈"，未来10年内具有变革性的新型存储芯片和光通信将成为主流技术。同时，社交网络的普及使广大消费者也成为数据的生产者，传感器与存储技术的发展大大降低了数据采集和存储的成本，使可供分析的数据爆发式增长，数据已成为像土地和矿产一样重要的战略资源。人们把传统的软件和数据库技术难以处理的海量、多模态、快速变化的数据集称为大数据，如何有效挖掘大数据的价值已成为新一代信息技术发展的重要方向。

（三）信息服务的智能化和个性化

过去几十年信息化的主要成就是数字化和网络化，今后信息化的主要努力方向是智能化。"智能"是一个动态发展的概念，其始终处于不断向前发展的计算机技术的前沿。所谓智能化其本质上是计算机化，即不是固定僵硬的系统，而是能自动执行程序、可编程可演化的系统，更高的要求是具有自学习和自适应功能。无人驾驶汽车是智能化的标志性产品，它融合集成了实时感知、导航、驾驶、联网通信等技术，比有人驾驶更安全、更节能。德国提出的工业4.0，其特征也是智能化，设备和被加工的零件都有感知功能，能实时监测，实时对工艺、设备和产品进行调整，保证加工质量。建设智慧城市实际上是城市的计算机化，将为发展新一代信息技术提供巨大市场。

第二节　云计算

一、基本概念

云是Internet的一种比喻说法。过去在图像中往往用云来表示电信网，后来也用来表示Internet和底层基础设施的抽象。云计算是以虚拟化技术为核心，以低成本为目标的，基于Internet服务的动态可扩展的网络应用基础设备，用户按照使用需求进行付费购买相关服务的一种新型模式。

云计算模式非常像国家的电厂集中供电模式（电厂提供电，用户付费购买）。在云计算模式下，云计算提供用户看不到、摸不到的硬件设施（服务器、内存、硬盘）和各种应用软件等资源。用户只需要接入Internet，付费购买自己所需要的资源，然后通过浏览器给"云"发送指令和接收数据外，基本上什么都不用做，便可以使用云服务提供商的计算资源、存储空间、各种应用软件等资源，来满足自己的需求。

云计算的最终目标是将计算、服务和应用作为一种公共设施提供给人们，使人们能够像使用水、电、煤气和电话那样使用计算机资源。用户不需要拥有看得见、摸得到的硬件设施，也不需要为机房支付设备供电、空调制冷、专人维护等费用，更不需要等待漫长的供货周期、项目实施等冗长的时间，只需要把钱汇给云计算服务提供商，就会马上得到需要的服务。在云计算环境下，用户的使用观念也从"购买产品"转变成了"购买服务"，这样也促进了云服务的商业模式发展。

云计算将计算任务分布在大量的分布式计算机上，并非本地计算机或远程服务器中，这使得企业数据中心的运行与Internet更相似。企业能够将资源切换到需要的应用上，根据需求访问计算机和存储系统。好比是从古老的单台发电机模式转向了电厂集中供电的模式。它意味着计算能力也可以作为一种商品进行流通，就像煤气、水电一样，取用方便，价格低廉。最大的不同在于，它是通过Internet进行传输的。被普遍接受的云计算特点如下：

①超大规模。"云"具有相当的规模，谷歌云计算已拥有100多万台服务器，亚马逊、

IBM、微软、雅虎等的"云"均拥有几十万台服务器。企业私有云一般拥有数百上千台服务器。"云"能赋予用户前所未有的计算能力。

②虚拟化。云计算支持用户在任意位置、使用各种终端获取应用服务。所请求的资源来自"云"，而不是固定的有形的实体。应用在"云"中的某处运行，但实际上用户无须了解，也不用担心应用运行的具体位置。只需要一台笔记本电脑或者一部手机，就可以通过网络服务来实现我们需要的一切，甚至包括超级计算这样的任务。

③高可靠性。"云"使用了数据多副本容错、计算节点同构可互换等措施来保障服务的高可靠性，使用云计算比使用本地计算机更可靠。

④通用性。云计算不针对特定的应用，在"云"的支撑下可构造出千变万化的应用，同一个"云"可以同时支撑不同的应用运行。

⑤高可扩展性。"云"的规模可以动态伸缩，满足应用和用户规模增长的需要。

⑥按需服务。"云"是一个庞大的资源池，可以按需购买；云可以像自来水、电、煤气那样计费。

⑦极其廉价。由于"云"的特殊容错措施可以采用极其廉价的节点来构成云，"云"的自动化、集中式管理使大量企业无须负担日益高昂的数据中心管理成本，"云"的通用性使资源的利用率较之传统系统大幅提升，因此用户可以充分享受"云"的低成本优势，用户经常只要花费几百美元、几天时间就能完成以前需要数万美元、数月时间才能完成的任务。

⑧潜在的危险性。云计算服务除了提供计算服务，还必然提供存储服务，并且云计算服务当前垄断在私人机构（企业）手中，他们仅能提供商业信用。这对于政府、银行这样持有敏感数据的机构，如果使用云服务，必然存在潜在的危险。

二、云计算的关键技术

云计算在技术上是通过虚拟化技术架构起来的数据服务中心，实现对存储、计算、内存、网络等资源化，按照用户需求进行动态分配。用户不再是在传统的物理硬件资源上享受服务，而是改变为在虚拟资源层上构建自己的应用。云计算的关键技术主要体现在体系结构（Architecture）、数据存储（Data Storage）、计算模型（Computation Model）、资源调度（Resource Scheduling）和虚拟化（Virtualization）等方面。

（一）体系结构

云计算的体系结构通常分为 3 层，即核心服务层、服务管理层和用户访问接口层。

1. 核心服务层

核心服务层是将硬件基础设施、软件运行环境、应用程序抽象成服务，这些服务具有可靠性强、可用性高、规模可伸缩等特点，满足多样化的应用需求。基础设施一般就是底层的基础设施，包括硬件设施，对硬件设施的抽象和管理。核心服务层又分成了 3 个子层，即基础设施即服务层（InfrastructureasaService，IaaS）、平台即服务层

（P1atformasaService，PaaS）和软件即服务层（SoftwareasaService，SaaS）。

IaaS 提供硬件基础设施部署服务，为用户按需提供实体或虚拟的计算、存储和网络等资源。PaaS 是云计算应用程序的运行环境，提供应用程序部署与管理服务。PaaS 提供软件工具和编程语言，提供运行环境，可以将其理解为平台级的服务层。SaaS 是基于云计算基础平台所开发的应用程序，是软件级的服务层。

2. 服务管理层

服务管理层为核心服务提供支持，进一步确保核心服务的可靠性、可用性与安全性。

3. 用户访问接口层

用户访问接口层提供了客户端访问云服务的接口，使用户不需要关心底层实现，只需要通过接口调用服务即可。该层屏蔽了底层的复杂性，方便用户使用。

（二）数据存储

云环境下的数据存储不同于传统的数据存储，传统的数据存储可能都只是涉及一台服务器。云计算推动数据存储向虚拟化和云架构的转型，不断提高 Internet 基础架构的灵活性，以降低能源和空间成本，从而让客户能够快速地提高业务敏捷性。

云计算数据中心是一整套复杂的设施，包括刀片服务器、宽带网络链接、环境控制设备、监控设备以及各种安全装置等。数据中心是云计算的重要载体，为云计算提供计算、存储、带宽等各种硬件资源，为各种平台和应用提供运行支撑环境。数据中心通过上层的分布式文件系统（Distributed File System，DFS）整合为可靠的、可扩展的整体。DFS 是云存储的核心，一般作为云计算的数据存储系统。例如谷歌的分布式文件系统（Google File System，GFS）。

谷歌、微软、IBM、惠普、戴尔等国际信息产业巨头，纷纷投入巨资在全球范围内大量修建数据中心，旨在掌握云计算发展主导权。我国政府和企业也在加大力度建设云计算数据中心。

（三）计算模型

云计算的计算模型是指可编程的并行计算框架，需要高扩展性与容错性的支持。在多核的今天，并行是提高计算性能的必由之路。典型的案例有 MapReduce 和 Dryad。MapReduce 是谷歌的并行计算编程框架，运行在 GFS 上，设计思想是将问题分而治之，主要的功能由 Map 函数和 Reduce 函数来实现。Dryad 是基于有向无环图的并行计算模型，图中的每个节点处理各自的任务，Git 的版本管理也是基于有向无环图来实现的。

（四）资源调度

云计算平台的资源调度包括异构资源管理、资源合理调度与分配。在普通的系统中，资源合理的调度和分配是很常见的，由于云平台是基于分布式系统的，因此不同的系统之间可能就会出现结构不同的问题，云平台的资源调度就必须具备异构资源管理功能。

（五）虚拟化

通过虚拟化技术可以将物理上的单台服务器虚拟成逻辑上的多台服务器。每台服务器可以被单独地作为一个服务器来使用，如 Colab 提供的服务。通过这种分割，将闲置的处于底层的服务器紧凑地使用起来，数据中心为云计算提供了大规模资源，通过虚拟化技术实现这些基础设施服务的按需分配。虚拟化技术分为虚拟机快速部署和在线迁移两类技术。

虚拟化技术是 IaaS 的重要组成部分。虚拟化技术主要有以下特点：①资源共享。物理机从逻辑上被虚拟为很多台小型机器，这些虚拟机之间可以很方便地共享该物理机上的资源。②资源定制。用户利用虚拟化技术，配置私有的服务器，指定所需的 CPU 数目、内存容量、磁盘空间，从而实现资源的按需分配。③细粒度资源管理。通过虚拟化技术可以将物理机从逻辑上拆分成很多台更小的机器，而通过对这些小型机器进行准确的管理，来实现细粒度的管理。

三、云计算技术发展及应用

云计算技术应用近些年得到了迅速发展，作为战略性新兴产业，形成成熟的产业链结构。云计算产业涵盖硬件与设备制造、基础设施运营、软件与解决方案供应、基础设施即服务（IaaS）、平台即服务（PaaS）、软件即服务（SaaS）、终端设备、云安全、云计算交付 / 咨询 / 认证等环节。

硬件与设备制造环节包括绝大部分传统硬件制造商，这些制造商都已经在某种形式上支持虚拟化和云计算，包括 Intel、AMD、Cisco、SUN 等。基础设施运营环节包括数据中心运营商、网络运营商、移动通信运营商等。软件解决方案供应商主要以虚拟化管理软件为主，主要包括 IBM、微软、思杰、SUN、Redhat 等。

IaaS 将基础设施（计算和存储等资源）作为服务出租，向客户出售服务器、存储和网络设备、带宽等基础设施资源，厂商主要包括亚马逊、Rackspace、Gogrid、Gridplayer 等。PaaS 把平台（包括应用设计、应用开发、应用测试、应用托管等）作为服务出租，厂商主要包括谷歌、微软、新浪、阿里巴巴等。SaaS 把软件作为服务出租对象，向用户提供各种应用，厂商主要包括 Salesforce、谷歌等。

云安全旨在为各类云用户提供高可信的安全保障，这些厂商主要包括 IBM、OpenStack 等。云计算交付 / 咨询 / 认证环节包括了三大交付以及咨询认证服务商，这些服务商已经支持绝大多数形式的云计算咨询及认证服务，主要包括 IBM、微软、Oracle 和思杰等。

随着云计算技术产品、解决方案的不断成熟，云计算机服务的应用正在逐步从 Internet 行业向政府、金融行业等传统行业快速延伸，同时在医药领域、制造领域、能源领域、教育科研、电信领域等也在快速发展。另外，在政府主导的公共安全领域已利用云计算开展业务。从政府应用到民生应用，从金融、交通、医疗、教育领域到创新制造等全行业延伸扩展。

例如，政务云上可以部署公共安全管理、容灾备份、城市管理、应急管理、智能交通、社会保障等应用，通过集约化建设、管理和运行，可实现信息资源整合和政务资源共享推动政务管理创新，加快向服务型政府转型。教育云可以有效整合幼儿教育、中小学教育、高等教育以及继续教育等优质教育资源，逐步实现教育信息共享、教育资源共享及教育资源深度挖掘等目标。中小企业云能够让企业以低廉的成本建立财务、供应链、客户关系等管理应用系统，大大降低企业信息化门槛，迅速提升企业信息化水平，增强企业市场竞争力。医疗云可以推动医院与医院、医院与社区、医院与急救中心、医院与家庭之间的服务共享，并形成一套全新的医疗健康服务系统，从而有效提高医疗保健的质量。

四、云计算技术在计算机安全存储中的应用

（一）云计算技术与计算机安全存储

1. 云存储体系架构

云存储是一种存储技术，其通过集群、网格技术或分布式文件系统等多项功能，将网络中大量不同类型的存储设备和应用软件集合在一起，以实现协同工作的目标。同时，云存储还可以通过相应的应用接口或者用户软件，为用户提供对应的数据存储、管理和访问等服务。同时，该项技术可以让用户根据实际需求，轻松调整系统规模，快速部署和重新配置资源。与传统的存储设备相比，云存储是一个由网络设备、存储设备、服务器、应用软件、公用访问接口、接入网和客户端等程序共同构成的复杂系统，其各个部分在运行过程中均以相应的存储设备为中心，依托相应的应用软件来对外提供数据存储和业务访问等服务。

在云存储系统中存储层至关重要，其可以由不同类型的存储设备构成，可以是 FC 光纤通道存储设备，也可以是 NAS、iSCSI 等 IP 存储设备。实际中，存储设备通常数量庞大，普遍分布于不同的地域，通过广域网、互联网或 FC 光纤通道网络将不同的存储设备进行连接。云存储体系中最难实现的是基础设备管理层，其利用集群、分布式文件系统和网格计算等技术，实现多个存储设备之间的协同工作并对外提供相同的服务。云计算体系中最为灵活多变的部分是应用接口层，在实际工作中，不同的运营商均可根据自身的服务需求，实现应用服务接口的差异化开发。最后，用户通过访问层通道访问存储云服务。不同的存储云运营商根据自身的访问类型和访问手段，并在工作中为用户提供差异化的云存储访问服务，以满足其需求。

2. 云存储面临的安全威胁

云存储的安全威胁主要分为用户和服务提供商两个方面。首先，从用户的层面来看，云计算的本质是为了适应现代服务需求而整合分布式处理系统、并行处理和网格计算等技术而形成的新技术类型。这种技术极大地丰富了计算和存储资源，且承载了大量个人或企业的隐私数据。然而，也正因此，云计算在应用中必然面对比传统计算系统更为复

杂的安全威胁，需要相关云存储服务提供商在以往的基础上加强对数据安全重视程度。其次，从云存储提供商的角度来看，其所面对的安全威胁也较为严重。当前越来越多的组织将自身的工作负载进行了迁移，让相关内容能够置于云中，数据机密性和云平台本身的安全性都是其关注的重点问题。在实际应用中，相应的云存储提供商可面临着对应的网络攻击、漏洞攻击，甚至云存储业务崩溃，安全风险十分严峻。

（二）云计算环境下计算机安全存储的实现路径

1. 密文云存储技术

在应用云计算技术进行数据存储的过程中，使用数据先加密后外包的方式，可以有效降低用户的数据安全风险。这种方式是目前应用比较普遍且简单有效的措施之一。在实现过程中，其可以分为数据加密、密文检索和密钥管理3种情况。

（1）数据加密

数据加密是依托特殊的算法改变原有的信息数据，使其不可读或者失去原本的意义。即使加密信息泄露，未授权用户也无法对信息本身进行准确有效的解读。加密算法可以分为对称密码和非对称密码两种。其中，对称密码也被称为单密钥加密，指的是仅存在一个密钥，同时用作信息的加密和解密，如 DES、3DES、Blowfish、IDEA 等。而非对称密码也被称为公钥加密，指的是存在一对密钥，公开密钥的作用为加密，而私有密钥则应用于信息的解密，如 RSA、ECC 等都为非对称密码。在加密途径方面，当前可以通过硬件加密、软件加密、网络加密等路径实现。实际上，用户将数据先加密后外包，是保障云端存储的静态数据安全的有效手段，但当用户需要对云数据进行计算、检索等的时候，不知道解密密钥的云服务提供商则会出现无法直接进行处理问题。

（2）密文检索

密文检索技术是指当数据处于被加密的情况下，通过设备存储的方式来获取所需的明文数据的方法。在以顺序扫描为例说明非结构化数据密文检索过程：用户需要将加密的关键词发送给服务器，服务器接收到请求后，会将密文关键字与每一段密文按位进行异或运算，如果得到的结果满足校验关系，则说明文件之中包含查询关键字。这种方式的好处是既可以拥有较强的抵抗统计分析的能力，又可以在查询文本相对较小的情况下实现高速加密和检索，而且过程比较简单。

（3）密钥管理

密钥是用于控制密码变换运算的符号序列，密钥材料则是必须的数据，多用于确立和维持密码密钥关系。密钥管理涵盖了完整的生命周期，包括用户登记、初始化、密钥安装、密钥使用等阶段。密钥管理生命周期分为 12 个阶段，相关单位和人员在进行密钥管理的过程中需要对生命周期中的各个阶段进行管理。基于不同用途的密钥生命周期存在差异，可以将密钥分为初级、二级和主密钥 3 个等级，用高级密钥对低级密钥进行保护。密钥管理在云计算环境中分为 4 个组成部分，即密钥管理客户端、信任服务器、密钥管理中心和 PKI 提供者。密钥管理客户端部署于云用户虚拟机中，主要用于接收客户端的请求并进行解析和应答所接收的信息。信任服务器则部署于云应用服务器之中，主要用于接收和回复密钥管理客户端的请求。密钥管理中心处于云的逻辑边界上，而作为云计算与外界 PKI 进行联结的管理中心，主要职责是整合和调度云计算中涉及的密钥管理请求。分布于各个地区的云计算中心组成 PKI 提供者，数量众多，主要任务是为区域内的用户提供数字证书签发和密钥管理，

2. 基于属性加密的云数据访问控制

在云计算环境中，访问控制是确保数据存储安全的重要工具。目前，基于属性加密的云数据访问控制机制可以分为两种情况。一种是单一权威的情况，即所有属性由同一个权威进行管理；另一种是多权威的情况，即对属性进行分类，并依托不同的权威进行管理。相关权威在该系统中扮演着重要的角色，负责对用户的请求进行授权、属性撤销和重新授权属性。

在用户属性撤销的过程中，需要与云服务器进行交互，并以提供密文更新密钥。当前在云环境中，人们提出了基于 KP-ABE 的方案。该方案中不存在权威，由数据的拥有者来完成之前的权威工作，该过程中可以实现对文件的创建、删除以及用户的加入和撤销等操作。在文件的创建与删除中，当文件拥有者创建文件时，需要为文件分配一个唯一的 ID，并从密钥空间中随机选择一个对称加密密钥 DEK，用于对文件进行加密。最终需要定义相应文件的属性集，并使用 KPABE 机制对 DEK 进行加密，通过 Encrypt 算法生成 CT 密文。当然，相关的数据拥有者在进行对应文件删除时，需要将文件的 ID 和签名发送至服务器，验证成功后方可删除数据。

在用户注册过程中，相关的数据拥有者需要进行以下操作：为新用户进行唯一的身份和访问结构的分配；利用 KeyGen 算法生成私钥 SK，使用用户公钥加密生成密文；将密文发送至云服务器。云服务器在获取相关的信息后必须验证签名的正确性。若签名正确，则将属性 T 存储到用户列表 UL 中，并将密文发送至用户端。

在执行用户属性撤销的过程中需要使用 4 个算法，分别是 AMinimalSet、AUpdateAtt、AUpdateSK 和 AUpdateAtt4File。AMinimalSet 算法的主要作用是确认用户撤销更新的最小属性集。AUpdateAtt 算法则通过重新定义系统主密钥和公共参数组件，将需要撤销的属性更新到新的版本，再通过代理重加密密钥将旧版本属性更新到新版本。AUpdateSK 算法将用户私钥之中与需要撤销的属性相关的组件更新到新版本。AUpdateAtt4File 算法的作用是将密文中与需要撤销的属性相关的组件更新到新版本。在实施属性撤销的过程中，对应的算法逐一运行，即可实现对用户属性的撤销。

3. 云安全管理技术

长期以来，人们主要依赖数据加密、数据备份、防火墙、入侵检测等技术来保证存储数据的安全。然而，仅仅依靠技术和产品是无法充分保障信息安全的。在此过程中，引入新的信息安全管理意识和提高管理模式是确保信息安全的核心所在。在该过程中，相关单位和人员可以采取多种措施，如可用性管理、网络安全管理、事故响应管理等，以全面提升云计算环境下的数据安全水平。

（1）可用性管理

在进行云服务可用性管理过程中，可以从 SaaS、PaaS 和 IaaS 三个层面进行。首先，在实施 SaaS 的管理中，相关的服务提供商应当保证服务的连续性，及应用和基础设施的可用性。通常而言，应当确保服务在 99.5% 的时间内稳定运行，维护工作需要严格按照计划与非计划维护方案实施。目前，针对 SaaS 可用性管理还没有形成统一的标准，因此，在后续的工作中，相关单位和服务提供商有必要加强这方面的建设。其次，在 PaaS 服务之中，相关的用户是应用程序的开发者，其使用云服务商提供的 PaaS 平台构建应用系统。

在进行可用性管理的过程中，相关单位需要制定出具有全局性的策略，来管理和监控应用程序的可用性。同时，PaaS 客户还需要充分考虑 PaaS 平台的服务等级、第三方服务提供商的服务等级以及具体的网络连接状况等因素。最后，在 IaaS 可用性管理过程中，需要针对云计算环境中计算、存储和网络资源的可用性进行有效管理，确保云系统基础设施、虚拟存储和物理网络及虚拟网络连接的可用性。

（2）网络安全管理

云服务中通信网络主要由内部通信网络和外部通信网络两部分构成。在进行安全管理的过程中，相关人员需要合理配置防火墙、IDS\IPS、VPN 系统等网络安全设备的安全规则和选项等，确保其安全性。同时，需要关注相关环境之中的网络安全事件，特别是一些不当行为和异常现象等。

（3）事故响应管理

在这一层面的工作之中，相关单位和人员需要掌握一旦发现可能影响云服务安全的事件及时上报和处理的能力。同时，在发生相关的安全事故后，还需要及时总结和分析安全事故并发现可能存在的技术漏洞，及时纠正漏洞，进而全面降低同类事故再次发生的可能性和频率。

第三节　大数据

一、基本概念

数据是指存储在某种介质上能够识别的物理符号（数、字符或者其他）。这个定义暗含着数据获取、存储和使用的一般路径。

数据获取意味着必须将物理信号转换成计算机可以存储的数据，这涉及传感、采样、模数（Analog to Digital，A/D）转换以及在 bit 基础上的字节化和数据化。

数据存储意味着将数据存储在什么介质上以及如何组织和管理这些数据。任何一个数据被记录、存储一定有其最原始的价值期望。一旦原始价值被实现，数据事实就是以一种成本存在。

数据使用意味着需要针对某个具体的应用目标，使用计算机相关技术完成问题建模和求解。

围绕数据获取、存储及使用的相关技术所涉及的基础学科的发展使数据在规模量级、数据精度（类型）、获得速度上都得到迅猛地发展。计算机技术的发展尚不能完全匹配基础学科迅猛发展以及人类需求不断膨胀而引发的在数据层、计算层、应用层的难题和挑战，在这个情境下，大数据作为一个"难题"被提到人们的面前。

大数据就是大到无法通过现有手段在合理时间内达到截取、管理、处理并整理成为人类所能解读的信息。4V（volume、variety、velocity、value，分别指的是规模大量性、类型多样性、来源高速性、数据价值性）是大数据的基本特征，而不同的利益角色又会根据不同视角给予更多的补充。事实上，所有这些 V 特征都是尝试从数据层、计算层和应用层进行的大数据的特征描述。总而言之，大数据暗含以下 3 个方面的属性：①规模属性：大数据在数据量级上很大，数据层的大规模性以及数据本身所具备的多模式性、多模态性和异构性给存取、算法、计算和应用带来了极大的挑战。②技术属性：大数据价值实现依赖一系列技术合集，涉及数据层、算法层、计算层、应用开发层等多个方面。③价值属性：各个角色对大数据价值都有共识和期望，不同利益角色的个体（组织）对大数据价值的理解和关注点不同。

事实上，当人们谈到大数据时，并非指数据本身，而是数据和大数据技术这两者的综合。所谓大数据技术，是指伴随着大数据的采集、存储、分析和应用的相关技术，是一系列使用非传统工具来对大量的结构化、半结构化和非结构化数据进行处理，从而获得分析和预测结果的一系列数据处理和分析技术。同时需要指出的是，从广义层面来说，大数据技术既包括近些年发展起来的分布式存储和计算技术（如 Hadoop、Spark 等），也包括在大数据时代到来之前已经具有较长发展历史的其他技术，如数据采集和数据清洗、数据可视化、数据隐私和安全等。

从上述角度理解，所谓大数据，既应包括数据本身，也包含为促进数据价值实现而涉及的工具、平台和系统的合集。

二、大数据的关键技术

讨论大数据技术时，首先需要了解大数据基本处理流程，主要包括数据采集、存储、分析和结果呈现等环节。数据无处不在，每时每刻都在不断产生数据。这些分散在各处的数据，需要采用相应的设备或软件进行采集。对于来源众多、类型多样的数据而言，数据缺失和语义模糊等问题是不可避免的，因此采集到的数据通常无法直接用于后续的数据分析，这就需要一个被称为"数据预处理"的过程，把数据变成一个可用的状态。数据经过预处理以后，会被存放到文件系统或数据库系统中进行存储与管理，然后采用数据挖掘工具对数据进行处理分析，最后采用可视化工具为用户呈现结果。在整个数据处理过程中，还必须注意隐私保护和数据安全问题。

从数据分析全流程的角度来看，大数据技术主要包括数据采集与预处理、数据存储和管理、数据处理与分析、数据可视化、数据安全和隐私保护等几个层面的内容。其中，关键技术包括数据采集和汇聚技术、数据存储与管理技术、数据处理与分析技术和数据可视化等。

数据采集与汇聚技术：将分布的、异构数据源中的数据抽取到临时中间层后，进行清洗、转换、集成，最后加载到数据仓库或数据集市中，成为联机分析处理、数据挖掘的基础；利用日志采集工具把实时采集到的数据作为流计算系统的输入，进行实时处理分析；利用网页爬虫程序在 Internet 中爬取数据。

数据存储与管理：利用分布式文件系统、数据仓库、关系数据库、非关系数据库、云数据库等，实现对结构化、半结构化和非结构化海量数据的存储和管理。

数据处理与分析：利用分布式并行编程模型和计算框架，结合机器学习和数据挖掘算法，实现对海量数据的处理和分析。

数据可视化：对分析结果进行可视化呈现，帮助人们更好地理解数据、分析数据安全与隐私保护，构建隐私数据保护体系和数据安全体系，有效保护个人隐私和数据安全。

（一）数据采集和汇聚技术

功能上，通过不同的数据获取协议从不同的数据源中获得数据并将这些数据以某一种形式进行集成和连接，难点有以下 3 个方面：①大数据源自数据层的普适"多源、异构、跨时空"的典型特征使在数据采集技术层次上必须基于不同数据协议进行数据的提取和交换。但是在实际情况下，一方面，原始系统开发团队缺位导致的文档缺失、数据库封闭使数据交换协议缺失；另一方面，由于不同的数据往往存放在不同利益主体的服务器上，如果没有持续的、匹配的商务合作支撑数据获取几乎不可能实现。②任何一个数据源数据的存在都是有其最原始的价值期望的，每一个数据源表示的物理对象并不一致，加之每个数据源的数据建设依托不同的信息技术实施思路和建设水平，这都给有效的数据集成带来了障碍。③如何对这些多源、异构、跨时空数据进行有效特征提取、近义现解和融介是重中之重，但也是难题。

数据的来源可划分为内部数据和 Internet 数据，内部数据散布于各个利益主体，包括政府各级部门及企事业单位的服务器中，数据的富集与整合是在数据库层面或者软件系统层面进行数据导入导出；Internet 数据散布于 Internet 中，也可称为网络大数据，数据的富集与整合

是通过网络爬虫自动从统一资源定位系统（Uniform Resource Locator，URL）中获得数据。

由于不同用户和企业内部不同部门提供的内部数据可能来自不同的途径，其数据内容、数据格式和数据质量千差万别，数据的异构性使其很难直接利用数据展开分析，因此能否对数据进行有效的整合将成为能否对内部数据进行有效利用的关键，抽取 / 转换 / 装载（Extraction Transformation Loading，ETL）是其中一个重要的技术手段。ETL 是将各种形式、来源的数据经过抽取、清洗、转换之后进行格式化的过程，是进行异构大

数据整合的必备过程。

网络大数据则通常指"人、机、物"三元世界在网络空间中彼此之间相互交互与融合所产生并在 Internet 上获得的大数据。网络大数据不仅数据量较大，而且具有一些其他数据源所不具备的特性，主要有以下 6 个方面：①多源异构性。网络大数据通常由不同的用户、不同的网站产生，数据形式也呈现不同的形式，如语音、视频、图片、文本等。②交互性。不同于测量和传感器获取的大规模科学数据（如气象数据、卫星遥感数据），微博、微信、Facebook、Twitter 等社交网络的兴起导致大量网络数据具有很强的交互性。③时效性。在 Internet 平台上，每时每刻都有大量的新数据发布，网络大数据内容不断变化，使信息传播具有时序相关性。④社会性。网络上用户不仅可以根据需要发布信息，也可以根据自己的喜好回复或转发信息，网络大数据直接反映了社会状态。⑤突发性。有些信息在传播过程中会在短时间内引起大量新的网络数据的产生，并使相关的网络用户形成网络群体，体现出网络大数据以及网络群体的突发特性。⑥高噪声。网络大数据来自众多不同的网络用户，具有很高的噪声和不确定性。

对 Internet 数据的搜集，通常通过网络爬虫进行。网络爬虫是一种自动化浏览网络的程序，或者说是一种网络机器人，通俗来说，网络爬虫从指定的链接入口，按照某种策略，从 Internet 中自动获取有用信息。网络爬虫广泛应用于 Internet 搜索引擎或其他类似网站中，以获取或更新这些网站的网页内容和检索方式。它们可以自动采集所有其能够访问到的页面内容，以供搜索引擎做进一步处理（分拣、整理、索引下载的页面），使用户能更快地检索到它们需要的信息。目前有非常多的开源网络爬虫可供开发人员使用，如 Nutch、Scrapy、Larbin、Heritrix、JSpider、Crawler4j、WebSPHINX、Mercator、PolyBot 等。

（二）数据存储与管理技术

从不同数据源采集来的数据以及进行各种预处理后的数据以何种方式高效存取也是一个需要考虑的问题。传统的关系型数据库追求数据的一致性与系统的高性能，没有预先定义的模式使数据一致性难以得到支持，系统高性能也难以实现。此外，大数据的分析对象是海量的多源多模态数据，需要更加准确的高精度分析，还要有复杂关联的深层特征和大规模的复杂关联。在大数据的应用环境下，传统的以通用性为主的数据管理和分析技术难以应对这些挑战，通常需要依靠分布式文件系统、NewSQL 数据库、NoSQL 数据库、云数据库等技术来实现。

分布式文件系统（Distributed File System，DFS）是指文件系统管理的物理存储资源不仅存储在本地节点上，还可以通过网络连接存储在非本地节点上。分布式文件系统通过统一名字空间、锁管理、副本管理、数据存取方式、安全机制、可扩展性等方面的关键性技术，将固定于某个节点的文件系统，扩展到多个节点，有效解决备份、安全、可扩展等数据存储和管理的难题。分布式文件系统改变了数据的存储和管理方式，具有比本地文件系统更优异的数据备份、数据安全、规模可扩展等优点。常见的分布式文件系统有 GFS、HDFS、Lustre、Ceph、mogileFS、FastDFS、TFS、GridFS 等。它们都不是系统级的分布式文件系统，而是应用级的分布式文件存储服务，可分别适用于不同的领域。

传统关系数据库可以较好地支持结构化数据存储和管理，其以完善的关系代数理论作为基础，具有严格的标准，支持事务原子性、一致性、隔离性、持久性，即 ACID 四性，借助索引机制可以实现高效的查询，因此，它自从 20 世纪 70 年代诞生以来就一直是数据库领域的主流产品类型。在大数据时代，传统关系数据库由于数据模型不灵活、水平扩展能力较差，无法满足大规模存储要求。NewSQL 是对各种新的可扩展、高性能数据库的简称，这类数据库不仅具有对海量数据的存储管理能力，还保持了传统数据库支持 ACID 和 SQL 等特性，在处理能力和架构模式方面具有明显的性能优势。NoSQL 数据库是一种不同于关系数据库的数据库管理系统设计方式，是对非关系型数据库的统称，它采用类似键 / 值、列族、文档等非关系模型。NoSQL 数据库没有固定的表结构，通常也不存在连接操作，同时不严格遵守 ACID 约束，具有灵活的水平可扩展性、灵活的数据模型，并与云计算紧密融合，可以支持海量数据存储。

大数据时代的数据库架构，是传统关系数据库、NoSQL 数据库与 NewSQL 数据库相互融合的多元化架构模式。

（三）数据处理与分析技术

数据智能处理与分析是大数据整个处理过程中的重要组成部分，是大数据价值体现的核心环节。在大数据智能分析过程中，数据的理解和特征提取是首要任务，要想实现这个任务，就需要按照特定的格式去描述数据，按照特定的方法去度量数据。在数据智能处理与分析阶段，经典的数据挖掘和机器学习方法是最常见的数据智能分析方法，除此之外，近年发展迅猛的深度学习算法在某些领域取得了惊人的效果。两者结合大数据处理技术（MapReduce 和 Spark 等），对海量数据进行计算，得到有价值结果。另外，数据的可视化分析是数据智能分析的重要补充，通过可视化，能更加形象直观地将数据智能分析的结果体现出来。

数据挖掘和机器学习是计算机学科的分支之一。机器学习是一门涉及多门学科，专门研究计算机怎样模拟或实现人类的学习行为，以获取新的知识或技能，重新组织已有的知识结构以便使之不断改善自身的性能。它是人工智能的核心，其应用遍及人工智能的各个领域。数据挖掘是指从大量的数据中通过算法搜索隐藏于数据中的信息的过程。数据挖掘可以视为机器学习与数据库的交叉，它主要利用机器学习领域提供的算法来分析海量数据，利用数据库界提供的存储技术来管理海量数据。典型的机器学习和数据挖掘算法包括分类、聚类、回归分析和关联规则等。

MapReduce 是大家熟悉的大数据处理技术，代表了针对大规模数据的批量处理技术。实际上，由于企业内部存在多种不同的应用场景，大数据处理的问题复杂多样。除了 MapReduce 之外，还有查询分析计算、图计算、流计算等多种大数据处理分析技术。

批处理计算主要针对大规模数据进行批量处理，也是日常数据分析中常见的一类数据处理需求。MapReduce 是最具有代表性和影响力的大数据批处理技术，它将复杂的、运行于大规模集群上的并行计算过程高度抽象到 Map 和 Reduce 两个函数，可以并行执行大规模数据处理任务。Spark 是一个针对超大数据集的低延迟的集群分布式计算系统，启用了内存分布数据集，可以优化迭代工作负载，比 MapReduce 要快许多。流数据也是大数据分析中的重要数据类型，流计算可以实时处理来自不同数据源的、连续到达的流数据。针对以大规模图或网络形式呈现，具有多迭代、稀疏结构和细粒度的大数据，需要采用图计算模式。针对超大规模数据的存储管理和查询分析，需要采取可扩展的、交互式的实时查询分析计算，快速查询拍字节（PB）级大数据。

数据的分析过程往往离不开机器和人的相互协作与优势互补，虽然可视化在数据分析中是最具有技术挑战性的部分，但它是整个数据分析流程中最重要的一个环节。大数据可视分析是指在大数据自动分析挖掘方法的同时，利用支持信息可视化的用户界面以及支持分析过程的人机交互方式与技术，有效融合计算机的计算能力和人的认知能力，以获得对于大规模复杂数据集的洞察力。大数据可视化方法与技术针对不同数据类型，可分为文本数据可视化、网络（图）数据可视化、时空数据可视化、多维数据可视化等。常见的工具主要分为 3 类：底层程序框架如 OpenGL、Java2D 等；第三方库如 D3、Vega 等；软件工具如 Tableau、Gephi 等。

（四）计算环境

大数据的复杂性及规模性需要解决对海量数据的快速响应这一问题，而为此产生的算法、技术改进方法则必须依赖合适的高性能计算架构，主要策略有 3 类：①充分提升和挖掘单个计算节点的计算性能，如通过对计算主机进行 CPU、内存、硬盘等的扩容尝试来提升单个计算节点的计算性能。显然，这已不是纯粹的技术层次的问题。②通过图形处理器（Graphics Processing Unit，GPU）技术的引入达到大幅提升单台计算设备的计算性能。相对而言，CPU 的灵活性最大，可以高效运行各种计算任务，但其局限是一次只能处理相对很少量的任务；GPU 不像 CPU 那样灵活，所处理的任务范围要小，但其强大之处在于能够同时执行许多任务。③将复杂的任务"分而治之"，引入分布式计算架构以提升计算性能。分布式计算的基本出发点在于通过更多的计算能力不是那么强的计算节点，采用某种合适的策略达到整体计算性能极大提升，利用不同分布式策略和目标，达到高性能计算的目的。目前主流的分布式计算架构有 Hadoop、Spark、Storm 等。

总体而言，大数据应用需求驱动计算技术体系重构、重塑计算环境，主要体现在以下 7 个方面：①单机体系结构：新型存储介质及新型运算器件的涌现导致计算机体系结构的变革。②云计算模式：云模式成为大数据处理的新趋势，云计算呈现应用领域化、资源泛在化、系统平台化的发展态势，其服务质量提升、新型硬件管理、极致效能的追求受到高度关注。③云端融合：计算能力从云向边扩散，计算向数据靠近，形成云端融合的计算新模式。④软件定义：数据及应用需求的多样性，使计算平台的软件定义成为主流。⑤数据管理：多源异构数据的一体化访问、面向分析的软硬件协同等需求急需新一代数据管理技术与系统。⑥软件开发运行：软件工程大数据孕育数据驱动的新型软件开发和运行支撑技术。⑦数据分析：高维、流式、语义化的大数据分析需要新型的方法和工具。

三、大数据技术应用及发展

大数据时代的到来，简单地说是海量数据同完美计算能力结合结果。确切地说是移动 Internet、物联网产生了海量的数据，大数据计算技术完美地解决了海量数据的收集、存储、计算、分析的问题。大数据时代开启了人类社会利用数据价值的另一个时代。

大数据技术的运用主要集中在大数据产出的行业和领域，具体体现在以下 6 个方面：①一些数据的记录是以模拟形式存在，或者以数据形式存在，但是存储在本地，不是公开的数据资源，没有开放给 Internet 用户，如音乐、照片、视频、监控录像等影音资料。现在这些数据不但数据量巨大，还共享到 Internet 上，而面对所有 Internet 用户，其数量之大是前所未有的。②移动 Internet 出现后，移动设备的很多传感器收集了大量的用户点击行为数据，它们每天产生了大量的点击数据，这些数据被某些公司所拥有，形成用户的大量行为数据。③电子地图如高德、百度、谷歌地图出现后，产生了大量的数据流数据。这些数据不同于传统数据，传统数据代表一个属性或一个度量值，但是这些地图产生的流数据代表着一种行为、一种习惯，这些流数据经频率分析后会产生巨大的商业价值。④进入社交网络时代后，Internet 行为主要由用户参与创造，大量的 Internet 用户创造出海量的社交行为数据，这些数据揭示了人们的行为特点和生活习惯，是过去未曾出现过的。⑤电商用户崛起带来了大量网上交易数据，包含支付数据、查询行为、物流运输、购买喜好、点击顺序、评价行为等，它们都是信息流和资金流数据。⑥传统的 Internet 入口转向搜索引擎之后，用户的搜索行为和提问行为聚集了海量数据。

由此看出，大数据不同于过去传统的数据，其产生方式、存储载体、访问方式、表现形式、来源特点等都与之不同。大数据更接近于某个群体行为数据，它是全面的数据、准确的数据、有价值的数据，这将会给人类社会带来巨大变化。其是一个好的工具，包括金融、汽车、餐饮、电信、能源、体能和娱乐等在内的社会各个行业都已经产生了大数据的印记。

制造业：利用工业大数据提升制造业水平，包括产品故障诊断与预测、分析工艺流程、改进生产工艺，优化生产过程能耗、工业供应链分析与优化、生产计划。

金融行业：大数据在高频交易、社交情绪分析和信贷风险分析三大金融创新领域发挥重大作用。

汽车行业：利用大数据和物联网技术的无人驾驶汽车，在不远的未来将走入我们的日常生活。

互联网行业：借助大数据技术，可以分析客户行为，进行商品推荐和针对性广告投放。

餐饮行业：利用大数据实现餐饮 O2O 模式，彻底改变传统餐饮经营方式。

电信行业：利用大数据技术实现客户离网分析，及时掌握客户离网倾向，出台客户挽留措施。

能源行业：随着智能电网的发展，电力公司可以掌握海量的用户用电信息，利用大数据技术分析用户用电模式，可以改进电网运行，合理的设计电力需求响应系统，确保电网运行安全。

　　物流行业：利用大数据优化物流网络，提高物流效率，尽而降低物流成本。

　　城市管理：可以利用大数据实现智能交通、环保监测、城市规划和智能安防。

　　生物医学：大数据可以帮助我们实现流行病预测、智慧医疗、健康管理，同时可以帮助我们解读 DNA，了解更多的生命奥秘。

　　体育娱乐：大数据可以帮助我们训练球队，决定投拍哪种题材的影视作品，以及预测比赛结果。

　　安全领域：政府可以利用大数据技术构建起强大的国家安全保障体系，企业可以利用大数据抵御网络攻击，警察可以借助大数据预防犯罪。

　　个人生活：大数据还可以应用于个人生活，利用与每个人相关联的"个人大数据"，分析个人生活行为习惯，为其提供更加周到的个性化服务。

　　大数据的价值，远远不止于此，大数据对各行各业的渗透，大大推动了社会生产和生活，未来必将产生重大而深远的影响。

　　从大数据产业角度看，大数据产业链包括 IT 基础设施层、数据源层、数据管理层、数据分析层、数据平台层和数据应用层。

　　随着大数据技术的提升以及向行业深层次的拓展，大数据将进一步推进信息技术发展的变革，并深刻影响社会生产和人们的生活。大数据技术的发展主要体现在以下 5 个方面：①应用层级爆发出强大的增长力。大数据并不在"大"，而在于"用"。对于很多行业而言，如何有效应用这些大规模数据、挖掘更大的价值是成为赢得竞争的关键。因此，大数据的应用成为未来 10 年产业发展的核心趋势，大数据产业链条的应用层级也成为发展机会最大的投资领域。②大数据分析领域快速发展。数据蕴藏价值，但是数据的价值需要用 IT 技术去发现、去探索。随着产业应用层级的快速发展，如何发现数据中的价值已经成为市场及企业用户密切关注的方向，大数据分析领域也将获得快速的发展。③大数据与云计算的关系愈加密切。大数据的 4V 特点对存储、传输和处理都提出了巨大的挑战，这个问题就需要新的技术来解决，云计算是大数据处理的最佳平台。未来，这种趋势的发展将让两者的关系越来越紧密。④安全与隐私问题越来越受到重视。数据价值对于企业来说是非常重要的，但是同样也有阻碍大数据发展的一些因素。在这些因素中，隐私问题无疑是困扰大数据发展的一个非常重要的要素。⑤大数据分享变得尤为重要。对于大数据来说，未来可能将不同的行业更加细分。针对不同的行业有着不同的分析技术。但是同样对于大数据来说，数据的多少虽然不意味着价值高低，但是更多的数据无疑更有助于一个行业的分析价值的发现。所以，为了数据可能会呈现一种共享的趋势，数据联盟可能出现。

　　各行业应该在大数据市场抓住机会，借助自己的优势创造更多的价值，在未来激烈的市场竞争中借助大数据走得更远。

第四节　物联网

一、基本概念

1991 年在权威杂志《美国科学》发表文章预测：计算机将最终"消失"，并演变为在我们没有意识到其存在时，就已融入人们的生活中的境地。近年来，随着 Internet 产业发展日趋成熟，其产业链及基础生态环境相当完善，这种预测逐渐成为现实，物联网（Internet of Things，IoT）成为众多设备制造商、网络供应商、系统集成商看好的网络发展方向之一。

物联网的定义是通过射频识别（Radio Frequency Identification，RFID）、红外感应器、全球定位系统、激光扫描器等信息传感设备，把任何物品与 Internet 相连接。

物联网是通过各种传感技术（RFID、传感器、GPS、摄像机、激光扫描器等）、各种通信手段（有线、无线、长距、短距等），按约定的协议，将任何物体和 Internet 相连接，采集其声、光、热、电、力学、化学、生物、位置等各种需要的信息，与 Internet 结合形成的进行信息交换和通信，以实现对物品的智能化识别、定位、跟踪、监控和管理的一种智能网络系统管理平台。其目的是实现物与物、物与人，所有物品与网络的连接，进而实现"管理、控制、营运"的一体化。

这里的"物"要满足以下条件才能够被纳入"物联网"的范围：①要有数据传输通路。②要有一定的存储功能。③要有 CPU。④要有操作系统。⑤要有专门的应用程序。⑥遵循物联网的通信协议。⑦在世界网络中有可被识别的唯一编号。

因此，物联网的基础是成熟的 Internet 体系，核心是信息传递与交互控制，在 Internet 的基础上延伸并扩展到人与物、物与物之间，进行载体间信息的智能化处理和通信控制。

物联网作为一个系统网络平台，与其他网络一样，也有其内部特有的架构。物联网系统有 4 个层次。一是感知层，即利用 RFID、传感器、二维码等，随时随地获取物体的信息。二是网络层，通过各种电信网络与 Internet 的融合，将物体的信息实时准确地传递出去；三是处理层，通过数据存储、管理和分析平台，对信息进行存储和处理；四是应用层，直接面向客服，实现智能化识别、定位、跟踪、监控和管理等实际应用。

物联网有 3 方面的特征，主要体现在以下 3 个方面：①全面感知，利用 RFID、传感器、二维码等，随时随地获取物体的信息。例如，装载在高层建筑、桥梁上的监测设备；人体携带的监测心跳、血压、脉搏的医疗设备；商场货架上的电子标签等。②可靠传递，通过各种电信网络与互联网的融合，把物体的信息实时准确地传递出去。③智能处理，利用云计算、模糊识别等各种智能计算技术，对海量的数据和信息进行分应用层智能交通智能电网智慧农业智能工业智能家居智慧医疗析和处理，并对物体实施智能化的控制。

二、物联网的关键技术

物联网是物与物相连的网络，通过为物体加装二维码、RFID 标签、传感器等，可实现物体身份唯一标识和各种信息的采集，再结合各种类型网络连接，就可以实现人和物、物和物之间的信息交换。因此，物联网中的关键技术包括识别和感知技术（二维码、RFID、传感器等）、网络与通信技术、数据挖掘与融合技术等。

（一）识别和感知技术

二维码是物联网中一种很重要的自动识别技术，是在一维条码基础上扩展出来的条码技术。二维码包括堆叠式/行排式和矩阵式二维码，后者也较为常见。矩阵式二维码在一个矩形空间中通过黑、白像素的不同分布进行编码。在矩阵相应元素位置上，用点（方点、图点或其他形状）的出现表示二进制的"1"，点不出现表示二进制的"0"，点的排列组合确定了矩阵式二维码所代表的意义。二维码具有信息容量大、编码范围广、容错能力强、译码可靠性高、成本低、易制作等良好特性，已经得到了广泛的应用。

RFID 技术用于静止或移动物体的无接触自动识别，具有全天候、无接触、可同时实现多个物体自动识别等特点。RFID 技术在生产和生活中得到了广泛的应用，大大推动了物联网的发展，常见的公交卡、门禁卡、校园卡等都嵌入了 RFID 芯片，可以实现迅速、便捷的数据交换。从结构上讲，RFID 是一种简单的无线通信系统，由 RFID 读写器和 RFID 标签两个部分组成。RFID 标签也是由天线、耦合元件、芯片组成的，是一个能够传输信息、回复信息的电子模块。RFID 读写器是由天线、耦合元件、芯片组成的，用来读取（有时也可以写入）RFID 标签中的信息。RFID 使用 RFID 读写器及可附着于目标物的 RFID 标签，利用频率信号将信息由 RFID 标签传送至 RFID 读写器。

传感器是一种能感受规定的被测量件，并按照一定的规律（数学函数法则）转换成可用信号的器件或装置，具有微型化、数字化、智能化、网络化等特点，人类需要借助耳朵、鼻子、眼睛等感觉器官感受外部物理世界。类似地，物联网也需要借助传感器实现对物理世界的感知。物联网中常见的传感器类型有光敏传感器、声敏传感器，气敏传感器、化学传感器、压敏传感器、温敏传感器、流体传感器等，可以用来模仿人类的视觉、听觉、嗅觉、味觉和触觉。传感器网络则是随机分布的，集成有传感器、数据处理单元和通信单元的微小节点，通过自组织的方式构成的无线网络，也是物联网重要的组网方式之一。

（二）网络与通信技术

物联网中的网络与通信技术包括短距离无线通信技术和远距离通信技术。短距离无线通信技术包括 ZigBee、近场通信（Near Field Communication，NFC）、蓝牙、Wi-Fi、RFID 等。远距离通信技术主要包括 Internet、5G 移动通信网络、卫星通信网络等。

（三）数据挖掘与融合技术

物联网中存在大量数据来源、各种异构网络和不同类型的系统，大量不同类型的数据，如何实现有效整合、处理和挖掘，是物联网处理层需要解决的关键技术问题。云计算和大数据技术的出现，为物联网存储、处理和分析数据提供强大的技术支撑，海量物联网数据可以借助庞大的云计算基础设施实现廉价存储，可利用大数据技术实现快速处理和分析，满足各种实际应用需求。

三、物联网技术应用及发展

物联网应用在于能够赋能千行百业，具备与大量应用行业融合的潜力，可划分为消费驱动应用、政策驱动应用、产业驱动应用。消费驱动应用包括智慧出行、智能穿戴、医疗健康、智慧家庭等，主要与个人消费者的衣食住行相关。政策驱动应用主要指以政策为导向，形成相关行业物联网应用的刚性应用，包括智慧城市、公共事业、智慧安防、智慧能源、智慧消费、智慧交通等。产业驱动应用主要指以企业级需求为主要市场驱动力的物联网应用市场，主要包括智能工业、智慧物流、智慧零售、智慧农业、车联网和智慧地产等。

在消费驱动应用中，如智能医疗健康，医生利用平板电脑、智能手机等手持设备，通过无线网络，可以随时连接访问各种诊疗仪器，实时掌握每个患者的各项生理指标数据，科学、合理地制定诊疗方案。在政策驱动应用中，如智慧交通，可利用RFID、摄像头、线圈、导航设备等物联网技术构建的智能交通系统，让人们随时随地通过智能手机、大屏幕、电子站牌等方式，了解城市各条道路的交通状况、所有停车场的车位情况、每辆公交车的当前位置等信息，合理安排行程，提高出行效率。在产业驱动应用中，如智慧农业，利用温度传感器、湿度传感器和光线传感器，实时获得种植大棚内的农作物生长环境信息，远程控制大棚遮光板、通风口、喷水口的开启和关闭，让农作物始终处于最优生长环境，提高农作物产量和品质。

物联网实现了"端、边、管、云、用"的一体化，其完整的产业链，主要包括完整的物联网产业链，即核心感应器件提供商、感知层末端设备提供商、网络提供商、软件与行业解决方案提供商、系统集成商、运营及服务提供商6大环节。①核心感应器件提供商：提供二维码、RFID及读写机具、传感器、智能仪器仪表等物联网核心感应器件。②感知层末端设备提供商：提供射频识别设备、传感系统及设备、智能控制系统及设备、GPS设备、末端网络产品等。③网络提供商：包括电信网络运营商、广电网络运营商、Internet运营商、卫星网络运营商和其他网络运营商等。④软件与行业解决方案提供商：提供微操作系统、中间件、解决方案等。⑤系统集成商：提供行业应用集成服务。⑥运营及服务提供商：开展行业物联网运营及服务。

物联网市场潜力巨大，物联网产业在自身发展同时，还将带动微电子技术、传感元件、自动控制、机器智能等一系列相关产业的持续发展，带来庞大的产业集群效应。

第一，物联网即将创造的商业模式将会满足电子商务市场、垂直市场、横向市场以及消费市场所有的形式，以消费者设备共享使用为代表的新商业模式将会大大降低设备拥有者的成本。第二，全球物联网平台缺少统一的语言，很容易造成多个物联网设备彼此之间通信受到阻碍，并产生多个竞争性的标准和平台。第三，物联网领域最主要的挑战仍然是 Internet 安全，引发安全问题的部分原因主要来自用户轻视安全管理使用规定，同时，大部分初创企业以及设备制造商也不断添加可疑的功能，这些行为将在无形中增加物联网安全风险。第四，由消费设备构成的物联网和工业物联网存在着巨大的差异，工业产品将逐渐补充新技术，可能将会研发出首批智能产品的软件或电脑用以简单操控这些物体。第五，初创公司将会比大公司更加快速地了解普通人的需求点，大公司从研发、IT 解决方案到消费者应用方案会比小公司需要更多的时间。因此，初创公司在创造物联网消费设备和提供服务方面往往更容易获得成功。第六，基于服务组件的物联网产品将会更受关注，物联网的服务模式在消费领域和工业领域都在日益普及。这种模式将一改传统形式上"销售继而遗忘"的思维模式，将产品与服务持久地结合在一起。

第五节　人工智能

近些年来，我们的科技发展非常迅速，从原来的信息时代迅速进入了智能时代，人工智能技术成为未来时代的主题。今天，人工智能技术已经进入我们的生活当中，我们的一切都融入了人工智能，我们与人工智能已经无法分离。

一、人工智能概述

人工智能的思想起源于 20 世纪 40 年代，但直到 1956 年的一次关于"用机器模拟人类智能"的国际研讨会上，才第一次使用人工智能（Artificial Intelligence，AI），这标志着人工智能学科的诞生。

人工智能，是研究、开发用于模拟、延伸和扩展人的智能的理论、方法、技术及应用系统的一门新的技术科学。人工智能是计算机科学的一个分支，它试图了解智能的实质，并生产出一种新的能与人类智能相似的方式做出反应的智能机器，该领域的研究包括机器人、语言识别、图像识别、自然语言处理和专家系统等。

人工智能是一门极富挑战性的学科，属于自然科学和社会科学的交叉学科，涉及哲学和认知科学、数学、神经生理学、心理学、计算机科学、信息论、控制论、不定性论等。从事这项工作的人，必须懂得计算机知识、心理学和哲学等。总的来说，人工智能研究的一个主要目标是使机器能够胜任一些通常需要人类智能才能完成的复杂工作。

二、人工智能主要研究的方向

人工智能从研究到走向应用，其间发展了许多新的理论。人工智能也会不断发展，直至成为我们人类世界的不可缺分的一部分。下面简要介绍人工智能主要研究方向。

（一）自然语言处理

自然语言处理（Natural Language Processing，NLP）是计算机科学领域与人工智能领域中的一个重要方向，它研究能实现人与计算机之间用自然语言进行有效通信的各种理论和方法，自然语言处理是一门集语言学、计算机科学、数学于一体的学科。因此，这一领域的研究会涉及自然语言，即人们日常使用的语言，所以它与语言学的研究有着密切的联系，但又有重要的区别。自然语言处理并不是一般地研究自然语言，而在于研制能有效地实现自然语言通信的计算机系统，特别是其中的软件系统。

自然语言处理的应用包罗万象，如机器翻译、手写体和印刷体字符识别、语音识别、信息检索、信息抽取与过滤、文本分类与聚类、舆情分析和观点挖掘等，它涉及与语言处理相关的数据挖掘、机器学习、知识获取、知识工程、人工智能研究和与语言计算相关的语言学研究等。

（二）机器学习／大数据分析

机器学习（Machine Learning）作为一门涉及统计学、系统辨识、逼近理论、神经网络、优化理论、计算机科学、脑科学等语言的诸多领域的交叉学科，研究计算机怎样模拟或实现人类的学习行为，以获取新的知识或技能。重新组织已有的知识结构使之不断改善自身的性能，是人工智能技术的核心。基于数据的机器学习是现代智能技术中的重要方法之一，研究从观测数据（样本）出发寻找规律，利用这些规律对未来数据或无法观测的数据进行预测。

机器学习强调 3 个关键词，即算法、经验、性能。在数据的基础上，通过算法构建出模型并对模型进行评估。评估的性能如果达到要求，就用该模型来测试其他的数据；如果达不到要求，就要调整算法来重新建立模型，再次进行评估，如此循环往复，最终获得满意的模型来处理其他数据。机器学习技术和方法已经被成功应用到多个领域，如个性推荐系统、金融反欺诈、语音识别、自然语言处理与机器翻译、模式识别、智能控制等。

（三）知识图谱

知识图谱又称为科学知识图谱，在图书情报界称为知识域可视化或知识领域映射地图，是显示知识发展进程与结构关系的一系列不同的图形，用可视化技术描述知识资源及其载体，挖掘、分析、构建、绘制和显示知识及它们之间的相互联系。

知识图谱可用于反欺诈、不一致性验证、组团欺诈等公共安全保障领域，需要用到异常分析、静态分析、动态分析等数据挖掘方法。特别地，知识图谱在搜索引擎、可视化展示和精准营销方面有很大的优势，已成为业界的热门工具。但是，知识图谱的发展还有很大的挑战，如数据的噪声问题，即数据本身有错误或者数据存在冗余，随着知识图谱应用的不断深入，则还有一系列关键技术需要突破。

（四）人机交互

人机交互是一门研究系统与用户之间的交互关系的学科。系统可以是各种各样机器，也可以是计算机化的系统和软件。人机交互界面通常是指用户可见的部分。用户通过人机交互界面与系统交流并进行操作，人机交互是与认知心理学、人机工程学、多媒体技术、虚拟现实技术等密切相关的综合学科。传统的人与计算机之间的信息交换主要依靠交互设备进行，主要包括键盘、鼠标、操纵杆、数据服装、眼动跟踪器、位置跟踪器、数据手套、压力笔等输入设备，以及打印机、绘图仪、显示器、头盔式显示器、音箱等输出设备。人机交互技术除了传统的基本交互和图形交互，其还包括语音交互、情感交互、体感交互及脑机交互等技术。

（五）计算机视觉

计算机视觉是使用计算机模仿人类视觉系统的科学，让计算机拥有类似人类提取、处理、理解和分析图像以及图像序列的能力。自动驾驶、机器人、智能医疗等领域均需要通过计算机视觉技术从视觉信号中提取并处理信息。近来随着深度学习的发展，预处理、特征提取与算法处理渐渐融合，形成端到端的人工智能算法技术。根据解决的问题，计算机视觉可分为计算成像学、图像理解、三维视觉、动态视觉和视频编解码5大类。

目前，计算机视觉技术发展迅速，已具备初步的产业规模。未来计算机视觉技术的发展主要面临以下挑战：①如何在不同的应用领域和其他技术更好地结合。计算机视觉在解决某些问题时可广泛利用大数据，已经逐渐成熟并且可以超过人类，而在某些问题上却无法达到很高的精度。②如何降低计算机视觉算法的开发时间和人力成本。目前，计算机视觉算法需要大量的数据与人工标注，需要较长的研发周期以达到应用领域所要求的精度与耗时。③如何加快新型算法的设计开发。随着新的成像硬件与人工智能芯片的出现，针对不同芯片与数据采集设备的计算机视觉算法的设计与开发也是挑战之一。

（六）生物特征识别

生物特征识别技术是指通过个体生理特征或行为特征对个体身份进行识别认证的技术。从应用流程看，生物特征识别通常分为注册和识别两个阶段。注册阶段通过传感器对人体的生物表征信息进行采集。例如，利用图像传感器对指纹和人脸等光学信息、麦克风对说话声等声学信息进行采集，利用数据预处理以及特征提取技术对采集的数据进行处理，得到相应的特征从而进行存储。

识别过程采用与注册过程一致的信息采集方式来对待识别人进行信息采集、数据预处理和特征提取，然后将提取的特征与存储的特征进行比对分析，从而完成识别。从应用任务看，生物特征识别一般分为辨认与确认两种任务，辨认是指从存储库中确定待识别人身份的过程，是一对多的问题；确认是指将待识别人信息与存储库中特定单人信息进行比对，确定身份的过程，是一对一的问题。

生物特征识别技术涉及的内容十分广泛，可包括指纹、掌纹、人脸、虹膜、指静脉、声纹、步态等多种生物特征，其识别过程涉及图像处理、计算机视觉、语音识别、机器学习等多项技术。目前，生物特征识别作为重要的智能化身份认证技术，在金融、公共安全、教育、交通等领域得到广泛的应用。

（七）VR/AR

虚拟现实（VR）/增强现实（AR）是以计算机为核心的新型视听技术。结合相关科学技术，在一定范围内生成与真实环境在视觉、听觉、触感等方面高度近似的数字化环境。用户借助必要的装备与数字化环境中的对象进行交互，相互影响，获得近似真实环境的感受和体验，并通过显示设备、跟踪定位设备、触力觉交互设备、数据获取设备、专用芯片等实现。

虚拟现实/增强现实从技术特征角度，按照不同处理阶段，可以分为获取与建模技术、分析与利用技术、交换与分发技术、展示与交互技术以及技术标准与评价体系5个方面。获取与建模技术研究如何把物理世界或者人类的创意进行数字化和模型化，难点是三维物理世界的数字化和模型化技术；分析与利用技术重点研究对数字内容进行分析、理解、搜索和知识化方法，其难点在于内容的语义表示和分析；交换与分发技术主要强调各种网络环境下大规模的数字化内容流通、转换、集成和面向不同终端用户的个性化服务等，其核心是开放的内容交换和版权管理技术；展示与交互技术重点研究符合人类习惯数字内容的各种显示技术及交互方法，以提高人对复杂信息的认知能力，其难点在于建立自然和谐的人机交互环境；技术标准与评价体系重点研究虚拟现实/增强现实基础资源、内容编目、信源编码等的规范标准以及相应的评估技术。

目前，虚拟现实/增强现实面临的挑战主要体现在智能获取、普适设备、自由交互和感知融合4个方面。在硬件平台与装置、核心芯片与器件、软件平台与工具、相关标准与规范等方面存在一系列科学技术问题。总体来说，虚拟现实/增强现实呈现虚拟现实系统智能化、虚实环境对象无缝融合、自然交互全方位和舒适化的发展趋势。

三、人工智能与大数据、物联网、云计算之间的关系

人工智能与大数据、物联网、云计算代表了人类信息技术的最新发展趋势，深刻变革着人们的生产和生活。四者之间通过物联网产生、收集海量的数据存储于云平台，再通过大数据分析，甚至更高形式的人工智能提取云计算平台存储的数据来为人类的生产活动、生活所需提供更好的服务。最终人工智能会辅助物联网更加发达，形成一个循环。从一个广义的人类智慧拟化的实体的视角看，它们是一个整体，物联网是这个实体的眼睛、耳朵、鼻子和触觉；而大数据是这些触觉信息的汇集与存储；人工智能未来将是掌控这个实体的大脑；云计算可以看作是大脑指挥下的对于大数据的处理及进行应用。

（一）物联网——基础中的基础

物联网源于Internet，是万物互联的结果，是人和物、物和物之间产生通信和交互，相当于一个物品也有了一部手机（芯片），可以给出频率、方位、轨迹、习惯。这些通信和交互，跟人类一样，最终都以数据的形式呈现。而数据则可被存储、建模、分析。

人的数据被采集，物的数据被采集，人与人、人与物、物与物各自的数据和相互之间的数据，随时间的推移，都被记录采集了下来。这些海量数据，需要交给大数据分析和计算。所以说，物联网是大数据的基础。

（二）大数据 —— 基于物联网的应用，人工智能的基础

大数据的数据从何而来，就是物联网提供的。以前是人人互联、人机互联，现在是万物互联，其数据更加庞大，因此带来的大数据结果，将更加丰富和精确。这里也能看出，大数据就是物联网的最佳应用，也因大数据、物联网的价值被更大的发挥。大数据是为人工智能准备的。起初，大数据为人类决策提供支持，最终大数据将支撑机器人的大脑。

（三）人工智能 —— 大数据的最理想应用，反哺物联网

人工智能的智力从大数据而来。小数据可被人类大脑计算使用，但是，当海量、超海量数据被分析挖掘应用于人工智能的时候，其将呈现几何式增长的速度和精准，且几乎无失误。一个语音机器人，可以在使用过程中被收集的数据调教得越来越聪明、越来越幽默，其无外乎是数据的量级增长的效能。超量数据，让机器人能获知包含甚至超出人类范畴的行为习惯、运行规律，甚至能分析出人类及万物的下一步进化和发展方向。大量的数据，能让机器人的判断能力更加精准，失误也几乎消失，阿尔法狗就是"大量数据＋计算分析"的最佳例证。

（四）云计算 —— 一切的依托

云计算是基于 Internet 的相关服务的增加、使用和交付模式，通常涉及通过 Internet 来提供动态易扩展且经常是虚拟化的资源，是一个计算、存储、通信工具，相当于人的大脑，是物联网的神经中枢。物联网、大数据和人工智能必须依托云计算的分布式处理、分布式数据库和云存储、虚拟化技术才能形成行业级应用。当前，物联网的服务器部署在云端，通过云计算提供应用层的各项服务。

四、人工智能的应用领域及发展

人工智能具有广阔的前景。从技术应用的角度看，人工智能将围绕博弈、自动推理和定理证明、专家系统、自然语言理解和语义建模、对人类表现建模、规划和机器人、人工智能的语言和环境、机器学习、另类表示；神经网络和遗传算法、人工智能和哲学等方面进一步地深化研究和发展。从行业的角度看，人工智能已经被广泛应用于制造、家居、金融、零售、交通、医疗、教育、物流、安防等各个领域，对人类社会的生产和生活产生了深远的影响。

（一）智能制造

智能制造（Intelligent manufacturing，IM）是一种由智能机器和人类专家共同组成的人机一体化智能系统，它在制造过程中能进行智能活动，如分析、按理、判断、构思

和决策等。通过人与智能机器的合作共事，去扩大、延伸和部分取代人类专家在制造过程中的脑力劳动。它把制造自动化的概念更新扩展到柔性化、智能化和高度集成化。

智能制造对人工智能的需求主要表现在以下 3 个方面：一是智能装备，包括自动识别设备、人机交互系统、工业机器人以及数控机床等具体设备，涉及跨媒体分析推理、自然语言处理，虚拟现实智能建模及自主无人系统等关键技术；二是智能工厂，包括智能设计、智能生产、智能管理以及集成优化等具体内容，涉及跨媒体分析推理、大数据智能、机器学习等关键技术；三是智能服务，包括大规模个性化定制，远程运维以及预测性维护等具体服务模式，涉及跨媒体分析推理、自然语言处理、大数据智能、高级机器学习等关键技术。

（二）智能家居

智能家居通过物联网技术将家中的各种设备（例如音视频设备、照明系统、窗帘控制、空调控制、安防系统、数字影院系统、影音服务器、影柜系统、网络家电等）连接到一起，提供家电控制、照明控制、电话远程控制、室内外遥控、防盗报警、环境监测、暖通控制、红外转发以及可编程定时控制等多种功能和手段。与普通家居相比，智能家居不仅具有传统的居住功能，兼备建筑、网络通信、信息家电、设备自动化，提供全方位的信息交互功能，甚至为各种能源费用节约资金。例如，借助智能语音技术，用户应用自然语言实现对家居系统各设备的操控，如开关窗帘或窗户、操控家用电器和照明系统、打扫卫生等操作。借助机器学习技术，智能电视可以从用户看电视的历史数据中分析其兴趣和爱好，并将相关的节目推荐给用户。通过应用声纹识别、脸部识别、指纹识别等技术进行开门等。通过大数据技术可以使智能家电实现对自身状态及环境的自我感知，具有故障诊断能力。通过收集产品运行数据，发现产品异常，并主动提供服务，降低故障率。此外，它还可以通过大数据分析、远程监控和诊断，快速发现问题、解决问题，从而提高效率。

（三）智能金融

智能金融即人工智能与金融的全面融合，以人工智能、大数据、云计算、区块链等高新科技为核心要素，全面赋能金融机构，实现金融服务的智能化、个性化、定制化，提升金融机构的服务效率。人工智能技术在金融业中可用于服务客户，支持授信、各类金融交易和金融分析中的决策，并用于风险防控和监督。智能金融对于金融机构的业务部门来说，可以帮助其获客，从而精准服务客户，提高效率；对于金融机构的风控部门来说，可以提高风险控制，增加安全性；对于用户来说，可以实现资产优化配置，体验到金融机构更加完美的服务。人工智能在金融领域的应用主要体现在智能获客、身份识别、大数据风控、智能投资顾问、智能客服、金融云等方面。

（四）智能交通

智能交通系统（Intelligent Transportation System，ITS）作为未来交通系统的发展方向，它是将先进的信息技术、数据通信传输技术、电子传感技术、控制技术及计算机技术等有效地集成运用于整个地面交通管理系统而建立的一种大范围，并全方位发挥作用的，实时、准确、高效的综合交通运输管理系统。

例如，通过交通信息采集系统采集道路中的车辆数量、行车速度等信息，信息分析处理系统处理后形成实时路况，决策系统据此调整道路红绿灯时长，调整可受车道或潮汐车道的通行方向等，通过信息发布系统将路况送到导航软件和广播中，让人们合理规划行驶路线。通过不停车收费系统，实现对入口处车辆的身份及信息自动采集、处理、收费和放行，有效提高通行能力，简化收费管理，降低环境污染。

（五）智能安防

城市的安防项目涵盖众多的领域，有街道社区、楼宇建筑、银行布局、道路监控、机动车辆、警务人员、移动物体、船只等。特别是针对重要场所，如机场、码头、水电气厂、桥梁大坝、河道、地铁等场所，引入物联网技术后，可以通过无线移动、跟踪定位等手段建立全方位的立体防护。智能安防是兼顾了整体城市管理系统、环保监测系统、交通管理系统、应急指挥系统等应用的综合体系。特别是车联网的兴起，在公共交通管理、车辆事故处理、车辆偷盗防范方面可以更加快捷、准确地跟踪定位处理。还可以随时随地通过车辆获取更加精准的灾难事故、道路流量、车辆位置、公共设施安全、气象等信息。

（六）智能医疗

智能医疗是通过打造健康档案区域医疗信息平台，利用物联网技术，实现患者与医务人员、医疗机构、医疗设备之间的互动，逐步达到信息化。近几年，智能医疗在辅助诊疗、疾病预测、医疗影像辅助诊断、药物开发等方面发挥重要作用。

例如，远程医疗和电子医疗，借助物联网、云计算技术、人工智能的专家系统、嵌入式系统的智能化设备，可构建起完善的物联网医疗体系，使全民平等地享受顶级的医疗服务，同时减少了由于医疗资源缺乏，导致看病难、医患关系紧张、事故频发等现象。

（七）智能物流

传统物流企业在利用条形码、射频技术、传感器、全球定位系统等方面改善优化运输、仓储、配送装卸等物流业基本活动，同时在尝试使用智能搜索、推理规划、计算机视觉以及智能机器人等技术，实现货物运输过程的自动化运作和高效率优化管理，提高物流效率。

例如，在仓储环节，通过利用大数据分析大量历史库存数据，建立相关预测模型，实现物流库存商品的动态调配。京东自主研发的无人仓，就是采用大量智能物流机器人进行协同与配合，并通过人工智能、深度学习、图像智能识别、大数据应用等技术，让工业机器人可以进行自主判断和操作，完成各种复杂的任务，并在商品分拣、运输、出库等环节实现自动化。

（八）智能零售

人工智能在零售领域的应用已经十分广泛，例如无人超市、智慧供应链、客流统计等都是热门方向。例如，将人工智能技术应用于客流统计，通过人脸识别客流统计动能，门店可以从性别、年龄、表情、新老顾客、滞留时长等维度，建立到店客流用户画像，为调整运营策略提供数据基础，帮助门店运营从匹配真实店客流的角度来提升转换率。

　　未来，人工智能将在智能基础设施建设、智能信息及数据、技术服务以及智能产品方面不断寻求突破，进一步在制造、家居、金融、教育、交通、安防、医疗、物流等领域释放需求，推动相关智能产品的种类和形态也越来越丰富。

第六章 图书馆的信息化建设

第一节 电子、虚拟、复合图书馆

一、电子图书馆

电子图书馆，是随着电版物的出现，网络通信技术的发展，而逐渐出现的。电子图书馆，具有存储能力大、速度快、保存时间长、成本低、便于交流等特点。光盘能够存储比传统图书高几千倍的信息，比微缩胶卷储存量要多得多，而且包括图像、视频、声音，等等。

电子图书馆，里面收藏的不是一本本的印刷在纸上的图书，而是通过电子形式储存、检索文献信息，从而为公众提供服务的图书馆。

利用电子技术，在这一种图书馆，我们能很快地从浩如烟海的图书中，查找到自己所需要的信息资料。这种图书馆，保存信息量的时间要长得多，不存在霉烂、生虫等问题。利用网络，在远在几千里、万里的单位、家中，都可以使用这种图书，效率极高。

电子图书馆就是通过电子媒介进行服务的图书馆。作为图书馆的一种，必须要具备图书馆的职能，信息储备和信息提供。首先要有信息资源，包括报纸、期刊、图书、学位论文、会议论文、病例档案、工作报告等，当然这些必须是数字化的。然后要具备检索及导航功能，让用户可以找到所需要的信息。最后应有信息服务与提供功能，让用户能够获取（检索、阅读、下载……）这些信息。

　　建立说起来容易，但做起来非常困难，需要收集海量的数据资源、各类数据库等，当然，更需要大量的资金支持。个人是没有能力办数字图书馆的。即便是可以从网上下载一些书刊资源，也需要海量存储、服务器等设备支持，而且还可能涉及授权问题。但作为个人可以办一个信息服务网站，对某个特定专业或学科进行导航服务，也会受到用户的欢迎的。

二、虚拟图书馆

　　虚拟图书馆是指通过计算机技术实现的具有传统的基本功能的网络实体，可以实现跨地域跨时空的信息采集和管理。

（一）产生背景

　　数字图书馆（Digital Library，DL），是进入90年代以后产生一个全新的概念。随着计算机技术的迅猛发展，特别是网络技术、数码存储等的全面普及，使得人们对文献信息的加工、存储、查询、利用等有了新的要求。因此，数字图书馆也就应运而生。数字图书馆是一个驱动多媒体海量数字信息组织与互联网应用问题各方面研究的技术领域。简单地说，几乎图书馆的所有载体的信息均能以数字化的形式获得，包括所有联机采购、编目、公共查询；对各种信息资源的检索，通过网络组织读者访问外界数字图书馆和文献信息数据库系统，如声像资料、影视片、资料等；用计算机系统管理图书、期刊等的读者服务；图书馆利用网络连接到全球各个角落，让人们很方便地共享资源。

（二）功能特征

　　数字图书馆具有同传统图书馆不同的功能和特征。并在馆藏建设、读者服务等方面都有了新的发展。数字图书馆以网络和高性能计算机为前提，向读者和用户提供比传统图书馆更为广泛、更为先进、更为方便的服务，从根本上改变了人们获取信息、使用信息的方法，较之传统图书馆具有很大的优势。

　　传统图书馆的馆藏载体主要是纸质文献，与之相比数字图书馆对藏书建设的影响，首先表现在图书馆"馆藏"的含义已被扩展，不仅包括不同的信息格式（如磁盘、光盘、磁带等），还包括不同的信息类型（如书目信息、全文信息、图像、音频、视频等），因而使得数字图书馆将不再受制于物理空间，它们所能收藏的书刊等资料的数量也将没有空间制约。传统图书馆中常常进行的一些手工操作，如装订、上架、归架及核点书刊等，在数字图书馆时代将会消失。另外，数字图书馆还能有效地解决传统图书馆中破损、遗失、逾期不还等各种问题。

（三）检索方法

　　从检索方式上看，用传统的检索方法，读者往往会在众多的卡片前花费不少时间，颇使借阅者感到不便，查全率和查准率都难以提高。而数字图书馆则是依托数据库界面友好的搜索引擎，使读者能更快、更准确地进行检索，为读者带来极大方便。

数字图书馆能实现资源共享，使异地信息本地化。数字图书馆的阅读空间不再局限于屋里的阅览室，通过计算机网络可以把大量的网络信息资源传送到用户的家里或办公室内，用户可以同时存取不同地点的数字图书馆信息资源，进而也加强了与读者的沟通。

（四）现实意义

数字图书馆的建立为实施科教兴国战略和提高全民族素质提供强有力的文化基础支持。数字图书馆工程将会根本改变中国文化信息资源保存、管理、传播、使用的传统方式和手段，克服中国文化信息资源得不到有效利用和共享的弊病，为知识创新和两个文明建设营造一个汲取文化信息的良好环境。特别对信息不畅通与文化比较落后的地方，只要联通数字图书馆的网络系统，都能方便地使用丰富多彩的文化信息资源。

中国数字图书馆工程是跨部门、跨行业和跨世纪的大型高新技术项目，它的启动必将带动相关产业，特别是信息产业和文化产业的发展，并通过知识的有效传播，最终关联到各行各业，从而产生巨大的经济效益和社会效益。

数字图书馆建设对于我们最重要的一点是建立以中文信息为主的各种信息资源，这将迅速扭转互联网上中文信息缺乏的状况，形成中华文化在互联网上的整体优势。并通过传送到世界各地，扩大中华文化在全世界的影响，为人类的文明进步和发展做出应有的贡献。

三、复合图书馆

"复合图书馆"一词最早由英国图书馆学专家苏顿于1996年提出。他将图书馆分为连续发展的四种形态，即传统图书馆、自动化图书馆、复合图书馆与数字图书馆。他认为在复合图书馆阶段，可以实现传统馆藏与数字馆藏的并存，但两者的平衡越来越倚重数字型，因为用户可以通过图书馆的服务器或网络自由访问跨地域的分布式数字化信息资源。

在复合图书馆中，信息资源、信息载体、技术方法、服务规范、服务对象、服务手段、服务设施、服务产品等都是复合的，即传统与现代并存。这是信息技术以及网络技术快速发展下的产物。在这一大环境下，图书馆内将传统的技术及设备和信息技术相互融合，融合之后相互作用之下形成复合的图书馆。复合图书馆是以科技为背景的一种特殊存在的形式状态。复合图书馆中的复合两字指的是将图书馆的传统技术与网络时代背景下的网络信息技术相互融合。它包含图书，报纸以及期刊等印刷类型的文献同时也包含了许多网络资源，联机存取的各种信息化资源。这些数字化虚拟文献与传统的文献相互融合。

（一）复合图书馆概念及其特点

1. 复合图书馆概念

复合图书馆这一概念，最早提出是在1996年。由英国的图书馆学家苏顿所提出的。在苏顿的理论中，他把图书馆的发展分为四个连续的阶段。即传统图书馆到自动化图书馆再到复合图书馆，以及数字图书馆。在苏盾有关于复合图书馆的理念中，他是这样认为的。印刷好的文献以及数字化的文件刚开始处于一个相互平衡的状态，最后又偏向于数字化的文献。所谓复合图书馆，就是说印刷文献以及数字化的文献，两者是在一个比较长的时间内是可以共存的。用户不仅可以看到本地纸质的文献，还可通过网络来单看和获取异地的一些文献也就是数字化的文献。英国研究学者穆里在相关研究中曾给复合图书馆做出以下定义，他认为在一个机构框架内，不依赖存放地点、载体形式以及管理范畴，以因地制宜的方式，提供对广泛信息服务利用的一种管理环境。

在我国，最早的研究是在 2000 年台湾的学者顾敏对复合图书馆做出相关理论说明。就是传统的最大的图书馆设备和技术被新的网络和信息技术所武装，可以更快捷的成分发挥图书馆的功能，释放出更富有活力的图书馆。在前人研究的基础上，综合性地对复和图书馆做出新的定义，他认为复合图书馆是在一个机构框架内，以传统的图书馆为基础，实现传统图书馆与数字图书馆共存互补并有机结合为一个整体。他是实体和虚拟的结合，他围绕信息储存的物理场所和信息空间，他应用信息技术、网络技术、数字技术以及传统技术，根据版权法的相关规定，对印刷行数字化和网络信息资源进行收集组织转化管理，实现一体存取。为信息用户提供馆内服务和不受时空限制的网络服务。定义从某种意义上来说将传统的图书馆、复合图书馆及数字化的图书馆进行了相关说明，并写清楚他们之间的关系，综合性地阐述印刷行文献和数字化文献相互转化，相互融合的存在形态。

2. 复合图书馆的特点

我们对复合图书馆的特点研究要从复合图书馆所涵盖的一些内容谈起。复合图书馆是将传统图书馆和数字化图书馆相互连接在一起的综合体，所以我们说复合图书馆，它同时具有传统图书馆和数字图书馆的特点。复合图书馆的特点之一是，其框架里面的信息载体比较多样化。复合图书馆里既包含报纸、期刊、书籍等纸质的印刷文献，也包含以磁盘和光盘等载体存储的数字化文献，具有多种多样的丰富文献资源。复合图书馆的特点之二是：它可以实现印刷型的纸质文献和数字化虚拟文献共同存在。同时可以相互转换。在不违反版权法的前提条件下。可以将纸质版文献凭借扫描的方式上传到图书馆的网络端使其变成数字化的虚拟文献。反过来虚拟文献，也可以通过下载的方式打印出来转换成为纸质版文献。复合图书馆的特点之三图书馆的资源可以不受时间和空间的限制。也就是说，纸质版的文献资源可以通过扫描，和拍照等方式传送到图书馆的网络端口，为用户提供便利，使其不受时间和空间的限制，这样就打破了图书馆实际地点的限制以及时间的约束。复合图书馆的特点之四是，用户可根据自身的使用情况来对文献进行"获取"或者"拥有"。"获取"指的是复合图书馆，将馆内的一些纸质文献资源通过扫描的方式上传到网络端，供更多的用户使用。并且可以根据自身的需要，从网络端筛选出自己需要的文献资源将其转化成为数字化的文献。复合图书馆的固定用户可以在一定的权限内对文献进行下载使用。"拥有"指的是在复合图书馆，按照购买计划，定期购买实体的印刷纸质版文献。这里包含期刊以及纸质版的图书，并以此来充实图书馆内纸质版文献的资源。在实际的工作中，纸质版的实体文献已经较多。而虚拟化的文献较少，所以官方给出的建议是以数字化网络文献为主要文献资源，可以适当减少纸质版实体文献资源。复合图书馆的特点之五是，存在类似的服务平台以及线上线下统一的使用平台。这里服务平台指的是图书馆内纸质版文献的浏览和借还平台，线上线下的使用平台指的是复合图书馆内虚拟的文献资源的下载以及阅读使用平台，在大部分地方，复合图书馆的服务平台存在于实体的图书馆内，线上线下使用平台都存在于学校官网上或是其他网络化的平台界面上。

（二）建立复合图书馆的原则

1. 优先原则

数字化的网络文献是多种多样的，或大或小地存在于在线数据库中，使用携带方便，并且不受时间和空间的约束，很方便，但其缺点是不稳定，当发现更好地数字文献资源时必须及时将有用的信息进行下载，这样才可以很好地供用户使用，并且要及时不断地对网络虚拟文献进行更新，陈旧的文献也要进行归类保存，当用户需要下载和使用网络虚拟文献时，要以版权法为前提，必须遵守相关条例和规定。无论是什么样的文献，都是作者倾尽心血、全心全意努力工作的劳动成果，在用户需要使用文章的时候，必须经过作者的同意或者付一定的费用后再使用。假如不遵守版权法的相关规定，擅自下载或参考别人的文献，这时，文献的作者或相关机构有权向违者追究一定的法律责任。要以此为基础，对高校内部具有特色的文献资源采取数字网络化的形式进行有效保管。

2. 重点原则

例如对于大多数学校来说，中文核心数据库应用最为广泛，例如 cnki、万方数库、维普数据资源库等，这些资源库涉及的领域非常广泛。这几个数据库对于论文的撰写以及搜索课题新主题都能提供很好的参考价值。外语数据库对老师、专业研究人员、博士生和研究生能提供更广泛更有价值的参考资料。

3. 精选原则

经过许多年的发展和积累，大部分高校图书馆的纸质版文献存储数量已经达到了一定的数量，这使得许多纸质文献缺少存放的地方，假如想更好地放置大量的图书，就必须很好地对图书馆进行重新规划或者扩大建设，从某种意义上来说，这就造成了一定的浪费。印刷文献集合的复合图书馆时代，纸质版的文献储藏可以在数量上进行控制，在购买相关文献资源时一定要保证文献的质量，在购买之前做好计划，在教师和学生中做好调研工作，让教师和学生直接提供图书馆内没有的书或作者的信息，然后再进行购买。要保证纸质文献和数字文献的收集比例。纸质版文献和虚拟文献要能够包含尽量全的文献资源，要尽量避免重复，要不断扩大充实数字化文献的收集比例，对纸质版文献应该不断缩小，重点抓好纸质版重要文献的收集工作。

（三）复合图书馆纸质文献资源建设的主要措施

纸质版文献资源，在经历了多年的收藏积累以及建设以后，并在大多数完全形成了比较大的规模，由于存放空间有限，纸质版的文献在购买时应该有一定的目的性，缩小购买范围，在购买之前，应该进行问卷调查，采取多种多样的方法对学生和教师的需求进行深入详实的了解，能够真实地了解学生和教师对参考书目的需求及真实使用情况，要定期对现有的馆藏纸质版资源进行了解，确保现有文献资源是否能够满足师生需求，并且要对纸质版文献的满意度进行调查，并且做出相应调整。

1. 常用工具书采用在线方式使用

图书馆收藏数量较多的书籍比如"英汉词典""汉英词典"以及"现代汉语词典"和其他参考用书，鉴于其比较厚重，纸质版的词典占据了很多空间，这些都可以利用电子词典上的相关信息以及手机应用程序进行查找，故这些厚重的工具用书原则上要控制购买数量。再者，大部分相关的地理信息，比如旅游指南以及旅游地图，这些信息都可以很容易地在智能手机应用程序或专业的互联网搜索引擎，如百度网站等找到，鉴于此，此类相关的书籍应该尽量减少购买数量，工具用书以其出版周期较短、存储密度高、更新速度快、易存取、易复制、携带方便、可远程存取等优点受到大家广泛欢迎。综上所述，工具书应该推广使用在线使用的方式。

普通的学术期刊比较容易获取，我们可以通过手机端和电脑网络端获取，所以应该考虑将普通期刊的数字化程度加快，将大多数的期刊数字化，只是购买数字化的版本。更多的应该转向购买和收集数字期刊，甚至购买一般学术期刊的数字版权。对于核心学术期刊来说，由于利用率较高且具有比较大的保存价值的纸质版文献和数字化资源的双重模式的构建，这不仅符合线下实体和网上虚拟图书馆的需求，而且不用考虑时间和空间的页数。同时可以对核心期刊资源进行长期保存，这点也符合核心期刊的保存需要。针对普通的期刊及图书，可以购买纸质版本来增加图书馆的藏书量，但是同时应该考虑数字图书的比例应逐步提高，并且以适当的方式逐渐引导用户逐步适应数字化的图书馆，不断优化，带给其更好地体验。针对一些使用率和下载率较高的读本，应该采取印刷纸质版的书籍和网络虚拟版本的图书共存的形式来储存在图书馆内，这些反复借阅的图书，可以反映出一所高校的图书馆内书籍的重要特点，同时也是这所学校馆藏的精华所在，要单独将此类书进行重点保存，使其能够更好地长久地服务于高校，服务于老师和学生。

2. 时事、文学与通俗类文献缩减规模

在众多的读物中，文学和通俗文献都可以供读者参考和简单学习或者娱乐，一些通俗读物、传奇小说、科幻读物以及时政新闻报刊，许多学科的习题集和参考用书，还有一些课程如计算机和专业技能培训的参考书，这些相关的文献更新快并且具有较小的学习参考价值，其收藏保存的价值较低，并且占用图书馆内较大较多的空间，针对此类书籍应该减少购买量，同时为满足读书的需求可以适当地增加其数字化的比例。通过查找和阅读不同地方的门户网站和专业网站新闻，可以获得更多的实证消息，比如较大时政网站凤凰新闻和网易新闻等。也有很多文学阅读网站，如新浪阅读和搜狐书店等。很多关于学习的网站，尤其是关于学习视频的网站，它们比单纯的阅读更加生动直观。随着信息技术的发展和时代的进步，对用户阅读习惯产生了巨大的影响，数字化的文献资源

慢慢取代了许多类似的纸质书籍。

（四）复合图书馆数字化文献资源建设具体措施

1. 建立全文数据库

由于全文信息数据库所包含的资源比较多，故其价格也比较高。不同高校可以根据本校图书馆的特点对数据库进行购买。而至于中文数据库，可以根据所在学校或者研究院做的实际使用情况来进行购买。高校图书馆或者科研机构，不要总是一味地追求资源的广泛和全面。要有选择性、有针对性地选择精华的文献资源。要将学校内部老师和学生所需要的文献资源及课程相互融合起来。如此一来，不仅对教学有利，而且可以很好地为科研提供帮助。与此同时，高校还要注重外文数据库的建立。建议师生在学习的过程中可以使用一些比较重要的数据库，高校还要将学校的课程，专业特色相结合。将外文数据库中比较专业的和本校课程特色相吻合的数据库进行有效的引入。

2. 扩大数字图书规模

许多高校往往倾向于购买核心全文数据库。他们总是认为自己学校的图书馆内的藏书已经足够多了。所以，没有购买数字虚拟图书的必要。但是实际情况是，高校内实体图书馆内实体藏书的数量是有限的。教师教学所需要的参考书、自己学生所需的不同学科的辅助性教材还有许多比较边缘化的图书。在图书馆不一定会被收录或者购买。而这个时候，数字图书馆就可以充分发挥其作用，可以补足实体图书馆的书籍有限的短板。

在日常的学习中，老师和学生经常使用的数字化图书馆。许多高校的图书馆还根据学生的不同需求订购相关书籍。图书馆的工作人员会集中地面向老师和新学生来征求他们的意见和建议，将所收集到的老师和学生建议购买的书籍，或是在日常的工作中所使用的较多的数字化，再通过一级一级地收集及筛选之后，学校的相关部门会择优进行购买。此外，值得注意的是，当今有很多的图书，尤其是英语阅读书，以及计算机类相关的图书。他们在书的每一册里都会附上光盘。在大多数情况下，图书馆为了保证光盘的完整性，避免其丢失，都会在使用者借出之前将光盘提前取下，只借阅书籍。但是现在看来，这种做法是不提倡的。图书馆可以将这些随书附赠的光盘也进行编录。和图书绑定在一起出借。另一种方法是有相关部门将所有的光盘都取下，然后进行统一录入和复制。将其统一传送到学校的官网上。用户在需要的时候可以根据目录自行查找下载使用。这些都是比较好的一些建议。

3. 加大数字化文献资源共享及馆际互借力度

由于核心全文数据库所包含的文献资源数量多。其价格也较贵。而实际情况中有的图书馆规模比较小，且经费不足，不具备购买力。在这种情况下，进行资源共享，或者实行不同图书馆之间的互相借阅。在刚开始的时候，已经设想过图书馆之间的资源共享以及互相借阅。但是由于各种原因一直没能很好地实施。这些原因涉及自身利益以及内部投资。所以图书馆之间仍旧保持自身资源的利用。没有做到很好地资源共享。但是就目前情况而言，实现高校之间的资源共享以及馆际互借这是师生的需要以及时代发展的迫切要求。在新形势下，各个图书馆可以联合起来，一起购买核心全文数据库。有关于费用问题可以互相平推，或根据每个院校的下载量来统计费用。如此一来，不仅可以实现资源共享，也可以做到公平公正的资源利用。比如某师范大学的图书馆充分利用自身优势，和当地的图书馆以及兄弟院所图书馆联合签订资源共享以及关键部件的相关协议。只要是任何一个图书馆的用户，都可以凭借自己的借书证，来实现线上数字虚拟文献的资源共享。在实体图书馆中，来自不同图书馆的用户都可以凭借自己的借书证方便借还图书，这就实现了某个地区内部图书资源共享。

第二节　数字图书馆

一、技术简介

数字图书馆于 2017 年 12 月 1 日正式规定标准英文名为 Digital Library。数字图书馆作为一个以数字信息资源为核心，并且拥有专业人员和数字技术处理等相关技术的组织，这个组织把不同载体、不同地理位置的各种传统图书馆的图文并信息资料以数字化的存储格式通过网络进行信息收集、整理，并提供智能化的调用、存取、翻译、传播等功能，并保证其永久性和完整性，便于跨区域、面向对象的网络查询和传播。数字图书馆涉及信息资源加工、存储、检索、传输和利用的全过程，使得这些数字化格式的信息资源可以被快速且高效地被特定的用户所利用。简单来说，数字图书馆是一个没有围墙的、虚拟的、可以存储海量信息资源的集合，是基于数字时代下，利用互联网实现插入、删除、修改、检索、提供访问接口信息保护等共建共享的可扩展的知识网络系统，是国家信息基础设施的核心。数字图书馆最大的特点是服务功能，且具有规模大、分布广、便于使用、不受时空限制、跨库无缝链接与智能检索等优点。数字图书馆虽然拥有众多优点，但是它与传统图书馆有着相同的职能，目的都是信息的利用。

数字图书馆是一门全新的科学技术，涉及计算机技术、通信技术、网络技术、多媒体技术、组织技术、检索技术、数据存储技、个性化制定、信息安全、运行管理技术等众多技术的支持。本节着重介绍数字图书馆集成技术、学科信息导航技术、信息推送技术、智能代理技术以及异构检索技术等核心技术。

数字图书馆的集成实质上是让不同的网络不同的设备以及不同的产品进行互联。其中系统调节与优化成为数字图书馆系统集成技术的难点。因此，数字图书馆系统集成可以定义为将硬件平台、网络设施系统、软件工具以及相应的应用软件等集成具有优良性能的计算机系统的全过程。

图书馆学科信息导航技术可以方便快捷地为有关用户整合某一专题的信息资源，便于用户查询使用，从而节约用户群体的查询时间，提高信息资源的利用时效。

数字图书馆智能代理技术是一项类似模仿人执行任务的工作模式，也包括个性化信息库创建、管理信息、信息自动发布、智能搜索、浏览导航等功能，这些功能在执行任务的时候很少需要人的干预与指导。

图书馆异构检索技术也称为库检索，一站式检索、多数据检索等将庞大的信息资源借助单一的检索接口进行集成，整合处理等统一的检索方法，形成统一的检索结果，并按用户需求的方式进行服务。

二、研究背景

随着人类的进步以及信息的快速更迭，各种形式、各种类型的存储信息量越来越大，传统的图书馆运行模式已经不能满足信息的传递与保存等需求。20世纪90年以来，随着网络信息技术、数据检索技术等的发展，数字图书馆引起了人们的普遍关注，各国政府都投入了大量的人力、物力、财力发展数字图书馆，并把它作为教育、学术研究、文化传承、商业以及国家信息基础建设的核心。但是纵横交错的各类数字图书馆资源膨胀式增长对图书馆的高效利用带来了挑战。

如何扩大图书馆影响范围、提高数字图书馆数字资源的利用率和复用率、如何提升查询结果集成度、提升用户的知识服务与资源服务，更好地满足客户群体需求，是当前的研究热点问题，也是数字图书馆研究的出发点和最终目标。

数字图书馆是传统图书馆在信息时代发展的产物，其与传统图书馆具有相同的职能，它还具有传统图书馆不能实现的更多功能，并且还可以融合其他信息资源（如博物馆、档案馆等）的一些功能，提供综合的公共信息访问服务。

可以说，经过几年的建设发展，我国图书馆建设将以数字图书馆为社会的公共信息中心和枢纽，实体图书馆为补充，数字化将是图书馆的发展的目标和未来趋势。

三、基本组成

数字图书馆是一个以数字信息资源为核心，数字技术处理等相关技术与数字化格式存在的图文信息数据共同组成的，它是一个范围广、技术性强的服务系统，数字图书馆是由现代一定规模并从内容或主题上相对独立的数字化资源。

一整套符合标准规范的数字图书馆赖以运作的软件系统，它主要由以下几个方面组成：①分布式计算机网络系统；②以数字化格式存在的图文信息资源；③网络数据信息通道；④浏览器；⑤访问与查询引擎；⑥终端；⑦标准规范及法律法规。

四、主要优点

（一）方便、快捷、无时间限制地获得海量的信息

数字图书馆是把信息以数字化格式加以储存，因此它所占用的空间小，而且数字化的文献不需要副本，许多人可同一时间共享同一个文献资料。用户可以没有时间限制和

地点限制，只要连接有互联网的电脑设备就可以快速检索、传递所需要的文献，免去了传统图书馆要去指定地点办理借阅手续的程序。最重要的是，数字图书馆可以使用户获取更加全面的资源信息，用户群体可以没有地域界限地获得许多珍贵的资源。

（二）信息查阅检索方便

传统图书馆在查阅资料时，由于图书资源比较丰富、分散，需要经过检索、找库存、找序列号、找图书等多个步骤，往往给用户带来不便。而数字图书馆都配备有专门的图书查阅系统，读者通过检索一些关键词，就可以获取大量的、全面的相关文章信息。

（三）提供专题信息服务

数字图书馆可以让用户完善自己的个人资料，将用户群体个人的爱好、需求等专题资料内容收集进信息库，这样信息库就会将最前沿的、最有价值的读者需求的专题资料递送给用户，为用户提供个性化的服务。

五、发展现状

（一）制作技术

我国数字图书馆自20世纪90年代起开始发展，并在制作技术上主要采用的是PDG图像扫描技术，此技术成本低、操作简便，但是功能性不强；二代的电子文件制作技术不仅占用硬盘空间小，并且弥补了一代PDG图像技术功能性不强、显示效果不足等缺陷。

（二）收录资源

数字图书馆与传统图书馆对比最大的特点就是收录海量的数字化格式信息资源的同时，占用较小的空间内存，大大节约了图书馆的建设面积。目前我国几大数字图书馆收录图文书籍二十多万册，比如书生之家数字图书馆不仅收录了20世纪以前出版的图书，还收录了近几年国内出版的各类图书资源、报纸、期刊等不同载体的文件进行数字化整合，这些都体现了我国现代数字图书情报业的发展状况。

（三）用户体验

我国的数字图书馆基本都配备了自动化系统，用户群体可以根据图书名称、作者、关键词等专项检索出需要的文献资料，并且实现了馆际互借服务，同时向用户群体提供了真正意义上的网络信息化服务。

六、技术研发

（一）技术概述

技术涉及信息资源加工、存储、检索、传输和利用的全过程，使得这些数字化格式的信息资源可以被快速且高效地被特用户所使用。通俗地说，数字图书馆则是虚拟的、没有围墙的可以存储海量信息资源的图书馆，是基于网络环境下可以实现插入、删除、修改、检索、提供访问接口信息保护等共建共享的可扩展的知识网络系统，是国家信息基础设施的核心。

（二）主要技术

以系统为中心的主要技术：网络通信技术，智能存储技术，信息安全保密技术，信息采集、压缩及数字化技术。以内容为核心的技术：文献自动采集、片名生成、自动标引等技术，自然语言理解技术，信息资源保存、归档和存储技术。

用户为中心的技术特征：个性、智能化主动服务技术，信息收藏完整性技术，信息过滤技术，信息隐私技术。

七、未来展望

进入 21 世纪以来，面对信息全球化和文化产业的高速发展，我国迎来了数字图书馆事业发展的新机遇和新挑战，并对数字时代我国数字图书馆事业的未来描绘出各种美好的蓝图，使得我国的数字图书事业进一步繁荣并遥想下一步数字图书馆发展前景和走向。未来，数字图书馆的发展应该重点从以下几方面考量。

（一）功能多样化

21 世纪的数字图书馆不仅兼具教育、传承文化、传递科学情报、智力开发能功能，还应该发挥休闲、生产和展示等功能。未来的数字图书馆将汇聚剧院、电影院、健身馆于一体，使人们缓解压力、寻求静谧、优雅空间的场所，图书馆有望成为各种形态的精神产品交换地，借助于图书馆富有的知识信息资源展示个体的价值，建立自己的支撑点，达到相互交流、学习的目的，成为国家文化产业重要支柱。

（二）服务自助化

通过建立有效的服务机制，增强数字图书馆的能动性，读者服务方式则可能转向自助服务，自助化服务将会悄悄走进数字图书馆。

（三）建筑现代化

随着科学技术的不断进步，数字图书馆内的文献资料收藏空间将会不断缩小，馆外资源虚拟化、智能化，更加强调空间的灵活性。但是，图书馆的建筑规模不会缩小，相应会增加休闲娱乐等功能区，形成文化中心。

（四）管理科学化

图书馆的经营必须用一流的人才，强调图书馆趋于科学化，图书馆管理者必须谙熟本领域的学科知识，具有前瞻性的头脑、创新的思维和探索的动力。图书馆应该建立法制的制度体系，开创科学管理的新局面，推进图书馆事业健康发展。

数字图书馆的建立过程面临着一些不利因素，但同时又赋予了我们一些力量和机遇。机遇总是和挑战并生，只要我们可以勇于开拓、不断创新、与时俱进，就一定会为我国的数字图书馆事业迎来美好的未来。

第三节 移动图书馆

一、背景介绍

随着无线网络、5G 技术等为代表的移动技术的飞速发展，各种各样、功能多样的移动终端受到了图书馆的强烈关注，并引发了学术界对移动图书馆的研究。

移动图书馆（mobile library）的概念首次被提及是在 1949 年被美国的图书馆协会下设机构（country libraries group），定义为"设计、配备和运作一种运载工具以提供比临时图书馆更加方便、快捷的服务"。移动图书馆最初的功能是为偏远地区的人们提供公共图书馆的服务功能而存在，是为了更好地弥补地区限制造成的功能服务缺陷，但是这种流动性的图书馆很难提供完善的服务功能。

二、相关介绍

（一）移动设备

移动设备在移动图书馆中扮演着重要的角色，是实现移动图书馆不可或缺的终端载体，加强了图书馆的功能。移动设备的广泛应用使得移动图书馆迎来了革命性的阶段，拓宽了服务方式，用户不仅可以从馆藏中获得知识信息，也可以利用移动设备生成数字化学习内容。

随着移动用户群体的不断增长，移动设备在移动图书馆的应用将更加普及和重要，移动设备的出现为用户学习、获取信息资源提供了很大的便利，且也为现代化教学及教学资源短缺等问题提供了新的途径。

（二）系统平台

系统平台为移动图书馆的正常运行提供了重要支撑和技术保障，目前，移动图书馆的系统平台基本上通过与第三方合作，将数字图书馆的功能通过延伸到移动网络平台，并根据客户的需求研发出个性化的设计应用，从而增加移动图书馆的功能和服务质量。

（三）移动用户

作为移动图书馆的服务对象，移动用户群体需求、行为、态度及用户选择等成为科研者的研究对象。

在用户需求方面，采用问卷调查法和访谈法对各种类型的需求情况进行归纳、调查分析，并在此基础上提出移动图书馆信息服务的策略和模式，选择最有效的移动技术提供服务。

在用户态度方面，可以利用问卷调查的方法对用户群体使用情况进行调查，并调查用户群体使用移动设备进行移动图书馆相关服务的态度，分析原因，为移动图书馆的研发和评估提供参考。

三、移动图书馆的服务模式

（一）移动图书馆的服务模式概述

短信息服务：指图书馆通过短小精炼的文本信息，发送简单指令，提供相关信息服务。其优点在于用户覆盖率高、信息传递速度快以及操作简便等，但是也存在诸如难以交互操作、形式内容单一等缺点。因此，SMS 短信服务一般适用于简单的提醒服务（讲座预约通知、图书到期通知、欠费提醒）与查询服务（馆藏书目查询、借阅信息咨询）。WAP 网站服务：可作为 SMS 短信服务的一种延伸与拓展，主要是指移动设备可以依据无线应用协议随时随地接入并访问互联网，从而实现移动图书馆提供的相关信息服务。WAP 网站服务具有较强的兼容性且功能齐全，在参考咨询和用户交互服务方面具有很多优势，一定程度上可以弥补 SMS 短信服务的不足，二者形成互为补充的格局。移动 APP 应用服务：是一种第三方应用程序——主要由图书馆自主研究开发或者与商业化软件公司合作开发 APP，供用户在移动设备终端下载体验。它具有个性化、趣味性等特点，是一种聚合 QR 码服务、RSS 订阅服务、基于位置服务、虚拟现实等技术的移动增值服务。目前，由于智能终端移动 APP 具有独特的优势，此项应用服务近年来成为国内图书馆个性化与创新服务新趋势。

（二）移动图书馆服务现状分析

1. 服务对象范围狭窄

目前，移动图书馆提供的服务主要面向科研人员、校内学生，以及办理读书证的相关群体，用户服务范围不能全面覆盖，很多社会人员无法享受移动图书馆的服务资源。最关键的是，虽然目前国内移动图书馆 APP 服务呈现不断发展的趋势，但是与其他热门 APP 软件的下载量相比，了解并使用移动图书馆 APP 的用户仍居少数。这样的问题主要与移动图书馆的宣传工作不充分有密切的关联，存在部分高校学生不知道学校已开发了移动图书馆 APP 的现象，未经认证社会人员更是存在信息封闭的现象，这就使得原本并不广泛的服务对象范围更为狭窄，也对移动图书馆 APP 服务的利用率也产生了较大的影响。

2. 服务资源内容多样性不足

大部分移动图书馆服务资源内容只是将数字图书馆或者 WAP 网站的功能模块简单照搬过来，资源内容趋同化现象明显。其中，公开课、讲座以及多媒体资源内容较少，也没有建立彰显图书馆文化特色的专题资源数据库，无法凸显服务内容的多样性。此外，各类高校移动图书馆 APP 之间缺乏沟通与联系，纵然多数高校都使用相同公司开发的移动图书馆 APP，但是处于同一系统架构的图书馆之间没有任何的交流协作，大都自成一体。超星、汇文以及书生等商业性移动图书馆 APP 之间也缺乏一定合作。

3. 服务个性化程度不深

目前，移动图书馆的拓展服务以及特色服务功能不能够结合用户需求进行深入、细致地设计以及提供深层次的个性化服务。经调研发现，大部分移动图书馆 APP 服务功能都没有设置个性化资源推荐模块，即没有依据用户的个性化信息需求提供与之匹配的移动信息服务，仅仅提供"个人借阅信息查询"与"我的收藏"这种类型的个人服务，这些服务功能只是在不同用户的界面呈现出不同的信息，但不能称为严格意义上的个性化服务。此外，部分移动图书馆提供了 RSS 订阅与资源推送服务，其中，RSS 订阅服务也仅仅是用户自主定制感兴趣的资源模块，由服务器进行推送。而资源推送服务则仅仅停留在借书到期提醒、预约取书通知、新书推送等基础性的推送服务，无法主动地针对用户的真正需求提供服务。

4. 服务方式缺乏主动性

对于移动图书馆 APP 而言，界面布局的合理性、页面色彩搭配的协调性、功能区域划分的易用性等均反映了移动图书馆的服务质量。当前，国内移动图书馆 APP 在服务界面的视觉美观与布局方面存在不足，大多数移动图书馆 APP 形式单调，页面区域划分不合理，部分高校与其他高校采用统一联合开发的模板，界面较为粗糙。而随着用户对于软件使用体验感的提升，界面的友好性与吸引力逐渐成为用户选择 APP 软件的一种重要标志。此外，大部分移动图书馆 APP 服务缺乏与用户进行人性化互动的功能，不能主动地为用户提供服务，如为用户提供反馈平台以获取用户需求。调研应用商店中的这些移动图书馆 APP 时发现，大部分移动图书馆 APP 下载的评论区有用户留言提出的系统的不足之处与优化建议，但很多图书馆缺乏对此进行改善的意识。

5. 缺乏足够的资金投入和长远规划

首先，移动图书馆的建设并不是一拍脑袋就能完成的事，具体建设过程中需要投入大量资金。唯有如此，才能取得理想信息化建设成效。大部分图书馆虽然进行了信息化建设，但建设成效并不显著。之所以产生此种情况，主要缘于资金投入不足。通常是由于建设资金投入不足，导致项目只能搁置。由此可见，缺乏足够的资金投入已然成为影响移动图书馆建设重要因素。

其次，移动图书馆建设是一项系统工程，为确保移动图书馆的建设质量，必须提前做好整体性规划。而大部分图书馆在信息化建设方面均缺乏整体性长远规划，从某种程度上而言可以说是杂乱无章的。比如今天建设一个数字化阅读室，明天又建设一个指纹门禁系统，这一切事先并未提前做好规划，也只是临时起意，随意为之。此种情况并不是个例，而是一种普遍存在的现象。如今，移动图书馆建设已进入一个新的发展阶段，并成为衡量教育现代化发展的重要标志。移动图书馆建设是一项专业性很强的工作，需要专业人员来完成，而图书馆的管理人员通常并不具备专业的图书馆信息化建设知识与能力，仅凭经验为之，因此，在一定程度上影响了移动图书馆建设成效。

（三）我国移动图书馆服务模式发展的建议

1. 扩大用户范围

对于移动图书馆而言，由于社会经济发展的要求、终身教育的支持以及提高国民素质的义务，移动图书馆将取之不尽用之不竭的资源提供给社会群体是必然的趋势。因此，移动图书馆可开放注册访问权限，扩大非本馆用户服务范围，促进其深层次发展。同时，移动图书馆应提高用户情境空间的感知能力，确保用户的地理位置处于移动图书馆感知系统覆盖的范围内，从而增加用户感知系统的精准性，减少用户流失，保证用户黏性。此外，移动图书馆还可与其他各馆共同发展数字图书馆联盟，建设图书馆资源共建共享机制，降低访问门槛，并与第三方机构进行合作，这为用户提供更优质的增值服务。

2. 细粒度挖掘服务资源

作为信息资源传递的桥梁，移动图书馆拥有丰富的馆藏资源，移动图书馆如何利用自身优势为用户提供个性化与特色化服务资源值得思索。针对上述移动图书馆服务资源内容多样性不足等问题，一方面可针对性地开拓具有地域、文化、教育、历史以及图书馆自身性质等因素的特色服务资源；另一方面可对移动图书馆馆藏资源进行细分，将基于知识单元的资源进行深度融合与揭示，对图书、电子书、期刊、文献等不同类别的资源进行主题方向上的划分，在此基础上进行学科领域的再细分，以此保证资源的精细化重组，为不同群体用户提供多维度、多粒度、深层次的知识服务。

3. 以用户情境需求为中心

由于移动图书馆最初主要以"资源"为关注点为用户提供信息服务，其个性化服务也仅仅停留在表面，虽然在一定程度上满足了用户浅层次的信息需求，但这种围绕馆藏资源开展的服务不具有足够的智能性，只能做到以用户驱动进行服务。所谓以用户情境需求为中心进行的个性化信息服务，就是想用户之所想。例如，为不同职业需求的用户提供不同类型的服务资源，针对不同网络状况下的用户分情况推送文本资源或图片资源，对于不同时间段的用户向其推送的服务资源也应该有所不同，从而满足更深层次的移动图书馆个性化信息服务。因此，移动图书馆应该将其关注点逐步转移至以"用户情境需求"为中心，一方面，通过对用户服务体验的评价挖掘用户需求；另一方面，将情境感知技术应用于移动图书馆个性化信息服务中，力求开展和用户情境和特征相匹配的个性化信息服务。

4. 引入智能代理

针对移动图书馆服务方式缺乏主动性的问题，可引入智能代理技术来进行基于情境感知的移动图书馆个性化信息服务的优化改进。智能代理 agent 的理念是不需要人为干预，可以依托一定的技术以及用户定义的规则，代替用户完成预期的工作。具体来说，智能代理 agent 具有深度学习功能与高度感知能力，其代理服务器能够在没有用户操作的情况下与外界进行通信并持续、自主地发挥作用，主动追踪用户行为痕迹，收集用户感兴趣的信息资源，由此来实现主动性的移动图书馆服务。智能代理 agent 主要由多种类型的agent共同聚合组成,分别为个性化推荐与检索等服务提供技术支持,并通过搜索、分类、处理、决策等一系列过程来提高服务系统的智能性。

5.加大资金投入和建立长远规划

首先,移动图书馆建设过程中需要投入大量资金,这一点毋庸置疑。基于当前大部分图书馆建设过程中普遍缺乏足够资金投入的现实,建议进一步加大资金投入力度:一是上级教育主管部门和地方政府应专门建立移动图书馆建设专项资金,用于补贴正在进行移动图书馆建设的单位;二是各图书馆从自身财政资金中拨付一部分款项,用于支持图书馆的信息化建设;三是倡导社会爱心人士和爱心企业为移动图书馆建设捐款。通过上述措施的综合运用,移动图书馆建设的资金缺口会在一定程度上得以弥补,进而更好地推动移动图书馆服务的发展。

其次,让移动图书馆更具系统性,取得更为理想的成效,必须对移动图书馆建设提前进行科学、长远的规划。目前,很多图书馆在此方面均存在不足,在一定程度上影响了移动图书馆建设效率的提升。基于此情况,建议图书馆一是要组织专门人员对移动图书馆建设进行科学、长远的规划,若本馆人员缺乏相关方面的经验,也可从移动图书馆建设方面取得较好成效的兄弟图书馆聘请专业人员,与本馆人员共同完成对移动图书馆建设的规划;二是在初步建立规划后,在后期的具体实践过程中,应当针对不足之处适时调整规划内容,让规划更符合移动图书馆建设的实际;三是规划建立起来后应严格执行,保证规划内容能够有条不紊地开展下去。

图书馆是读者获取知识和服务的重要集散中心,为了适应时代的发展,有必要对其进行移动化建设。为提升移动图书馆的服务成效,建议在正式进行移动图书馆服务建设之前,选取一些业务能力较强的专业人员并对这些专业人员进行培训,不断提升他们自身的能力与素养,从而更好地为移动图书馆的建设服务。除此之外,也可以聘请一些专家,帮助移动图书馆的建设。另外,当前很多互联网公司有专门开展移动图书馆建设的业务,所以,也可将任务进行外包,从而提升移动图书馆服务的专业性。总体来说,通过对移动图书馆个性化信息服务的现状进行分析,可以得出扩大用户范围、细粒度挖掘服务资源、引入智能代理、以用户情境需求为中心以及加大资金投入和建立长远规划的5种改进思路。其中,以用户情境需求为中心是移动图书馆个性化信息服务关键。

第四节　智慧图书馆

一、智慧图书馆概述

智慧图书馆中的智慧化主要体现在智慧化的服务,这也是智慧图书馆的核心和目标。技术装备和技术手段是实现智慧图书馆的首要条件,本文以智慧图书馆的几个关键技术，如 RFID 技术、数据挖掘技术、Zigbee 技术，分析智慧图书馆的应用，以便对智慧图书馆技术应用提供新的思路。智慧化服务是智慧图书馆的目标和核心内容，技术是支撑智慧化服务的保障，两者相辅相成。

智慧图书馆作为图书馆发展的新形态，不同于其他形式的图书馆，是以数字化、智能化、网络化的信息技术为载体，以互联、高效、便利为特点的一个不受空间限制，具备崭新的服务理念和创新发展前景，是实现现代化图书馆科学发展的理念和实践产物。

智慧图书馆是继数字图书馆后作为未来图书馆发展的新型模式，是一个更高级的形态。智慧图书馆依托云计算、移动通信、物联网、数据挖掘等技术广泛应用的前提下，将成为图书馆可持续发展和创新发展的产物，实现图书流、人员流、物流和信息流。智慧图书馆升级不仅局限于物理基础设施的建设，而是以全媒体资源为核心，以用户为中心，提供智慧化服务为目标，利用新一代网络技术、信息技术和智慧化的服务管理，保证书、人的互联互通，最终实现海量资源共享的一种图书馆形态。

二、智慧图书馆特点

（一）全面立体的感知

智慧图书馆主动感知对象成为最明显的特点之一，通过对互联网的数字进行编码感知，把某一领域单种文献信息进行描述，与读者、管理员等信息个体互联，就是把任何知识有机地整合在一起，拒绝信息的碎片化，智能互联前台后台，让读者或用户在这个体系之内能够体会到更加贴心的服务。智慧图书馆还能通过情境感知，把实际工作进行虚拟化，把用户感兴趣的资源信息推送到个人。通过传感设备，三维立体显示自主借书还款等业务，因此，智慧图书馆这种深刻的感知，是建立在更广泛的互联互通的此基础上，并且在此基础上兼并着智慧化的管理和服务。

（二）高校的智慧管理

随着互联网、移动通信技术以及各种移动设备的发展，高效、便捷、灵敏成为现代图书馆发展树立的新要求。智慧图书馆是以数字化、网络化、智能化的信息科学为基本手段而建立的，有着更加高效和便捷的特点。体现在以下几方面：

（1）智慧图书馆的高效性体现在对日常化的管理过程中，包括对借阅、支付手段、座位预约、图书打印、资源扫描以及灯光、温度、安保等日常维护都可以体现出智慧化和高效。

（2）可以为用户制订个性化的管理方案，包括对用户个人借阅信息调阅，智慧化分析用户的喜好和需求，从而为用户制定个性化的服务。

智慧图书馆不仅实现了广阔的互联网共享、信息资源和人之间的相互联系，更重要的是体现了服务与管理的高效智慧化，高效的智慧管理是智慧图书馆的特征之一。智慧图书馆提供的是智慧服务，而智慧服务的最本质特征就是高效管理和服务，让知识服务的内涵得以升华，这对于人类的有着极其重要的意义。

（三）人性化服务

智慧图书馆是建立在智能性基础上的，以人为本的公益惠民理念之下的智慧图书馆，其拥有数字化、网络化和智能化的外部特征，融入了更多的技术支持，目的是让每一位读者都能获得同一空间的阅读学习的功能。基于图书馆＋云计算＋物联网＋智慧化设备的智慧图书馆，一方面可以为馆员在智能化和自主化的基础上实现更高效率的管理，享受智慧图书馆带来的便利性和方便性的同时，还可以主动感知广大用户的需求，提供更加人性化、个性化的服务，为用户的学习和工作方式带来翻天覆地的变化。因此，人性化成为智慧图书馆的一大特点，更是现代图书馆发展服务目标。

三、智慧服务平台的构建

（一）智慧图书馆的建设原则

1. 服务主导原则

在智慧环境下，智慧图书馆的技术、资源和服务是相互依存、相互支撑的关系，并且信息的加工、采集、传播等都需要以互联网为依托，互联网对智慧图书馆的便捷和便利不言而喻。不仅是提供资源，更多的是在解决用户的问题过程中为其提供新的知识和理念，服务成为最终的结果。

2. 资源集成原则

未来图书馆的发展将会以资源集成为服务与管理的技术基础，同时，需要借助云计算技术、物联网技术，实现不同类型文献跨部门信息共享、跨系统的集成，并且建立起文献感知服务系统和集群管理系统。首都图书馆的"一卡通"，使读者可跨时空实时浏览上百家图书馆文献资源。通过资源信息的共建、整合和无障碍转化，依靠集群化的综合服务平台跨时空传递、获取信息，从点扩展到线、面、区，实现区域联动的智慧化运作。

3. 泛在化原则

泛在环境下，图书馆的共建共享，不仅仅局限于本馆的文献信息资源，而且可以获得更广泛的资源服务，可以通过整合不同平台的文献资源信息，实现信息的共建共享，对图书进行归纳整理。新时代背景和新技术支持下，图书馆的建设发展必将遵循泛在化的原则。

（二）智慧图书馆服务模式构建

智慧图书馆是数字图书馆与符合图书馆的升级，可以说是现代社会最高端的图书馆。网络技术、互联网以及智能手段成为智慧图书馆的组成三元素，按照结构又可以划分为物理层、技术层和服务管理层三部分，其中技术层是智慧图书馆的基础支撑，服务管理层是智慧图书馆的核心。智慧图书馆应该以信息技术设备和集群管理作为发展的重点，以网络技术和云计算为基础，利用现代化的先进技术，大力发展高层次的智慧空间服务和管理技术，有效利用各种智能文献库并掌握各个渠道的信息，对信息资源进行加工管理和整合，结合用户群的需求，实现智能化一体服务。

（三）智慧服务平台的构建内容

本着信息的管理和应用的视角来看待智慧图书馆，可以把智慧图书馆的智能服务平台分为以下几个层面：一是底层支撑平台。包括互联网、云存储、云 PC 以及操作系统。二是数字资源建设。借助架构、整理各路来源的信息，建立全面的数字库资源（包括数字的化纸资源、购买自建的数字资源、搜索智慧整合资源等），为用户支持更加贴心的安全的使用氛围。三是智能服务系统。智能化服务是智慧图书馆的核心内容，结合各个服务平台，让用户可以实现无障碍、横跨时候的资源共享，进而追求资源利用的最大化。

四、技术创新视域下高校智慧图书馆建设

（一）技术创新视域下高校智慧图书馆建设的意义

1. 满足用户阅读需求

首先，高校智慧图书馆通过智能化检索系统，能够使用户快速、准确地找到所需资料。这一系统可以根据用户查询自动匹配相关文献资源，并提供详细的检索结果。其次，智能化检索系统能够根据读者的需求提供个性化服务。通过大数据技术分析和了解读者的阅读历史、阅读兴趣，为用户推荐相关资源，提供个性化的阅读推荐、学科服务、研究支持等，从而提高用户的阅读满意度。此外，智能化检索系统还可以通过虚拟助手、在线咨询等方式，为用户提供实时、便捷的咨询服务，满足用户的多样化需求。

2. 提升自身服务水平

首先，高校图书馆智能照明系统，可以根据室内光线自动调节亮度；智能空调系统可以根据室内情况自动调节温度和湿度，形成更加舒适的阅读环境。其次，高校智慧图书馆通过引入自助借还书机等设备，使用户可快速完成借还书等操作，无须排队等待。最后，智慧图书馆还可以通过虚拟现实、增强现实等技术，为读者带来别样的智慧化阅览体验。由此可见，高校智慧图书馆建设能够提高高校图书馆的服务质量与水平。

3. 提高数字化资源管理与利用效率

随着科技的不断发展，数字化资源管理已成为高校图书馆智慧化建设的重要内容。对于高校智慧图书馆而言，数字化资源管理主要体现在自动化的馆藏书籍分类与索引、数据挖掘与分析等方面。

首先，自动化的馆藏书籍分类和索引是数字化资源管理的核心内容之一，传统的高校图书馆采用手工编码方式进行分类和目录排序，难以适应数字化时代高校图书馆不断增长的馆藏量，采用自动化的馆藏书籍分类与索引技术，可以将图书资料更加精准地进行划分，快速索引馆藏书籍。数字化馆藏书籍的分类和索引采用自然语言处理技术，利用先进的机器学习算法进行智能分类、智能编码以及智能检索。其次，数字化资源管理与利用的另一个重要方面是数据挖掘和分析，要想充分发挥数字资源的潜在价值，就要

利用数据分析挖掘有价值的信息。例如，利用大数据技术分析读者的阅读历史与行为模式，进而进行图书推荐和阅读推广等服务，另外，还可以通过数据挖掘和分析，对馆藏资源进行可视化展示、对比和分析，从而进一步实现对馆藏资源的了解与利用。

（二）技术创新视域下高校智慧图书馆建设策略

1. 重视提供智能化服务

（1）图书推荐系统的设计与应用

图书推荐系统是高校智慧图书馆较为基础的服务项目。该系统通过对用户的阅读习惯、阅读偏好等方面进行数据收集与分析，进而为用户提供图书推荐服务，以满足其个性化需求。图书推荐系统的设计与应用要遵循以下几点：

首先，收集和整理数据。通过数据采集和整理，建立相关的数据库，包括图书目录、图书分类、书籍出版日期、用户行为特点等，以提供参考。其次，优化推荐算法。高校图书馆要想更加精准地实现信息推荐服务，就要对推荐算法进行优化，比如可以采用基于协同过滤的推荐算法，通过对其评分矩阵进行分析和计算，运用机器学习等算法预测用户喜好，实现个性化推荐。最后，通过构建合理的模型，将推荐算法应用于实际推荐系统中。通过实时分析用户在线行为，并进行数据挖掘和分析，建立个性化推荐模型，并提供推荐系统供用户使用。

（2）智能问答与学术咨询系统的构建

智能问答和学术咨询系统能够通过与用户进行交互，快速解答其提出的问题，提供有效的学术咨询服务，是高校智慧图书馆建设的重点服务项目之一。智能问答和学术咨询系统的构建要遵循以下几点：一是数据采集和整理。通过对多种数据进行分析和整理，统计和存储高校图书馆的学术文献咨询、学者问答等相关资源，为智能问答和学术咨询系统提供有用的信息。二是构建问答和咨询模型。采用自然语言处理、机器学习和智能算法等技术构建智能问答和学术咨询模型，在应用中可实现对用户的问题分类、分析、智能补全等功能，满足用户的信息需求。三是进行系统整合。将智能问答和学术咨询服务系统嵌入高校图书馆智慧化服务平台中，与其他服务模块进行整合，提升高校图书馆智慧化服务水平。

2. 实现自动化分类与管理

（1）馆藏书籍的自动化分类与编目

传统的高校图书馆需要人工分类和编目，但随着馆藏量的不断增加，传统的手动方式已经无法满足需求。因此，引入自动化分类与编目技术能够提高效率和准确性。可以通过数字化技术扫描书籍，并通过 OCR 技术将文字信息转化为电子文件，建立图书的数字化数据库，再在数据库中利用机器学习和自然语言处理技术，对图书进行自动分类，提高分类的精确性和效率。另外，还可以通过自动识别和索引技术，自动提取书籍的关键信息，包括书名、作者、出版日期等，并将其整合到高校图书馆的目录系统中，简化编目过程。

（2）图书资源的智能化管理与利用

图书资源的智能化管理与利用旨在提高资源的管理效率和利用价值。在具体实施过程中，要通过大数据技术对馆藏资源进行分析和挖掘，进而为高校智慧图书馆对馆藏资源的管理和更新提供参考。在此基础上，还可以通过数据可视化技术，将馆藏资源以可视化的形式展示给用户，进而为其提供丰富的图书推广活动，让用户更加灵活地使用图书资源。另外，在智能算法和自然语言处理技术的支持下，可以对学术文献进行自动化管理和利用，提供翻译、提取关键信息、相似文献检索等功能，提升学术资源的利用率，并通过数字版权管理技术，保护高校图书馆的数字资源，确保其合法使用，并提供合理的访问和下载权限控制。

3. 加强数据挖掘与分析

（1）基于大数据进行资源共享和阅读推广

利用大数据技术，对高校图书馆的数字资源、读者借阅信息、阅读行为等进行数据采集和整理，形成完整的资源和读者数据库，然后通过数据挖掘和分析技术，挖掘数据中的关联规律、趋势、用户兴趣等信息，为资源共享和阅读推广提供决策支持和方向。另外，还要建立基于大数据的资源共享平台，整合校内外的高校图书馆资源，通过数据挖掘技术和智能算法，提供个性化的图书推荐和读者服务，同时，还可以依据数据分析结果，针对不同用户群体推出具有针对性的阅读推广活动，进而提高读者对高校图书馆资源的利用率。

（2）利用数据分析提升高校图书馆的运营效率

通过对高校图书馆内部运营流程和服务质量进行数据分析，改进存在的问题，并通过数据分析结果为高校图书馆管理层提供决策支持，再通过数据分析，预测馆藏资源的需求和读者借阅趋势，为高校图书馆的资源采购、布局规划等工作提供参考和指导。

另外，还可以通过对设备运行数据的监测和分析，合理安排设备的维护和维修，提高高校图书馆的设备利用率，及时降低运营成本。

4. 提供专业人才支持

专业的人才保障旨在为高校智慧图书馆建设提供专业化、高素质的人才支持，以适应和推动高校智慧图书馆事业的发展。

首先，要重视人才引进，应结合高校智慧图书馆建设的要求，引进有相关专业背景和丰富经验的专业人才，提升高校图书馆的专业化水平，比如可以通过校内外招聘、合作交流等方式引进具有先进高校图书馆管理理念和专业技术的人才。要注重引进有创新能力和研究潜力的人才，以促进高校图书馆的创新发展，为人才提供更多的发展空间和科研支持。其次，要强化人才培养工作，通过完善高校图书馆相关教育课程体系，加强对高校图书馆学专业学生的培养，注重知识体系和技能的培训，以培养出专业素养高、具备扎实的理论基础和较高实践能力的高校图书馆人才。再次，鼓励高校图书馆从业人员不断学习和更新知识，提高创新意识和创新能力，培养其在技术创新与应用、服务模式创新等方面的专业能力。最后，要完善人才激励机制。比如根据人才能力和贡献给予相应的薪酬激励，提高人才的工作积极性。再如鼓励从业人员进行专业技术及学术研究，提供晋升渠道和机会，尽而激发人才的成长动力。

第五节　泛在图书馆

随着社会信息技术的不断发展变化，经历十余年的发展，数字图书馆已经取得了非凡的成果。但是，随着数字图书馆的发展又面临着诸多问题，图书馆信息服务并没有做到一站式或者真正解决用户真实需求，如何改变这种状况，应对用户需求变化问题，实现图书馆信息高效优质的服务？泛在图书馆的建立极大地改变了图书馆信息服务的水平，也为未来图书馆发展描绘出了宏伟的愿景。

泛在图书馆的基本理念是图书馆在任何时刻任何地点都是可存取的。今天的图书馆已经成为传递特定信息资源、服务和教育的信息门户，这些资源和服务可以包括书目指导、目录、数据仓库、数字图书馆、远程学习、数据库、政府文件、指南、馆际互借、文献传递、特藏、虚拟教室、虚拟参考咨询、虚拟旅行和其他特殊项目。2003 年 NSF（美国国家科学基金会）报告中首次提出了"泛在知识环境"的概念，即针对网络的日益发展，本着所有人在任何地方、任何时间都可以搜索人类所有的知识，而不会有时间、地点、文化、语言的障碍，实现信息资源共享的最高目标"5A"（任何用户在任何时候、任何地点均可以获得任何图书馆拥有的任何信息资源）。

一、泛在图书馆概念

"泛在"源于英语单词"ubiquitous"的译意，指"广泛地存在"。泛在图书馆最早出现在 20 世纪 Neal 发表的文章里，指出泛在图书馆是一种"无所不在"的图书馆，在任何时间、任何地点进行信息获取服务的图书馆。

泛在图书馆的基本含义就是可以随时随地进行信息获取的图书馆，这种新型的图书馆主要通过计算机、手机智能通信设备，并以信息服务方式可嵌入人们的日常生活中，为用户提供不限时间、不限地点的全天候信息交流服务。随着因特网和万维网的快速发展，泛在图书馆将服务延伸到无处不在、无时不有的信息增值服务中。泛在图书馆是由信息资源、信息技术、泛在环境和用户构成的图书馆的一种高级形态，也是未来图书馆的发展模式。

二、基本特点

随着信息技术的快速发展，泛在图书馆强调"服务主动"和"服务的无处不在、不为人知、无时无刻"，因此，泛在图书馆在演化过程中相比普通图书馆的特点如下。

（一）提供全天候的信息服务。

泛在图书馆利用自动化信息处理设施，每天 24 小时、每周 7 天连续提供服务，实现 24*7 的超越时间、地理局限服务。

（二）开放获取

信息的方便获取应该成为泛在图书馆 21 世纪的主要特点之一。除了为特殊用户提供基于密码保护的信息资源服务，泛在图书馆应为全球需求用户提供的信息服务可以不受时间和地点的限制，直接接入他们的数据库进行信息检索、查询，特别是开放获取期刊中的学术性信息。

（三）交互性

泛在图书馆可以为需求用户提供同步或者异步的情报专家、咨询师或是数据管理人员随时提出问题并进行解答和相关参考的帮助。

（四）多格式

泛在图书馆通过网络不间断、无缝的提供异质信息。满足不同种类、不同层次用户的需求，通过多种格式提供信息和解决方案，这些格式包括 TXT、JPG、PPT、PDF、HTML、RM、JPG、WAV 等格式的信息资源。

（五）多语种

泛在图书馆应致力为全球范围内不同文化背景、不同国家地区的用户提供多语种支持，促进不同语言、文化背景的用户可以毫无困难的存取信息，无论他们英语水平怎么样都可以利用泛在图书馆信息和服务的权利。

（六）全球化

21 世纪的泛在图书馆致力为世界范围内不同年龄、性别、肤色、种族和宗教的用户提供信息和服务，这意味着泛在图书馆为全球用户提供服务，保障全球用户能平等地利用泛在图书馆的信息和服务权利。

三、建设方法

目前，主要有三种建设泛在图书馆的方法。但是无论选择哪种方案之前，都需要根据自身的因素特点，充分考虑人力、物力、财力等实际情况，并且还要考虑用户需求和技术，选择最佳方案，争取利润最大化与投入产出最大化。

（一）自建

利用当前已经成熟的计算机技术、网络通信技术、智能存储技术及数字化技术，自行建立基于网络的分布式泛在图书馆信息系统。这是普通图书馆为提升分布式信息系统最经常使用的方法，这是普通图书馆为提升分布式信息系统最经常使用的方法，越来越多的图书馆都已经采用这种方法来设计、开发、拓展和维护信息应用和服务软件，如网络门户、书目指导、信息素质教育项目、共享知识、虚拟教室等，但是这种方法受到资金、人才、设备技术的限制条件较多。

（二）购买

直接购买全球范围内主要厂商的领先技术、设备、资源先进的全套产品，如计算化的集成图书馆系统，数字图书馆工具，网络数据以及其他必备的图书馆自动化产品，如图书馆集成管理系统、数字图书馆等来建设分布式的泛在图书馆信息架构。

（三）合作

与产业巨头、技术先锋，如 Microsoft、Adobe、Google、Yahoo 等合作设计和开发技术先进的泛在图书馆项目。这种方法是高校学术型图书馆和国家图书馆最佳的选择。

因为国家图书馆和学术型图书馆可以利用丰富的图书、声频、手稿、照片以及其他印刷资料收藏量，与 IT 产业巨头进行合作。可以利用企业雄厚的资金、成熟的技术和权利力量设计和开发先进的泛在图书馆，达到资源和技术的完美结合。

四、泛在知识环境下图书馆知识服务

（一）以人为本

图书馆应坚持以人为本的服务理念，围绕用户需求，倾听用户意见，关注用户成长。泛在知识环境下，每位用户都可能成为知识的生产者、制造者与传播者。图书馆以促进用户知识增长，关心用户心灵成长，满足用户心理需求为目标，利用馆内资源，营造终身学习的环境氛围，为用户自身成长提供有力支持，让用户在图书馆中享受精神世界成长的快乐。图书馆不仅是信息的提供者、知识的传播者，还是用户精神世界的依赖者与缔造者。图书馆将服务融入用户的个人成长之中，这与用户之间搭建起牢固的互动关系，真正实现以人为本的服务宗旨。

（二）互动参与

泛在知识环境下，无线网络、人工智能、云计算、大数据等技术的运用，并有力地提升了图书馆的服务能力。图书馆的信息服务从传统意义的文献提供、信息检索、参考咨询，扩展到了用户生活、学习和工作的方方面面。图书馆与用户之间的互动性大幅提升，用户不仅可以通过电脑、平板、手机等智能终端进行信息检索及获取，还可以借助"两微一端"平台，与图书馆员沟通、交流与互动，及时获取信息、解决问题。用户的互动参与成为图书馆知识服务的重要建设目标，用户主导、用户参与、用户分享、用户创造的良好互动局面由此形成。

（三）协同合作

泛在知识环境下，信息与知识的海量增长让单个图书馆的信息保障能力有所下降，构建泛在化的资源及服务体系成为图书馆满足用户综合化、个性化信息需求的必要保障。①图书馆之间可以结成联盟，进行优势互补，从而实现资源及服务的全面保障。②图书馆可以与数据库商合作，借助数据库商的技术力量，开发与挖掘馆藏资源与服务，进而提升服务能力。③图书馆内部需要打破原有的格局，开展协同合作。比如，重新调配馆内人员，组建不同功能的特色服务团队，提供灵活多变的服务内容，以满足用户的个性化需求，或者打破原有的空间格局，建立信息共享区、沉浸式阅读体验区、兴趣学习区、精品阅读区、红色文化宣讲区等不同功能片区，以此丰富图书馆的服务功能。总而言之，通过协同合作，不断提升图书馆的服务能力与水平，也是泛在知识环境下图书馆知识服务的重要目标。

（四）以用户需求为核心的知识服务内容

随着泛在知识环境下，用户信息获取与利用能力的提升，个性化需求愈加明显，图书馆也应根据用户在生活、学习、工作和科研中的不同需求，有针对性地提供不同的服务方案，切实履行以人为本的服务理念。

满足用户的不同需求，可以从提供不同层次的知识服务着手。如针对需要基础类知识服务的初级用户，图书馆可以提供讲座宣传、信息素养培训、在线电子教学等基础类知识服务。针对有明确信息需求与目标的中级用户，图书馆提供定题推送、专题报道、跟踪服务等拓展类知识服务。针对有着明确研究方向与重点资深级知识服务的用户，图书馆需要切入他们的研究领域与方向，提供专业化的个性服务，甚至可以提供点对点、一对一的拓展类知识服务。

泛在知识环境中，用户获取信息的能力虽然在不断提升，但很容易迷失在庞杂多样的信息海洋之中。为此，图书馆必须利用自身资源整合与挖掘的优势，为有着不同信息需求的用户提供不同深度的知识服务，让知识服务切中用户需求重点，发挥有效功能。根据用户不同层次的信息需求，结合泛在知识环境特点和技术、知识服务流程和知识服务内容，以实现在任何时间、任何地点都可以满足用户的信息需求为目标，为用户提供不同深度的知识服务。

按照初级用户、中级用户和高级用户的不同信息需求，泛在知识环境下的图书馆知识服务也分 3 个层次展开，分别为基础类服务、拓展类服务和延伸类服务。基础类知识服务主要依托馆藏文献资源，以提高图书馆服务质量为主要目标，面向全体用户，开展以学科建设为主的知识服务，包括参考咨询服务、资源推广服务、文献推送服务、学科导航服务、专业文献整合服务、学科前沿报道服务等在内的知识服务。

拓展类服务是基于基础类的知识服务，并结合用户个性化的信息需求，对基础类知识服务内容进行拓展与细化。拓展类知识服务主要面向有明确需求内容与目标的中级用户，用户能够大致表达自己信息需求，因此，拓展层的知识服务必须体现用户的参与性、交互性。拓展类知识服务以培训、教学、课程指导为主，包括信息素养培训、电子资源宣讲、学术讲座培训、在线教学、定题服务、课题跟踪、学科指南等。拓展类知识服务是对图书馆知识服务业务的宣传与推广，是与用户有效地交流与沟通。拓展类服务的有效开展有助于用户参与更深层次的延伸类知识服务。

延伸类知识服务侧重于创新知识服务内容，挖掘知识服务深度，主要面向信息意识较强，信息需求明确，且具有一定学术素养和科研经验的资深级知识服务用户。延伸类知识服务主要以融入用户科研过程，提升用户科研创新能力为目的，开展嵌入式知识服务。延伸类知识服务根据用户具体需求而定，以培训指导、分析推送、跟踪响应为主，包括主题内容分析、专题定制推送、专题跟踪报道等，这体现泛在知识环境下知识服务的专业化、个性化特色。

五、移动互联视域下图书馆泛在化阅读推广服务模式

（一）移动互联视域下图书馆泛在化阅读推广的特点分析

1. 阅读推广方式泛在化

随着互联网的发展和无线网络的普及，图书馆可以全天候为街道、社区、城乡等各个场所的用户提供阅读推广服务，如利用客户端、微博官方服务平台、微信公众号、图书馆网站等发布相关活动通知。不断变化的阅读环境给图书馆服务带来了全新的挑战，图书馆应积极适应新变化，转变阅读推广模式，为用户提供泛在化服务。

2. 用户体验特色化

"以读者为中心"是图书馆的核心服务理念，提升用户体验也是图书馆读者服务工作的基本出发点。将各种先进技术运用于图书馆阅读推广服务中，有利于化解传统阅读推广服务主客体信息不对称导致的信息无序流动现象，推动图书馆信息有序地流转到更多用户，从而满足用户的个性化阅读需求。移动互联视域下，用户连接至泛在化网络后，可利用图书馆阅读终端、微信公众号读书平台、微博读书平台、智能手机等获取图书馆的各种特色化阅读资源与文献信息。

（二）移动互联视域下图书馆泛在化阅读推广服务模式的构建方式

移动互联视域下，用户可以利用平板电脑、智能手机、台式机等进行云终端访问，泛在化的阅读推广模式有利于图书馆向用户推送更多的个性化阅读资源。

1. 构建"互联网＋"阅读推广服务联盟

移动互联背景下，图书馆可以与情报机构、科研院所、企事业单位等馆外机构建立合作关系。图书馆应利用大数据技术、云计算技术等构建"互联网＋多方合作"的图书馆阅读推广服务联盟，实现优势互补，提高资源利用率。图书馆联盟指多家图书馆之间的合作关系，这种合作是建立在协议或合同基础上，是受制约的交流型合作，是馆际合作，是传统图书馆与数字图书馆及纸型资源与电子资源的互补共存。联盟成员馆应不断优化自身的组成要素、人力资源和馆藏资源，为用户提供更优质、更有针对性的阅读推广服务。

图书馆要主动走出去，与数据库运营商、出版商等共同搭建网络技术平台，为用户提供"一站式"资源检索服务，满足用户的信息访问需求。公共图书馆与高校图书馆、科研院所图书馆合作有利于横向沟通、资源共享；与数据库运营商、出版商等合作有利

于加强纵向交流，如图书馆与出版商开展跨机构、跨平台的推广合作服务，形成全方位覆盖、上下有效联动的阅读推广模式。

图书馆可以借鉴 B2C、O2O 等电商推广模式有效整合线上资源和线下业务，持续优化阅读推广策略，实现融合发展。近年来，许多图书馆开展了"你选书、我买单"线上服务，即图书馆通过服务平台为用户提供图书书目信息，用户在线上提交购买书目后，图书馆根据采选原则筛选并购买图书。该活动促进了阅读推广服务"线下""线上"一体化，拓宽了阅读推广渠道，在持续提升服务效率的过程中满足了受众借阅需求。

2. 基于云计算优化阅读推广模式

与图书馆传统的阅读推广服务相比，基于云计算的阅读推广模式有效契合了用户的阅读服务需求，使图书馆知识服务平台的访问层、云服务层、传输层彼此支持，有利于实现按需调用图书的目标。在基于云计算的图书馆泛在化阅读推广服务模式中，访问层不仅涵盖了智能手机、计算机、平板电脑、其他无线网络终端等多种移动化信息媒介，还包括成员单位门户、泛在图书馆门户、传感器等多种泛在化设备。在移动设备和网络的支持下，用户可随时随地获取资源和服务。传输层指信息传输渠道，包括移动互联网、电信网站、万维网等。以馆藏资源库、阅读推广联盟数据库、成员单位数据库、行业数据库、用户数据库、泛在资源数据库等作为有效支撑，图书馆可借助云计算技术为用户提供借阅、检索、统计分析、参考咨询等泛在化知识资源服务，也实现了图书馆资源的一站式供给。

3. 基于大数据技术开展阅读推广活动

大数据技术、云计算技术以及人工智能技术可以为图书馆精准推广阅读资源提供技术支持。与传统的阅读推广模式相比，基于大数据技术的阅读推广的针对性更强，能够结合各类用户群体的特点推送个性化资源。例如，图书馆整理和分析用户线上阅读数据、网页浏览数据、图书借阅数据，预测、判断用户感兴趣的文献信息和阅读内容，然后制定"量体裁衣"式的推广策略。智能设备用户、互联网用户、本地用户、其他泛在化设备接入基于大数据技术的图书馆泛在化阅读推广平台后，可进行接入方式、资源检索与获取方式的个性化设定。

（三）存在的问题及改进方式

1. 通过定期培训提升服务能力

信息化、数字化、网络化、知识化给图书馆带来的挑战，使图书馆员在完成了正规教育机构的专业学历教育后，还必须接受继续教育。图书馆必须不间断地开展馆员培训和再教育，馆员也必须树立终身学习的观念。泛在化服务要求随时随地与用户保持联系，摩擦在所难免。具有灵活应变能力的馆员可以恰当地处理矛盾，提高用户满意度。首先，图书馆可以通过定期培训、继续教育提升馆员的专业能力，更新馆员的知识储备，并将馆员职业规划与图书馆发展规划结合起来；其次，图书馆应制订科学的培训方案，通过讲座授课、专家报告、观摩实践与案例交流等多种形式强化培训效果，并通过实践考核、课程报告等形式对培训效果进行评估，以此来确保培训效果稳步提升。

2. 积极进行平台构建和技术升级

构建移动服务平台。图书馆应打造与智能手机用户的阅读习惯相适应的阅读推广服务。移动互联背景下，用户能够通过智能手机登录各图书馆的客户端、微信公众号、网站等，享受图书馆的泛在化阅读推广服务，如通过智能手机下载、搜索、查看文献资源、在线播放音视频、查看图片文本，进行线上交流与咨询等。此外，一部分图书馆还在此基础上开展了在线传输、文献传递、短信服务、信息推送、图书预订、主题推送、提醒还书等多种服务。

利用云数据端为用户提供服务。图书馆不仅可利用云数据端存储、备份所有用户的个人信息数据，还可以利用云数据端为用户提供检索、存储服务，同时把所有数据备份到高度集成化的网络数据空间中。基于云数据端，图书馆可以对海量数据进行处理，也可以远程调用存储在云数据端的数据。在此背景下，用户手持智能手机即可快速访问数字图书馆。

利用新媒体对阅读推广活动进行宣传。随着新媒体的不断增多和快速发展，图书馆用户获取信息的方式也更加多样化，微博、微信、短视频等得到越来越多用户的青睐。泛在化阅读推广旨在为用户提供"7×24"小时的服务，这与新媒体传播不受时间和空间限制的特点相契合，因此，图书馆可以充分运用新媒体开展阅读推广活动，全面优化用户体验。笔者认为，图书馆可以通过以下方式构建泛在化阅读推广服务模式：一是将活动链接嵌入微信、微博等新媒体，这样用户就可以通过链接快速获取阅读推广活动相关信息。二是制作集图片、音视频于一体的推广短片，同时结合用户的阅读偏好开展智能精准推送服务。三是以新媒体为媒介，增加和用户的互动频率。

第七章 档案信息资源建设

第一节 档案信息的数字化

一、纸质档案的数字化

纸质档案数字化：采用扫描仪或数码相机等数码设备对纸质档案展开数字化加工，将其转化为存储在磁带、磁盘、光盘等载体上并能被计算机识别的数字图像或数字文本的处理过程。纸质档案数字化适应了信息时代的大趋势，能够减少管理的成本，增强对档案原件的保护，节约存储空间，优化馆藏结构，也有利于档案信息资源的有效利用与共享。

（一）纸质档案数字化加工方式

纸质档案的数字化加工方式主要有直接扫描法和缩微转换法两种。

1. 直接扫描法

所谓直接扫描法，是采用扫描仪对纸质档案原件进行光学扫描，将图像信息传送到光电转换器中变为模拟电信号，然后将模拟电信号转变为数字电信号，再通过计算机接口传输至计算机存储器中。直接扫描分为两种方式。

第一，扫描纸质档案后再运用字符识别（OCR）软件进行识别，最终生成了文本文件。这种数字化文件的优点是：占据的空间小，便于计算机全文检索，便于档案利用时进行摘录和编辑。其缺点是：不能保持档案原件的排版格式，以及签名、印章等原始信息；有时 OCR 字符识别的准确率较低，核对修改较为困难，数字化效率很低，且实际上已经破坏了档案原稿的真实性。

第二，扫描纸质档案后形成数字图像文件。这种图像文件的优点是能保持档案的内容和排版的原貌，数字化速度快。缺点是不能进行全文检索，不能编辑文字内容，且占据存储空间大。

以上两种方法的优缺点正好互补，现在有一种方法可以将两者的优点融合在一个档案中，即制作双层 PDF。其制作方法是：将纸质档案原件扫描成数字化图像文件后再转换成文本文件，然后将这两个内容一样的文件置入同一个 PDF 文件中，将图像文件置于文本文件的上层，图像文件下层隐藏文本文件。查询该文件时，我们既能看到上层保持原貌的图像文件，也能对隐藏的文本文件进行全文检索。

2. 缩微转换法

所谓缩微转换法，是针对已经缩微复制的档案，采用专用扫描设备（缩微胶片扫描仪）将缩微胶片上的模拟影像转换成数字影像的方法。与直接扫描法相比，缩微扫描法更经济、简便、高效。然而这种方法必须建立在已经对纸质档案进行缩微加工的基础上。

必须注意的是，在对缩微胶片进行扫描加工后，原缩微胶片应与纸质档案一并保存，不能擅自销毁。由此，该档案形成"三套制"保存状态。虽然缩微胶片不如数字化档案容易保存、复制、查询、传播，但是作为模拟信息，缩微档案具有人工可读、稳定性好等数字化档案不具备的优势，又具有体积小等纸质档案不具备的优势，也是档案信息资源的重要补充形式。

（二）纸质档案数字化工作流程

纸质档案数字化是一个较为复杂的过程，其基本环节主要包括：档案整理、档案扫描、图像处理、图像存储、目录建库、数据挂接、数据验收、数据备份、数字化成果管理等。

1. 档案整理

在对纸质档案进行扫描之前，应根据档案管理情况，按下述步骤对档案进行适当整理，并视需要做出标识，确保档案数字化质量。

（1）档案出库

一般来说，大批量纸质档案数字化，首先须将待数字化档案从档案库房搬移到临时的周转库房，接着由数字化加工人员从周转库房领取档案进行数字化。无论前者还是后者，数字化加工人员都须按照预定计划，提出申请，经过审批，之后交接双方清点档案，实行登记，完成档案的交接手续。

（2）目录数据准备

规范档案中的目录内容包括确定档案目录的著录项、字段长度和内容要求等。然后，为数字化档案检索建立目录数据库。建库可利用原有纸质档案的编目基础，原纸质档案目录如有错误或不规范的案卷题名、文件名、责任者、起止页号和页数等，应进行修改。如纸质档案未建立机读目录数据库，则应按照档案著录规则重新录入。

（3）拆除装订

档案在拆除装订前可逐卷加贴条形码，以便在随后流程中通过识别条形码对扫描档案进行准确、高效的控制。该条形码还可为以后档案借阅、利用、管理提供便利。

然后，工作人员逐卷、逐页检查档案。对内容缺失、目录漏写、页码颠倒以及珍贵、破损的案卷进行登记，并提请档案保管机构妥善处理。对于不去除装订物会影响扫描工作的档案，应拆除装订物。拆除装订物时，应注意保护档案不受损害。拆除装订物之后要将档案原件排好顺序，并用夹子夹起防止散乱。对于年代久远、纸质条件较差、不便于拆卷的，可采用零边距扫描仪扫描。

（4）区分扫描件和非扫描件

要按要求把同一案卷中的扫描件和非扫描件区分开，剔除无关和重复文件。

（5）页面修整

纸张的质量关系到扫描仪的选择和扫描效果，因此需对严重破损、褶皱不平、字迹模糊的档案做好登记，分别处理。例如对褶皱的档案，可进行熨烫；对被污染的纸张，可在通风环境中用软毛刷轻轻刷去浮尘、泥垢或霉菌；对破损残缺的文件进行修补。

（6）档案整理登记

将经过整理后的档案原件交给扫描工作人员，制作并填写纸质档案数字化加工过程交接登记表，详细记录档案整理后每份文件的起始页号和页数。

（7）装订、还原、归还

扫描工作完成后，拆除过装订物的档案应按档案保管的要求重新装订。恢复装订时，应注意保持档案的排列顺序不变，做到安全、准确、无遗漏。对严重破损的卷皮、卷盒，需重新更换。装订人员将装订完成后的档案，贴上专用封条并盖上数字化专用章。档案数字化加工完毕并重新装订完成后，要对其进行清点。清点无误之后交还给档案管理部门，并办理档案归还手续。

2. 档案扫描

（1）扫描设备选择

根据档案幅面的大小（A4、A3、A0等）选择相应规格的扫描仪。大幅面档案可采用宽幅扫描仪，还可采用缩微拍摄后的胶片数字化转换设备进行扫描，也可以采用小幅面扫描后的图像拼接方式处理。纸张状况较差、过薄、过软或超厚的档案，以及页面为多色文字的档案，可采用普通平板扫描仪扫描。纸质条件好的A4、A3档案，可采用高速扫描仪扫描，以提高工作效率。不宜拆卷的档案，也可采用零边距扫描仪扫描。

（2）扫描色彩模式选择

扫描色彩模式一般有两种。

第一，扫描形成黑白二值图像。这种图像只有黑白两级，其没有过渡灰度。其特点是黑白分明、字迹清晰、文件容量较小，适用于扫描字迹、线条质量清晰的文字或是图纸档案。

第二，扫描形成连续色调静态图像。这种图像分灰度图像和彩色图像两种：①灰度图像由最暗黑色到最亮白色的不同灰度组成。灰度级表示图像从亮部到暗部间的层次，也称色阶。灰度级越高，层次越丰富，文件所占容量也越大。灰度模式适用于扫描黑白照片、图像档案，色阶的选择要适度，只要不影响图像质量即可。②彩色模式中的色彩数表示颜色的范围，色彩数越多图像越鲜艳真实，文件所占容量也越大。同样，色彩数选择也要适度，不是越多越好。彩色模式适合扫描页面中有红头、红印章的档案或彩色照片档案。需永久或长期保存，或向国家档案馆移交的档案，一般应采用彩色模式扫描。

（3）扫描分辨率

扫描分辨率参数大小的选择，原则上以扫描后的图像清晰、完整、不影响图像的利用效果为准。采用黑白二值、灰度、彩色几种模式对档案进行扫描时，其分辨率一般均建议选择大于或等于200dpi。特殊情况下，如文字偏小、密集、清晰度较差等，可适当提高分辨率。需要进行OCR汉字识别的档案，扫描分辨率建议选择300dpi。

（4）OCR处理

目前，OCR技术已经相当成熟，一般扫描仪都自带OCR软件，使用也很方便。然而OCR的识别准确率往往不尽如人意，由此影响检索效果。而依靠人工纠正文稿中的错字又非常麻烦。因此，提高OCR识别率是档案数字化中比较重要问题。其实，只要注意以下几点，就可以明显提高OCR识别率。

第一，选择适当的扫描分辨率。太低的扫描分辨率往往会造成OCR识别率的下降，太高的分辨率会使图像文件过于庞大，且降低识别的速度。在实际操作中，操作人员可通过查看OCR识别后生成文本中的红色错字数量（如小于3%），判断其可接受程度，确定是否采用该分辨率扫描并进行OCR识别。

第二，尽量采用黑白二值模式进行扫描。用扫描仪扫描文件时，通常OCR识别接受灰度或黑白二值模式，不接受彩色模式。如果文稿印刷质量好，可采用灰度模式，否则宜采用黑白二值模式。扫描时可手工调节黑白阈值的大小，如黑白二值图像上文字轮廓残缺，则适当增加阈值；若文字轮廓线太粗，则表示信息冗余较多，可适当减少阈值。这样调节后形成的黑白二值扫描图像，可以达到较佳的OCR识别效果。

第三，在进行OCR识别时注意文字的倾斜校正。OCR识别允许文稿有细微的倾斜，但是过度倾斜会影响识别率。校正方法是，点击扫描软件上的倾斜校正按钮，识别软件会自动将图像校正，再进行OCR识别。

第四，对稿件进行识别前的预处理。识别前要去除文稿上的杂点和图片，因为杂点会干扰文字识别，图片是不能被识别的，且会影响OCR的文字切分。针对文稿中出现分栏的情况，建议用手动设定各栏区域，即可以使用多个框分别选中要识别的文字，然后进行OCR识别。

第五，采用适当的识别方式。简体和繁体混排，中英文混排的文稿往往识别率较低。如果文稿中简繁体、中英文是分块状分布的，可以用图像处理软件，将不同的文字块剪辑成同类文字块合并的文件，然后分别对不同文字进行 OCR 识别。

（5）扫描登记

认真填写纸质档案数字化转换过程交接登记表，登记扫描的页数，核对每份文件的实际扫描页数与档案整理时填写的文件页数是否一致，不一致时应注明具体原因和处理方法。

3. 图像处理

扫描完成后，必须按照要求将所得图像进行技术处理，纠正档案扫描件和原件的偏差，使扫描后的档案图文更加清晰、规范。

（1）图像数据质量检查

对图像偏斜度、清晰度、失真度等进行检查。发现不符合质量要求时，应重新对图像进行处理。由于操作不当，造成扫描的图像文件不完整或无法清晰识别时，应重新扫描；发现文件漏扫时，应及时补扫并正确插入图像；发现扫描图像的排列顺序与档案原件不一致时，应及时调整。认真填写相关表单、记录质检结果与处理意见。

（2）纠偏

对出现偏斜的图像应进行纠偏处理，以达到视觉上基本不感觉偏斜为准。对方向不正确的图像应进行旋转还原，以符合阅读习惯。

（3）去污

对图像页面中出现影响图像质量的杂质，如黑点、黑线、黑框、黑边等应进行去污处理。处理过程中应注意不要破坏档案的原始信息。

（4）图像拼接

对大幅面档案进行分区扫描形成的多幅图像，应进行拼接处理，合并为一个完整的图像，以保证档案数字化图像的整体性。

（5）裁边

采用彩色模式扫描的图像应进行裁边处理，去除多余的白边，以有效缩小图像文件的容量，节省存储空间。

以上纠偏、去污、裁边等处理，可以根据肉眼判断，人工操作完成。也可以用专门设计的软件，预先进行某些设定，然后由计算机自动处理。

4. 图像存储

（1）存储格式

采用黑白二值模式扫描的图像文件，一般采用 TIFF（G4）格式存储；采用灰度模式和彩色模式扫描的图像文件，一般采用 JPEG 格式存储。存储时压缩率的选择，应在保证扫描的图像清晰可读前提下，以尽量减小存储容量为准则。提供网络查询的扫描图像，也可存储为 CEB、PDF 或其他版式文件格式。

（2）图像文件的命名

应采用档号或唯一标识符为数字档案资源命名。采用档号为数字档案资源命名的，若以卷为单位整理，按《档号编制规则》（DA/T 13-2022）编制档号，推荐增设档案门类代码作为类别号的子项；若以件为单位整理，档号也可采用"全宗号—档案门类代码—年度—保管期限—机构（问题）代码—件号子件号"结构。

5.目录建库

（1）数据格式选择

目录建库应选择通用的数据格式，所选定的数据格式应能直接或间接通过 XML 文档进行数据交换。该数据库建立可以通过专用的档案管理系统或扫描加工管理软件录入，也可以先在 Excel 专门设计的档案目录表格中录入，然后将数据导入档案管理系统。

（2）档案著录

按照《档案著录规则》的要求进行著录，建立档案目录数据库，并录入档案目录数据。

（3）目录数据质量检查

为确保数据的准确性，可采用"单机录入—人工校对"或"双机录入—计算机自动校对"的方法。不管是人工校对还是计算机校对，都要核对著录项目是否完整，著录内容是否规范、准确，发现不合格的数据应进行修改或是重录。

6.数据挂接

（1）汇总挂接

档案数字化转换过程中形成的目录数据库与图像文件，通过质检环节确认合格后，通过网络及时加载到数据服务器端汇总。目录数据库与图像文件应避免采用既慢又容易出错的人工挂接，尽量采用计算机批量自动挂接。只要扫描制作的数字化文件是按纸质档案的档号命名，就可以通过编制挂接程序或借助相应软件，实现目录数据对相关联的数字图像的自动搜索、加入对应的电子地址信息等，实现批量、快速挂接。

（2）数据关联

以纸质档案目录数据库为依据，将每一份纸质档案文件扫描所得的一个或多个图像存储为一份图像文件。将图像文件存储到相应文件夹时，要认真核查每一份图像文件的名称与档案目录数据库中该份文件的档号是否相同、图像文件的页数与档案目录数据库中该份文件的页数是否一致、图像文件的总数与目录数据库中文件的总数是否相同等。将每一份图像文件的文件名与档案目录数据库中该份文件的档号，建立起一一对应的关联关系，为实现档案目录数据库与图像文件自动批量挂接提供条件。

（3）交接登记

认真填写纸质档案数字化转换过程交接登记表，记录数据关联后的页数，核对每一份文件关联后的页数与档案整理、扫描时填写的页数是否一致，不一致时应注明具体原因和处理办法。

7.数据验收

以抽检的方式检查已完成数字化转换的所有数据，包括目录数据库、图像文件及数据挂接的总体质量。目录数据库与图像文件挂接错误，或目录数据库、图像文件之一出现不完整、不清晰、有错误等质量问题时，抽检标记为"不合格"。一个全宗的档案，数字化转换质量抽检的合格率达到 95% 以上（含 95%）时，应予以验收"通过"。

必须认真填写纸质档案数字化验收登记表单。验收"通过"的结论，必须经审核、签署后方有效。

8.数据备份

经验收合格的完整数据应及时进行备份。为了保证数据安全，备份载体的选择应多样化，可采用在线、离线相结合的方式实现多套备份，并注意异地保存。备份数据也应进行检验，备份数据的检验内容主要包括备份数据能否打开、数据信息是否完整、文件数量是否准确等。数据备份后应在相应的备份介质上做好标签，以便查找和管理。填写纸质档案数字化备份管理登记表单。

9.数字化成果管理

应加强对纸质档案数字化成果的管理，确保其安全、完整和长期可用。纸质档案数字化成果提供网上检索利用时，应有制作单位的电子标识，并根据具体情况分别采用可下载或不可下载的数据格式。

二、照片档案的数字化

与文字档案相比，照片档案能更加生动、直观、真实地还原历史场景和人物特征，是重要的影像记忆和特色鲜明的档案资源。目前，有些老照片已经褪色、发黄、破损，亟待采用数字化手段对其图像信息进行抢救和保护。从工作原理上说，照片档案数字化与纸质档案数字化的操作过程和要求大体相似，但也存在不同。

（一）照片档案数字化的对象

照片档案数字化的对象分底片和照片两种。在有底片的情况下，应优先选择底片。因为底片扫描具有以下优越性：

第一，传统的照相过程是先形成底片（负片），再用底片冲印成照片（正片），因此底片较正片具有更好的原始性和价值性。

第二，对底片直接进行数字化，相比将底片冲印成纸质照片，再对照片进行数字化的处理过程，工序更简单，操作更简便，有利于降低数字化成本，提高工作效率。

第三，传统摄影具有色彩还原真实自然、细节层次精致丰富的特点，较数码摄影仍有一定的优势，由此底片扫描可以显著提高扫描图像的质量。

第四，许多具有档案价值的老照片都以底片方式保存，随着时光的流逝或保管不善很容易褪色、霉变，底片扫描有利于及时地抢救这些珍贵的老照片。

第五，有些行业会形成大量底片档案，如医院的X光片，并将其扫描成数字图像，有利于对底片档案进行计算机存储、处理和传输。

（二）照片档案数字化方式

扫描仪扫描输入和数码相机翻拍录入是照片档案数字化所采取的两种主要方式。

1. 扫描仪扫描输入

扫描仪扫描输入是照片档案数字化最常用的方法，可采用普通的平板扫描仪，也可以用专用的照片扫描仪。与数码相机翻拍录入相比，扫描仪扫描照片操作简单，多适用于各类照片档案的数字化处理。

2. 数码相机翻拍

数码相机翻拍虽然比较快捷，但要配置辅助照明设施，拍摄过程中对变焦、曝光等的调控要求较高，拍摄难度比想象中的大。由于普通数码相机在光学成像过程中会产生像差，因此需要使用中高档数码相机。中高档数码相机镜头一般都配有较大值光圈、变焦镜头、高分辨率 CCD 等，可以保证高质量的拍摄效果。数码照片翻拍最好采用数码翻拍仪，靠手持数码相机拍摄图像，曝光难以掌握，图像也容易变形。如果翻拍的照片变形，可采用 Photoshop 等软件进行纠正。

（三）位深对数字图像阶调的影响

位图图像中的像素可以代表黑、白、灰色或彩色信息。计算机记录每个像素的光亮信息多少是用比特（bit）位数来衡量的。如果使用一位来记录像素信息，其像素只能是白色或黑色的；使用二位描述像素信息，有四种可能表示灰度的区别；使用八位有 256 级的灰度；使用二十四位能够提供 1600 万个可能的颜色。

位数称为图像的位深。使用位深越高，描述的灰度级越多。其是数字图像反映颜色精度的重要指标。

（四）照片档案的储存格式

数字化的照片档案存储格式比较多，如 BMP、JPEG 格式等。一般情况下，档案部门可选择 JPEG 格式来存储照片档案，但是这种格式会损失图像信息。所以，对于那些比较重要的、要求高保真度的照片档案就要选择无损方式储存的 TIFF 格式，这种格式结构灵活、包容性大，易于转换为其他格式。

三、录音档案的数字化

录音档案是以声音为信息表达方式的档案材料，包括纯录音档案和含录音档案。传统档案中，唱片、录音带为纯录音档案，电影胶片、录像带则为含录音档案。录音档案数字化的现实需求强，投入较低，技术实现相对简单，实际效果也比较明显，因此录音档案数字化应当受到档案部门的高度重视。

（一）录音档案数字化的前期准备

在录音档案数字化前期，首先要制订录音档案数字化方案。选择和配置适用的软硬件系统，确定录音数字化输入的格式、载体，确定录音档案数字化的范围，明确数字化的先后顺序。录音档案能够顺利播放是数字化的前提，因此数字化前期还必须检查录音档案的质量及其完整性。旧磁带可能存在不同程度的粘连、信号强度减弱、磁粉脱落等问题，因此数字化前必须对其进行清洁、修复，以确保数字化质量。

（二）录音档案数字化的流程

1.音频采集

第一，用连接线将放音机与计算机相连接。

第二，根据声音的质量选择参数，采样频率可选44.1kHz或更低；声音样本的大小可选用16位或更低的；根据原录音带选择声道数，如果是DVD中的声音则选48kHz。此外，还要设定录音质量、时间长度。

第三，在放音机放音的同时启动音频制作软件的录音按钮，并通过音频制作软件调节音量大小等参数。

2.音频编辑

在音频采集之后，可使用音频制作软件对音频文件进行编辑处理，以使其符合数字化的要求，主要包括音量调节、音调调整和噪声处理。

3.音频存储

处理完成之后，选好存储地址，输入文件名，选择文件类型，将其保存。数字音频文件的保存类型和格式有很多，如WAV格式、MP3格式等。

（三）录音档案数字化的后期工作

数字音频文件形成之后，还必须将录音档案对应的声音内容以文本方式保存在计算机内，以便对其进行全文检索。每份录音档案原则上对应一份文本文件，该文本文件与录音档案拥有相同的文件名，但扩展名不同。

数字化后的音频文件及其对应的文本文件可以通过建立规范化的录音档案目录数据库或专题目录库来实现有效利用。录音档案数据库除包括一般档案数据库设定的著录项目外，还要包括音频文件存储路径、其对应文本文件的存储路径（或文本文件名）、录音地点、声音来源、原录日期、数字化日期、数字化责任人等内容，并通过数据库的地址链接方式将数字化音频文件与其对应的文本文件联系起来。

（四）录音档案数字化的文件格式

目前流行的音频文件格式主要有以下几种。

1.WAV格式

WAV格式是微软公司的声音文件格式，被Windows平台及其应用程序广泛支持。该格式支持多种音频数字取样频率和声道，标准格式化的WAV文件和CD格式一样，也是44.1kHz的取样频率，16位量化数字，因此声音文件质量和CD相似。其优点是编码、解码简单，支持无损耗存储；缺点是需要较大的音频存储空间等。

2.MP3格式

MP3是一种音频压缩技术，其可大幅降低音频数据量。它利用MPEG Audio Layer

3 的技术，将音乐以 1 ∶ 10 甚至 1 ∶ 12 的压缩率，压缩成容量较小的文件，而音频质量没有明显的下降。

3.WMA 格式

WMA 是微软公司的一种音频格式。WMA 格式多是以减少数据流量但保持音质的方法达成更高的压缩率目的，生成的文件大小只有 MP3 文件的一半。与 MP3 相同，WMA 也是有损数据压缩的格式，因此在一定程度上影响声音质量。

4.AAC 格式（MP4 格式）

AAC 所采用的运算法则与 MP3 的运算法则不同，AAC 是通过结合其他的功能来提高编码效率。相对于 MP3 格式，AAC 格式的音质更佳、文件更小。但是，AAC 属于有损压缩的格式，相对于 APE 和 FLAC 等时下流行的无损格式，音色饱满度差距比较大。

5.CD 格式

CD 是最传统的非压缩数字音频格式，与标准格式的 WAV 文件一样，均采用 44.1kHz 的采样频率和 16 位采样精度。由于未压缩，其音频具有高保真性。但是这种格式仅用于光盘存储，占用空间较大。

6.DVD-Audio 格式

DVD － Audio（DVD-A）是一个 DVD 碟片上的数字音频存储格式，采用与 CD 一样的非压缩方式，并且充分利用 DVD 碟片记录容量大的特点提高了对音频信号的采样频率和采样精度，其保真度超过 CD。该格式可附带文字说明或静止画面。档案部门选择以上格式时应考虑：①音频的保真度，尽量选用无损压缩的格式；②支持附带文字说明（如 DVD-Audio 格式），以便将档案的著录信息直接嵌入音频文件，用于计算机检索。

四、录像档案的数字化

传统的录像档案是以模拟图像和声音符号记录的，集视听于一体的特殊载体档案。该类型档案容易因磁介质退变、老化造成信号衰减、损失，或因播放设备的淘汰而无法播放。因此，将录像档案由模拟信号转为数字信号已经成为抢救录像档案的当务之急。

（一）录像档案数字化的硬件配置

1. 视频采集计算机

计算机配置视频卡才能实现录像档案数字化。视频卡的功能是将录像带保存的模拟信号转换为数字信号，并保存在计算机中。视频卡的质量决定着录像档案数字化工作的质量。目前，市场上的视频卡很多，档次不一，应根据需要且合理选用 MPEG-1 或 MPEG-2 卡。由于数字录像档案的数据量很大，对计算机的速度要求很高，电脑 CPU 最好有 3GHz 主频。采集 DV 视频信号数据量大，传输速度要求高，不能用普通 USB 2.0 接口传输，建议使用 IEEE 1394（又称火线）接口，即视频采集计算机必须带有 IEEE1394 接口，才能有足够的速度将 DV 拍摄的模拟信号无损伤采集到计算机系统中去。

2. 存储介质

数字录像档案的存储介质与数字录音档案一样，主要包括DVD-R、DVD-RW、磁带、硬盘等。考虑到通用性、容量等因素，建议用DVD-R或移动硬盘作为数字录像档案的脱机存储介质。

（二）录像档案数字化的软件配置

各种视频编辑软件等都提供屏幕捕捉功能，可以将DV录像信号转换成数字信号输入计算机系统。由此，视频采集前须安装某种视频编辑软件。

（三）录像档案数字化的工作流程

录像档案采集完成输入计算机时，模拟图像信号和模拟音频信号是分离的，各自输入计算机的视频采集部件和音频采集部件，在视频采集软件的统一控制下，由视频采集软件同步采集视频、音频信号，从而获得包含音频的数字视频数据。录像档案数字化工作流程与录音档案数字化工作流程有相似之处，可分为如下阶段。

1. 数字化前期准备

首先，根据各单位录像档案的实际情况制订录像档案数字化方案，确定录像档案数字化的范围，合理安排数字化工作的先后次序；其次，将录像档案从库房中取出，检查录像档案的质量和完整性，并做记录，修复受损的录像档案，以满足数字化工作的需求。

2. 数字化阶段

（1）视频采集

准备好数字化工作所需的软硬件设备，将放像设备和视频采集设备相连接。打开视频编辑软件，设置各种参数，监控计算机上播放的视频质量；预先设定所需生成的视频文件的格式、设置视频文件的各项参数；参数设置后预览视频信号，若不符合要求则进行适当调整，以使视频质量达到最优。此后，便可正式进行视频采集。视频采集不能快进，即如果DV录像是60分钟，则采集时间也是60分钟。

（2）视频编辑

视频采集完成后，要用视频编辑软件对其进行剪辑、编排，并调整视频效果，以使其满足需求。

（3）视频存储

采集完成后形成的视频文件应当按规范命名，形成电子档案管理要求的规范格式，一般采用AVI或MPEG-2格式，也可采用WMV、MP4、MOV等流行格式存储一套复制件。MPEG-1是曾经流行的视频格式，该格式图像质量差，已经过时，现在一般不采用。视频文件可采用移动硬盘、DVD-R等脱机载体存储，如果要提供共享查询，则需要将其上传到网络服务器中保存。

3. 数字化后期工作

为方便用户查找利用数字录像档案，档案部门需建立数据库。数据库包括两部分：

①数字录像档案目录；②数字录像档案文件。两部分内容间须建立链接，用户可以方便地在数据库中查找所需数字录像档案文件。

（四）录像档案数字化的文件格式

1.AVI 格式

音频视频交错格式（Audio Video Interleaved，AVI），这是微软公司在 1992 年推出的可以将语音和影像同步组合在一起的文件格式。它采用了有损压缩方式，支持 256 色和 RLE 压缩，压缩比较高，因此画面质量不太好，但其应用范围非常广泛。AVI 信息主要应用在多媒体光盘上，用来保存电视、电影等各种影像信息。AVI 是我国电子文件管理国家标准认可的视频文件归档格式之一。

2.MPEG 格式

动态图像专家组格式（Moving Picture Experts Group，MPEG）是运动图像压缩算法的国际标准，它采用有损压缩，同时保证图像的显示质量。MPEG 标准主要有 MPEG-1、MPEG-2、MPEG-4 等。MPEG-1 于 1992 年制定，为工业级标准，适用于不同带宽的设备，传输速率为 1.5Mbits/sec，每秒播放 30 帧，按照该标准制作的视频是 VCD 格式，图像质量较差。MPEG-2 于 1994 年制定，设计目标是高级工业标准的图像质量以及 3 ～ 10Mbits/sec 的传输率，其在 NTSC 制式下的分辨率可达 720×486，按照该标准制作的视频是 DVD 格式，图像质量明显优于 MPEG-1。MPEG-4 于 1998 年制定，是出于网络播放目的而设计的流式视频文件格式标准，它传输速率为 4.8 ～ 6.4Mbits/sec，能以较少的数据获得最佳的图像质量。

3.WMV 格式

WMV(Windows Media Video)是微软推出的一种流媒体格式，它是由 ASF(Advanced Stream Format) 格式升级延伸得来的。在同等视频质量下，WMV 格式的文件可以边下载边播放，因此很适合在网上播放和传输。

在选取数字视频文件的格式时，要综合考虑其通用性、保真性和方便性。综合而言，MPEG-2 压缩标准的视频格式在各个方面都优于其他格式。因为 MPEG-2 是一个国际化的系列标准，具有良好的兼容性和通用性，能比其他压缩算法提供更好的压缩比，并已经成为市场的主流。

五、数字化成果的存储格式选择

对于各类档案数字化后形成的数字化成果，需要正确选择其存储格式，这关系到数字化成果的质量、管理成本、查询利用效率。由于数字化技术的迅速发展，现有格式不断升级，新的格式不断出现，数字化成果的存储格式也不会一成不变。

一般在选择长期保存的格式时应综合考虑以下因素：一是兼容性强，可以在不同的计算机平台上显示和运行。二是保真度高，能在不同的技术环境下保持纸质档案的原始质量和版面。三是压缩比高，高效的数据无损压缩，可保证档案数字化成果存储占据容量小，便于高效率地移植、传播和显示。四是字体独立，可自带文字、字形、格式、颜色以及独立于设备和分辨率的图形图像，其可在各种环境下被准确还原。五是可自带元数据，准确记录档案数字化成果的形成、变化过程，以证明档案文件的真实、完整和有效。六是支持多媒体信息，不仅可以包含文字、图形和图像等静态页面信息，还包含音频、视频和超文本等动态信息。

六、档案数字化成果的格式转换

在档案数字化成果的管理中，为维护数字化成果的长期有效性，经常需要将非通用格式转换成相对通用的推荐格式，或为满足不同播放器播放，不同软件编辑的需要，进行档案文件的格式转换。目前，许多软件都可以对打开的文件用另存为的方法实现格式转换。但是这种方法只能对文件逐件转换，效率低，且转换的格式种类比较有限。如何对档案数字化成果进行批量、高效率的格式转换，这是多媒体电子文件管理、编辑中经常需要做的"功课"。

用户只要在界面左侧选择需要转换的文件格式，屏幕立即会弹出选择文件的界面，然后用户可批量选择需要转换的档案文件，该软件即可根据预先设置的各种参数，自动批量进行转换，效率颇高，使用过程也十分简便。

第二节　电子文档归档与电子档案移交

一、电子文件的特性

顾名思义，电子文件就是"电子"加"文件"。"文件"是电子文件的功能属性，是共性；"电子"是电子文件的技术属性，是特性。了解电子文件的特性对于管好电子文件非常重要。

（一）信息的非人工识读性

信息的非人工识读性表现在两个方面：一是电子文件使用了人们不可直接识读的记录符号——数字式代码，即将输入计算机的任何种类的信息都转换成二进制代码。对于这种经过复杂编制的二进制代码，人工无法直接破译它的含义，只有通过计算机特定的程序解码，使之还原为输入前的状态，才能被人识读。所以，电子文件在给人类带来极大方便的同时，也使其内部实现机制变得越来越复杂。二是电子文件存储在载体上，人们无法直接通过载体阅读，必须通过计算机等设备显现，方能识读。

（二）系统的依赖性

电子文件对系统的依赖性包含两个方面：一是电子文件的形成、流转、归档等全部管理活动都必须借助于计算机系统才能实现。离开计算机系统，人就无法识读和管理电子文件。二是生成文件的软硬件系统一旦更新换代，会造成电子文件的失真、失效，无法还原。

（三）信息与特定记录载体之间的可分离性

电子文件中的信息不再具有固定的物理位置，也不再对特定记录载体"从一而终"，可以根据需要随时改变其存储空间，也可以改变其在硬盘上的存址，或在不同存储介质之间转换。信息与载体之间的可分离性使电子文件不再具有物理意义上"实体"状态，成为人们所形象指称的"非实体文件"或"虚拟文件"。

（四）信息的可变性

造成电子文件信息可变性的情况很多。首先，计算机系统中信息的相对独立性使得对信息的增删更改十分容易，而且修改之后看不出任何改动过的痕迹；其次，电子文件在形成、归档、管理和利用过程中会形成大量的动态文档，而动态文档中的数据不断地被更新或补充，以反映最新情况；最后，存储载体和信息技术的不稳定性，新的信息编码方案、存储格式、系统软件不断出现，对电子文件的稳定性产生了巨大的冲击，新的系统要求将电子文件转换成某种标准格式或新的文件格式，往往会造成电子文件信息的损失、变异。

（五）信息存储的高密度性

电子文件的存储密度远远高于以往各种人工可直接识读的信息存储介质。一张 4.75 英寸 CD 光盘（650MB 到 50MB）约可存储 3 亿到 4 亿个汉字或 A4 幅面的文稿图像数千页，DVD 光盘单面单层容量可达 4.7GB，单面单层蓝光盘的存储容量可达 25GB，而各种类型的存储卡则存储密度更高，计算机存储载体的海量化也正呈加速发展态势。

（六）多种媒体信息的集成性

电子文件可以将文字、图形、图像、影像、声音等各种信息形式加以有机组合，形成"多媒体文件"。这种文件将文字、图像、声音等表现媒体融为一体，图文声像并茂地展示，能够更加真实地再现记录的场景，从而强化了档案对社会活动的过程记忆和生动再现功能。

（七）信息的可操作性

电子文件中的信息可以随时根据人们的需要，便捷、灵活地加以编辑、复制、删除，或进行多媒体合成，或按照特定的需要排列组合，或进行压缩和解压，或进行格式和数据结构的转换，或通过各种传播媒体传递给远程用户，显著提升了人对信息资源的管控能力和利用能力。

以上每一个电子文件的特点既是它的优点，也是缺点。管理电子文件基本思路是：扬长避短、趋利避害，用新的管理理念、管理方法和管理技术，将其优势放大再放大，将其劣势缩小再缩小。

二、电子文件归档的含义和特点

电子文件归档是将应归档的电子文件经过整理，确定其档案属性后，从计算机存储器或其网络存储器上拷贝、刻录到可脱机保存的存储载体上向档案部门移交，或通过网络将电子文件转移存储到由档案部门控制的计算机系统中，以便长期保存的工作过程。归档是文件生命周期上的一个重要环节，是文件和档案的分界线，标志着电子文件管理责任由文件形成部门向档案部门的正式转移。电子文件归档是我国归档制度中的一个重要方面，它除了要遵守传统文件归档的要求，还要考虑电子文件特点。

（一）归档时间前置

纸质文件一般在文件处理完毕后的第二年完成归档。电子文件因其信息和载体的可分离性，随时面临着被篡改、被破坏的风险，因此在归档过程中必须贯彻前端控制和全程管理的原则。电子文件处理完成后就要及时归档。在设计电子文件管理系统时，就要考虑到归档要素和电子文件的真实性、完整性、有效性和安全性保障措施。

（二）归档形式多元互补

电子文件的归档形式分为在线归档和离线归档。电子文件的归档按照鉴定标识进行，各单位可以通过计算机网络进行在线归档，也可以将电子文件存储在脱机载体上进行离线归档。网络条件不符合国家和本地区有关保密法律法规规定的单位，其涉密电子文件不能在线归档，只能离线归档。

（三）归档范围扩大

电子文件的特殊性决定了电子文件归档的范围有所扩大。纸质文件的内容、结构、背景信息是固化在纸张上的，而电子文件的三要素有可能是分离的，要保证电子文件的真实性和完整性，必须及时获取电子文件的结构和背景信息，如此电子文件的背景和结构信息必须被纳入归档范围，形成电子文件的支持和辅助性文件，计算机、操作系统和应用软件的说明性文件也必须列入归档范围之中。此外，归档电子文件不仅局限于文字类文件，还应当包括图像、声音、视频及超媒体文件。

（四）归档实体移交与权责移交的分离

在线归档的出现使电子文件实体移交与权责移交出现了分离。传统文件管理中，文件的管理权是随着文件的归档由文书部门转移到档案部门的，是实体保管者与信息管理者的统一。而电子文件的实体与其信息的管理权责却是可以分离的。电子文件的在线归档，使档案部门并不一定拥有电子文件实体，但仍可以实现对电子文件的掌控，从侧面反映了电子环境中档案管理的工作重点由实体管理向信息管理的转移。

（五）电子文件归档份数较多

离线归档的电子文件，至少一式三套：一套封存保管（一般称为 A 套）；一套提供利用（一般称为 B 套）；必要时，复制第三套，异地保存（一般称为 C 套）。

电子文件在长期保存过程中可能受到不可抗因素的影响导致信息变异或失真，出现读取错误，而多套同时出错的概率较低，由此多套保存可以大大提高电子文件的安全性和可靠性。

三、电子文件归档的范围

电子文件的归档范围主要有以下几点：

第一，在本机构行使职能活动、业务管理及行政管理活动过程中形成的，有纸质文件对应的电子文件，参照国家有关归档范围和保管期限规定归档。对于需要保存草稿及过程稿的电子文件，需要按照版本管理的要求添加版本号，并和正本一并归档。

第二，在行使和拓展本机关职能活动过程中，利用信息系统产生的无纸化新型电子文件，如网站、电子邮件、微博、微信等电子文件，也要列入归档范围。

第三，各种数据文件，如数据库、图形库和方法库等。由于数据库是动态的，对于这种数据文件应定期拷贝，作为一个数据集归档。

第四，为保证电子文件的长期可读性，其支持软件包括操作系统、应用软件及相关代码库、参数设置等也需要归档。

第五，有助于确保电子文件真实、完整、有效、安全的有关元数据、说明性材料也要归档。

第六，对于必须实行"双套制"保存的电子档案，应归档相同内容的纸质文件，并在有关目录中建立电子文件和纸质文件之间的关联关系。

四、电子文件归档的方式

（一）按照归档电子文件的实际存储位置分类

1. 物理归档

物理归档是指把电子文件集中下载到可脱机保存的载体上，向档案部门移交的过程。物理归档类似于纸质文件的实体归档，该种方式将电子文件的保管权直接交给档案部门统一存储保管，该保管系统由档案部门统一维护，因此安全性比较高。

2. 逻辑归档

逻辑归档是指在计算机网络上进行，不改变原存储方式和位置而实现将电子文件的管理权限向档案部门移交的过程。这种方法将电子文件仍然存储在形成文件的业务系统中，但是归档文件的著录信息、存储地址及元数据应自动保存到档案部门的数据库中，以便档案部门对其进行控制。逻辑归档虽然不妨碍电子文件的共享利用，但是分散存储会给电子文件带来一定的安全风险，需要档案部门加强安全检查和督促。

（二）按照归档电子文件的移交方式分类

1. 在线归档

在线归档指通过计算机网络，将电子文件及元数据向档案部门移交的过程。在线归档必须在网络联通的条件下进行，网络的带宽、速度会影响在线归档的进行。一般来说，文本类电子文件的在线归档没有问题，但是多媒体电子文件的在线归档就要考虑网络带宽是否能承受多媒体文件的容量，或采取避开网络使用高峰时间进行在线归档，否则会严重影响网络信息共享利用。

2. 离线归档

离线归档是指将电子文件及其元数据存储到可脱机存储的载体之上，向档案部门移交的过程。当电子文件的形成系统没有在线归档功能时，或当电子文件形成与归档管理机构没有电子文件和档案管理系统时，可采取离线归档方式。如工程建设的施工单位、建设单位与档案部门在没有在线归档的条件时，并可在工程项目结束后将电子文件拷贝到光盘或硬盘上向档案部门归档移交。

五、电子文件归档的要求

电子文件的归档应以国家和本地区有关规定和标准为依据，做到真实、完整和有效，实现档案的价值，便于社会各方利用。除此之外，还应针对电子文件的特性，满足以下要求：

（一）归档范围和保管期限要求

电子文件应准确划分归档范围和保管期限，具有保存价值的照片、音视频文件和公务电子邮件等电子文件也应当列入归档范围；电子文件的正本、定稿、签发稿、处理单等重要电子文件的修改稿和留痕信息也应当完整归档。

（二）双套制归档要求

具有永久保存价值或者其他重要价值的电子文件，应当转换为纸质文件或缩微品同时归档。定期保存的电子文件，由电子文件的形成单位根据实际需要决定是否采用异质双套归档。法律法规中规定不适用电子签名的电子文件，归档时要附加有法律效力的纸质签署文件。

（三）载体要求

把带有归档标识的电子文件集中起来，制成归档数据集，存储至耐久的载体上。电子文件归档推荐使用的载体，按优先顺序依次为只读光盘、一次写光盘、磁带、可擦写光盘、硬磁盘等。

（四）归档载体标签要求

存储电子文件的载体或装具上应贴有标签，标签上应注明载体序号、宗号、类别号、密级、保管期限、存入日期等，归档后电子文件的载体应设置成禁止写入操作的状态。用作电子文件归档或电子档案保存的光盘不能贴标签，该标签必须用特制的光盘标签打印机打印在特制的光盘空白背面上。因为对于高速旋转的光盘来说，贴上标签会造成光盘高速旋转时重力不均和抖动，损坏光盘或光盘驱动器。没有光盘标签打印机，可用光盘标签专用笔在光盘标签面上手工书写编号。

（五）真实性要求

电子文件形成部门需对归档电子文件内容的可靠性、稿本的准确性及双套文件的一致性加以确认。

（六）完整性要求

确保归档电子文件和相关文件及元数据齐全，且关联有效。为了保障电子文件的真实、完整、有效，可以将电子文件的办文单打印成纸质文件与电子文件一并归档。

将相应的电子文件机读目录、相关软件、其他说明等一同归档，并附《归档电子文件登记表》。《归档电子文件登记表》可以制成电子表格，由系统根据归档电子文件的机读目录或著录、标引信息自动填写。归档时应将电子文件及其机读目录、登记表同时移交给档案部门，归档电子文件登记表如果是数字形式的，还应附有纸质打印件。

归档完毕后，电子文件形成部门应将存有归档前电子文件的载体应保存至少一年。

六、电子文件的组盘

常用的电子文件存储载体是磁盘、磁带、光盘。其中光盘具有存储容量大、运行速度快、存储稳定性较好、只读光盘能防删改等优点。因此，光盘是目前存储电子文件的较佳载体。为了方便管理和查找利用，对于脱机保存的电子文件需要按一定的规则组合到同一张光盘中，简称"组盘"。由于 DVD 光盘容量大且技术和标准日趋成熟，因此电子文件的脱机保存应当采用只读的 DVD 光盘，即 DVD-R。

虽然组盘和传统的纸质文件组卷在概念和方法上有很大的区别，但也应当从保持文件的自然联系和方便管理利用出发，遵循一些基本规则。①将同一保管期限的文件进行组合，以便于按不同期限定期拷贝光盘，以延长电子文件的保管寿命；②将同一密级的文件组合，以便于保密和安全管理；③将同一部门的文件组合，以便于查找、利用和复制；④将同一档案类别、同一工程项目、同一设备项目的文件尽量存储在同一光盘上，以方便利用；⑤按规范著录规则建立盘内文件目录，并将电子文件与相关条目建立链接关系，以便查找目录时能立即调阅相应的电子文件；⑥如果盘内有非通用格式的电子文件，应当将相应的运行软件一并存入该盘内，以便电子文件的打开和阅读。

盘内文件的组合也应当采用文件夹管理方式，文件夹的设置规范可根据以上组盘原则由各单位自行设定。现以基建工程档案为例，推荐以下组盘方法。

（一）从工程类电子文件的特点出发将存储标准规定为三种格式

A 类：采用形成时的原始文件格式，以保留所有形成信息，满足档案原始性的要求，并便于技术改造中图纸的修改，规定为 DWG、RTF、XLS 格式。

B 类：采用转换格式，用于查询浏览和打印输出，确保被准确地还原成纸质文件，并便于在线检索，规定为 PDF、TIFF 格式。

C 类：将非常用软硬件环境下形成的文件转换成中间文件格式，在需要时可将其转换成各种需要的文件格式，规定为 DXF、TXT 格式。

满足不同的需要，归档时一般同时采用两种格式，即 B 类 +A 类文件或 B 类 +C 类文件。

（二）每张光盘内文件夹的存储方法

第一，在根目录下存储一个说明文件，如起名为 README.TXT，用于说明该光盘的基本信息，如光盘编号、工程名称、制作单位、归档部门、制作时间等。

第二，在根目录下存储一个辅读信息文件，如起名为 ASSIST.TXT，用于列出读取光盘内各种格式电子文件的环境信息，如光盘使用的硬件型号、软件名称、版本等。

第三，在根目录下存储一个目录文件，如起名为 CATALOG.XLS，用于存储光盘内电子文件目录信息，该目录需采用档案著录规则，其中的每个条目最好都与盘内相关的文件建立链接关系。由于该目录采用 Excel 制作，因此便用该目录就能独立实现盘内文件的查找。

第四，设置"数据 1"子目录，用于存储与上述目录相对应的 B 类文件。

第五，设置"数据 2"子目录，用于存储与上述目录相对应的 A 类和 C 类文件。

第六，设置"其他"子目录，用于存储相关字库、符号库、数据字典、系统运行软件等能保证盘内电子文件准确还原的各种辅助文件或说明文件。

（三）制定电子文件归档和电子档案管理的制度规范

首先，要求电子文件形成机构保证移交的电子文件是完整的、真实的、有效的；保证两种格式电子文件与相应纸质文件内容、版式是一致的；档案部门接收后保证在保管期间不失真等。其次，由于只读光盘具有不可更改、不可重写和不可擦除的特性，因此选用只读光盘作为电子文件交换的载体，要求形成机构将两种格式的电子文件刻录到只读光盘上移交给档案部门，光盘背面特制清晰的、不易被擦除的光盘标记及责任人手写签名。最后，形成机构还需打印归档电子文件清单，可由交接双方验收签字后各持一份作为归档电子文件的交接凭证。

七、电子文件的规范命名

电子文件制作完毕后需要对保存的稿本命名，以便今后查询利用。电子文件名通常由"主名"加"扩展名"组成。其中扩展名代表了电子文件的类型，通常由计算机自动产生。规范电子文件的主名是规范电子文件管理的重要基础工作，随意命名会给管理造成麻烦甚至混乱。

（一）规范命名的要求

第一，唯一。如果有两个或者多个电子文件重名，在数据库调用该文件时就会发生混乱。因此，在同一文件夹中的电子文件不允许重名。如果重名，则后存盘的电子文件会将前存盘的电子文件覆盖。

第二，直观。直观的命名能够简要地概括文件的内容，也是查找文件的重要线索，也便于利用,电子文件命名应当实行"实名制",即把文件的重要著录项直接注入主名中。

第三,简洁。命名要简洁明了,不宜过长,过长难以辨认,且计算机软件会自动拒绝。另外,命名中不能夹带某些特殊符号,如半角的"\、/、< 、> 、? "等。

第四,参照。采用"双套制"归档模式的,电子文件命名要便于与同样内容的纸质文件建立相互参照关系。

（二）规范命名的方法

根据以上原则,介绍几种常用的命名方法。

第一,归档前可用"文号+稿本号+文件标题+扩展名"命名,各要素之间用符号(如 "－") 进行分割。这种命名还可以加上"形成者""形成时间"等文件要素,其最大优点是直观,能通过命名知道文件的大概内容,便于通过 Windows 资源管理器、Excel 等流行的工具直接检索。目前,计算机允许电子文件的命名长度达 247 个汉字,足以支持该命名方式。该方法适用于在办公自动化管理中形成的电子文件,可由业务部门的文件管理人员在文件形成后按规范直接命名。

第二,归档后采用"全宗号+档案门类代码+年度+保管期限代码+机构（问题）代码+件号+子件号+扩展名"命名。如"X043-WS.2015-Y-BGS-0026.001.jpg"。该方法的优点是：由于档号唯一,因此能避免重名；由于档号中一般有分类号,因此便于识别内容；由于采用纸质档案的档号,因此便于与纸质档案相互参照。这种方法一般适用于"双套制"归档的电子文件、纸质档案扫描件或需要长期保存的电子档案。

第三,采用"随机号+扩展名"命名,随机号一般是计算机自动生成的 32 位代码。该随机号唯一的优点是不会重名,缺点是很不直观,也无法与纸质档案参照,必须完全依靠目录数据库才能对电子文件进行管理和查询。则使用本方法一般要安装专用的电子文件归档和电子档案管理系统。因此,使用本命名方法有一定的风险,如当支持其运行的应用软件发生故障或瘫痪时,文件就无法查询利用。

有些单位在电子文件归档时将第三种方法命名的电子文件转换为第一或第二种命名方式,或者组合运用前两种命名方式,其转换一般需借助计算机系统自动完成。

此外,对于基建或设备类电子文件也可以采用"项目编号+子件号+扩展名""项目编号+阶段号+子件号+扩展名"或"图号+子件号+扩展名"等方法命名。这些方法也都符合上述电子文件命名的四项基本要求。

八、电子档案的移交

归档后,电子文件按有关规定移交至档案室等档案保管部门,作为电子档案进行集中保管,这是归档的最后实施环节。

（一）移交时间

电子文件的在线归档和离线归档,一般是在年度或文件所针对的任务完成后,或一个阶段之后的一段时间内进行归档移交,具体可视情况而言。例如管理性文件可按照内容特点确定一个归档期限；技术文件、科研项目文件等也可在项目完成后归档移交。因涉及电子文件的技术环境条件、存储载体质量、寿命等问题，一般以不超过 3 个月为宜。

（二）移交的基本要求

第一，元数据应当与电子档案一起移交，一般采用基于 XML 的封装方式组织归档数据结构。

第二，电子档案的移交格式按照国家有关规定执行。

第三，电子档案有相应纸质、缩微制品等载体的，应当在元数据中著录相关信息。

第四，采用技术手段加密的电子档案应当解密后移交，压缩的电子档案应当解压缩后移交。特殊格式的电子档案应当和其读取平台一起移交。

（三）移交检验

在接收电子档案之前，应对电子档案及其技术环境进行检验，在合格率达到 100% 时方可进行交接。

检验项目主要有以下内容：①载体有无划痕，是否清洁；②有无病毒；③核实电子档案的真实性、完整性、有效性及审核手续；④核实登记表、软件、说明材料等是否齐全；⑤对特殊格式的电子档案，应核实其相关的软件、版本、操作手册等是否可用和完整；⑥检验结果分别由移交单位、接收单位填入《电子档案移交、接收检验登记表》的相应栏目。

档案保管部门应按照要求及检验项目对电子档案逐一验收。对检验不合格，应退回形成部门重新制作整理后再次移交。

（四）移交方式

电子档案的移交可采用离线或在线方式进行。

离线移交归档电子文件应当满足下列基本要求：移交单位一般采用光盘移交电子档案，光盘应符合移交要求；移交单位应当按照有关要求进行光盘数据刻录及检测；存储电子档案的载体和载体盒上应当分别标注反映其内容的标签；移交载体内电子档案的存储结构应符合《电子文件归档与管理规范》等国家和本地区的有关规定。

在线移交电子档案的单位应当通过与保密级别和管理要求相匹配的网络系统传输符合要求的电子档案及其元数据。

（五）移交手续

档案保管部门验收合格，完成《归档电子档案移交、接收检验登记表》填写、签署环节。登记表一式两份，一份交电子档案形成机构，一份由档案保管部门保存。在已联网的情况下，电子档案的移交和接收工作可在网络上进行，但仍需履行相应的手续。

第三节 档案数据库的建设

一、档案数据库建设的意义

（一）是档案信息化水平的重要标志

我国档案信息化自 20 世纪 80 年代起步以来，积极致力档案目录数据库建设，建立档案目录中心，显著提高了档案管理的效率和质量，方便了档案的查找利用和资源共享，成为档案信息化建设最早、最直接获得的成果，也不断增强了档案工作者对档案信息化的认识和信心。实践证明，档案数据库建设的规模和质量不但是档案信息化的核心任务，而且是衡量档案信息化水平的重要标志。

（二）是档案信息资源建设的基础

归档文件材料属于一次档案文献，其虽然具有原始性，但是无序的、分散的、非结构化的档案信息，难以形成资源优势，不便于集中管理和广泛共享。档案目录数据库建设的实质是通过对档案内容和形式特征的分析、选择及记录，采用数据库管理技术，将档案著录信息输入计算机系统，形成二次档案文献，即结构化的档案信息。此举可有效提高档案信息的丰裕度、凝聚度、集成度、融合度、共享度、适用度和价值密度，降低其失真、失全、失效和失密的风险，从而形成档案资源体系，提升档案信息化的综合实力。没有高质量的数据库，好的软硬件系统只能是"空壳"。

（三）是开发利用档案信息资源的前提

档案信息化的主要目的是将对档案的实体管理转变为对档案信息的管理，也即对档案内容的管理，这是信息技术的优势所在，同时是传统管理最大的难点。建设档案数据库，有利于加快推进档案信息资源的整合和共享，使档案信息真正成为优质资源和共享资源；有利于信息技术和大数据技术应用，促进档案信息的资源体系、服务体系和安全体系建设；有利于最大限度地发挥档案价值，从而为档案信息资源的开发利用创造有利的条件。没有档案数据库，档案信息化就是空中楼阁，流于形式。

二、档案目录数据库建设

档案目录数据库中的记录又称为"档案机读目录"或"档案电子目录"，是存储在计算机内，使用某种数据库管理系统组织管理档案目录数据集合。

（一）档案目录数据库的结构设计

根据著录对象的层次不同，档案目录数据库分为案卷级目录数据库和文件级目录数据库两类。为实现计算机检索，必须将反映档案内容特征和形式特征的案卷级著录信息和文件级著录信息输入计算机数据库，由计算机系统通过专门的数据库管理系统和档案管理软件对其进行采集、加工、整理和检索。

数据库管理系统是存储、管理档案目录信息的最佳工具，其按照一定的数据模型，将相互联系的结构化信息以特定的方式组织存储起来，构成数据集合。为此，档案目录数据库的结构设计包括两项内容。

1. 选择档案著录项目

《档案著录规则》规定了档案进行著录的项目和形式。该标准规定的著录项目共分7项，每项分若干著录单元（小项）。在列举的22个著录小项中，只有正题名、责任者、时间项、分类号、档号、电子文档号、缩微号、主题词或关键词8项为必要项目，其余为选择项目，这意味着不同的档案目录数据库在项目选择上可能存在较大差别。

事实上，《档案著录规则》主要用于规范传统档案目录的著录标引工作，对电子档案目录的检索和网络共享考虑不够充分。因此，目前在构建档案目录数据库时常常增加一些新的著录项目。例如，为便于解决数据访问权限的控制问题，增加"主办部门"和"协办部门"项目；为便于调阅数字化的档案全文，增加"全文标识"项目；为解决跨地区、跨层次数据共享，增加"组织机构代码"项目。

2. 确定著录项目的数据格式

数据格式具体规定每个著录项目（记录字段）的数据类型和字段长度。数据库管理系统所管理的数据对象是结构化的，因此必须事先确定好档案目录数据库各字段的名称、字段类型、代码体系和约束条件等。

（二）档案文件的著录标引和著录信息录入

档案文件的著录标引和著录信息录入，是档案目录数据库建立的重要工作和档案信息化的关键环节，意义十分重大，需要给予高度重视。从形式上看，"著录"和"录入"是两项工作，而在档案信息系统的操作中往往是结合起来、交叉进行的，即一边著录标引，一边录入数据。为提高档案著录、数据录入的速度和质量，需从以下3个方面采取对策。

1. 提高认识，增强操作人员的责任心

档案著录和数据录入工作的重要意义在于：①大规模、高质量的档案目录数据是实现档案信息化价值的前提。信息行业有一句行话："三分靠硬件，七分靠软件，十二分靠数据。"没有实力强大的数据库，再先进的档案信息系统也只能是空中楼阁，形同虚设。②数据质量问题会给档案信息系统埋下隐患。信息行业还有一句行话："计算机系统输入的是垃圾，输出的也必然是垃圾，绝不会成为宝贝。"一旦输入了数据垃圾，计算机软硬件技术难以自动消除它。档案数据库质量控制包括"技防"和"人防"两种，

其中人防，即提高人的责任心和操作技能永远是第一位的。因此，要从培养操作人员的素质抓起，落实工作职责和考核办法，实现对档案文件的著录标引和著录信息录入工作的精细化管理。

2. 严格按照国家规范设计数据库结构

档案信息化建设单位应当严格按照《档案著录规则》（DA/T 18-2022）、《档案分类标引规则》（GB/T 15418-2009）、《中国档案分类法》与《中国档案主题词表》等国家相关标准规范的规定，结合实际，制定本行业、本专业、本单位的标准和规范，为档案数据库建设提供标准支持。要维护标准和规范的权威性，在档案信息系统开发，特别是数据库结构设计时应严格执行相关标准和规范，防止数据库设计的盲目性和随意性，确保档案数据的一致性、准确性和规范性。

3. 采取有效的技术手段提高数据录入的速度和质量

档案文件的著录标引和录入工作十分枯燥，不但效率低，而且容易引起操作疲劳而出错。为此，应当在加强"人防"的同时，尽量采用"技防"。事实上，计算机技术的发展已经为提高数据录入的速度和质量做了充分的准备。

（1）在数据库建设中控制数据结构定义

为了提高系统的适用性和可扩展性，很多档案信息系统都为用户提供了灵活的数据库自定义功能，然而这项功能如不加以控制就会造成"乱定义"，即定义的随意性。因此，在设计档案信息系统自定义功能时，应当将数据库的表字段设计分为"必选项"和"可选项"。

（2）利用计算机智能，自动录入数据

在录入档案数据时，某些档案著录项可以通过计算机自动处理后录入数据，如自动生成档号、序号、部门号、库位号；根据文件级著录的文件页数、文件日期，自动生成案卷级文件页数、起止日期；根据文件的归档类目号，自动生成分类号；根据文件标题或文件内容，自动标引主题词等。自动录入的数据能够避免人为录入差错，大量节约人力，并显著提高录入的速度。

（3）使用代码录入

代码是确保著录信息和档案特征一致的有效手段。如组织机构名称，有全称或简称，简称往往又很不规范，这会造成检索时的混乱，而应用代码，可以做到代码和组织机构的严格对应，检索时就不会出现漏检或误检。

因此，档案信息系统应设计简便的代码管理功能，主要包括代码的维护、录入提示等，确保规范使用代码，又快又好地录入档案著录信息。

三、档案全文数据库建设

档案全文数据库，是存储、组织管理数字化档案信息的数据库系统，既包括档号、题名、责任者、正文、形成时间、密级、保管期限、载体、数量、单位、编号等著录信息，也包括档案的内容信息。档案全文数据库所管理的对象，不仅包括经数字化处理的传统馆（室）藏档案，而且包括以数字化形式直接生成的电子文件（档案），如各类文本、表格、图形、图像、音频、视频、数据库、网页、程序等。

应用环境不同、系统软件不一，生成的文件格式也会不同。因此，必须确定电子文件的元数据标准和存储格式，以规范档案全文数据的组织与管理。

（一）档案全文数据库构建的过程

1. 数据的采集

即对加载到全文数据库中的数据进行录入、采集、整理等处理。全文数据的获取方式有三种：一是图像扫描（或数码拍摄）录入。该方法形成的图像信息能保持文件的原貌，但占用存储空间大，不能直接进行全文检索和编辑。二是键盘录入。该方法形成的是文本信息，占用存储空间小、存取速度快、支持全文检索，但是输入工作量大，文本的格式和签署信息容易丢失。三是图像识别录入，即对扫描形成的图像进行 OCR 识别，形成文本信息。该方法虽然具有上述两种方法的优点，但是 OCR 识别带有一定的差错率，特别当档案原件字迹材料不佳、中英文混排或带有插图、表格时，差错率较大，而人工纠错成本较高。因此，数据采集要权衡利弊，有选择地使用。

2. 数据预处理

将采集后形成的档案数字化成果转换成规范的格式，进行规范化命名，再进行统一标准的著录与标引。采用自动标引技术的系统，还可以从文本文件中直接提取关键词或主题词，辅助计算机检索。

3. 数据检索

档案全文数据库建成后，可采用全文检索系统提供的功能对数据库进行检索。

4. 数据维护

全文数据库建成后，需经常对数据库的内容进行索引、更新、追加和清理，以保证数据库的实用性和时效性。

（二）档案全文数据库的功能

第一，能够获取、存储和使用不同类型、不同格式的档案信息。

第二，能够按照确定的数据结构有效组织大量分布式的不同类型、不同格式的电子文件或扫描件，并为之建立有效的检索系统。

第三，能够快速、正确地实现跨库访问和检索。

第四，能够对全文信息的访问和使用进行许可、控制和监督等授权管理。

第五，能够在网上发布全文数据库数据。

第六，能够集成支持全文数据库管理的各种技术，如超大规模数据库技术、网络技术、多媒体信息处理技术、分布式处理技术、安全保密技术、可靠性技术、数据仓库与联机分析处理技术、基于内容的分类检索技术、信息抽取技术、自然语言理解技术。

四、档案多媒体数据库建设

档案多媒体数据库是对文本、图像、图形、声音、视频（及其组合）等媒体数据进行统一管理的数据库系统，它具有良好的交互性，输出的多媒体文件形象直观，图文并茂，能真实生动地还原历史记录。因此，档案多媒体数据库属于特色数据库和优质档案信息资源，应当列为档案数据库建设的重要内容。

（一）建立档案多媒体数据库的步骤

建立档案多媒体数据库有三个步骤：一是收集和采集来自各种档案信息源的多媒体信息。如果来源是数字化多媒体信息，即多媒体电子文件，则归档处理后直接进入档案多媒体管理系统的存储设备中；如果来源是模拟多媒体信息，如模拟录音、录像，则采用音频或影像采集设备，将其转换成数字化的多媒体档案后输入到档案多媒体数据库。二是按照多媒体档案的整理规则，对多媒体电子文件进行整理，形成档案多媒体目录数据库。三是将整理后的多媒体档案挂接到档案多媒体目录数据库之中。

（二）多媒体档案与档案多媒体目录数据库的挂接方法

鉴于多媒体档案占据容量大，对档案数据库运行效率影响也大，因此需要慎重选择多媒体档案与档案目录数据库的挂接方法。挂接的方法一般有基于文件方法和二进制域方法两种。

1. 基于文件方法（又称"链接法"）

这种方法是将独立存储于计算机载体中的多媒体档案的名字与位置（即路径）存入（即"链接"于）档案多媒体目录数据库相应的记录中，而不是真正将档案存储在目录数据库中。当数据库管理系统访问多媒体档案时，根据目录数据库中记录的多媒体档案名称和路径，访问多媒体档案。这种方法的优点是，尽管多媒体档案容量大，但是不会给目录数据库增加负担而影响目录数据库的运行效率；其缺点是多媒体档案与目录数据库的关系不够紧密，容易因系统或数据的迁移而断链，造成通过目录找不到对应多媒体档案的故障。

2. 二进制域方法（又称"嵌入法"）

这种方法是把多媒体档案实实在在地存放于（"嵌入"）目录数据库中的 BLOB 字段（"二进制域"）中，该字段能存储大文件，因此又称"大字段"。该字段有两种：一种是 Memo（备注）字段，它可以存储大文本文件，容量相对较小；另一种是 OLE（对象嵌入）字段，可以存储大二进制文件，如多媒体档案等。

Oracle 数据库的一个 BLOB 字段可存储不大于 4G 的多媒体文件。这种方法的优点是多媒体文件与目录数据库的关系相当紧密，不会断链；缺点是大容量的多媒体文件会增加目录数据库的负担，影响其运行效率。因此，在使用二进制域方法时，需要采用一些技术手段来弥补其缺陷。

第八章 电子政务的建设与管理

第一节 电子政务建设的意义和目标

一、电子政务建设的意义

党中央、国务院于21世纪初做出加速我国信息化建设重大决策，国家信息化领导小组决定把电子政务建设作为今后一个时期我国信息化工作的重点，政府先行，带动国民经济和社会发展信息化。

电子政务建设是国家信息化建设一个重要组成部分，探讨电子政务建设的战略地位，应该基于信息化建设的时代背景中来考虑。进入信息时代，无论是发达国家还是发展中国家，都在顺应时代发展的潮流，把推进信息化作为增强综合国力和国际竞争力的重要举措，并将其提升至国家战略高度。我国政府也确立了大力推进信息化，以信息化带动工业化，以工业化促进信息化，走新型工业化道路的国家战略。

同时，从我国的实际情况出发，国家信息化领导小组明确提出电子政务要先行，以电子政务建设带动国民经济和社会信息化。由此，电子政务建设作为推动国家信息化的龙头工程，成为政府深化行政管理体制改革的主要动力和重要措施，也成为政府实现管理现代化的必由之路和重要内容。信息化建设要从电子政务入手，以政府信息化带动整个信息化发展，"以信息化带动工业化"，而工业化的实现是为实现社会主义现代化，这些都昭示着电子政务建设的战略地位和现实意义。

（一）信息化的内涵

信息技术的发展，将把人类从以传统工业为主的工业社会带向以信息产业为主的信息社会，即由工业经济转向信息经济，其间的转变过程，人们称为"信息化"。信息化是随着人类信息时代的到来而提出的一个社会发展目标，其实质是要在信息技术高度发展的基础上实现社会的信息化和信息的社会化，从而建立一种超越旧的人类时代的新的文明——信息社会文明。信息化表现为一种动态发展过程。

21世纪初提出，"信息化是以信息技术广泛应用为主导，信息资源为核心，信息网络为基础，信息产业为支撑，信息人才为依托，法规、政策、标准为保障的综合体系"，这准确、清晰地表述了当前和未来一段时期我国信息化建设的主要内容以及信息技术应用、信息资源、信息网络、信息产业、信息人才、信息法规政策标准等在信息化体系中的位置以及相互之间的关系。由此，信息化过程包含三个层面、六大要素。①三个层面，第一是信息技术的开发和应用过程，这是信息化建设的基础。第二是信息资源的开发和利用过程，这是信息化建设的核心与关键。第三是信息产业不断发展的过程，这是信息化建设的重要支撑。这三个层面是相互促进，共同发展的过程，也就是工业社会向信息社会、工业经济向信息经济的动态演化过程，在这个过程中，三个层面是一种互动关系。②六大要素，是指信息网络、信息资源、信息技术、信息产业、信息法规环境与信息人才。③这三个层面、六大要素的相互作用过程就构成了信息化的全部内容。

信息化至少应具备三个方面的衡量指标，第一是信息处理和传播方式的巨大进步，第二是先进的信息处理和传播方式的广泛普及化应用，第三是由此对社会面貌、社会状态、社会结构和体制的全方位、综合性改造。这一改造所包括的内容是极为广泛的，如科学的信息化、信息技术的高度发展和普及经济的信息化、政治的信息化、军事的信息化、社会生活的信息化、文化与教育的信息化，乃至人的自身发展的信息化等。因此可以说，信息化是一次深刻的认识革命和社会革命，是一个深刻的社会变迁过程。它不仅会影响世界经济的发展方向，而且将改变人类生存与发展的条件。由此我们不难看出信息化的重要性是不言而喻的，信息化建设是增强综合国力，提升国家竞争力的必由之路，信息化必须而且也已经上升到国家战略高度。信息化的建设不是一蹴而就的，而是一个长期的动态的发展过程。

（二）信息化的作用

实现社会生产力的跨越式发展作为当前我国的信息化建设的根本目的是。跨越式发展是当今世界发展中国家加快发展的重要方式之一。跨越式发展具体含义如下：①以比较短的时间和比较小的代价实现与发达国家已走过的历程相同的目标。②跨过先进国家经历过而发展中国家不必重复的历史阶段，达到变落后为先进的目的。

我国还处在工业化阶段，信息化的建设就被赋予了特殊的意义，即信息化要带动工业化。①当前，我国已具备以信息化带动工业化、实现社会生产力跨越式发展的条件和与发展相适应的经济实力，因此，我们努力实践国家信息化战略决策，建立起相应的管理体制和运行机制，充分利用后发优势，大力推进信息化，同时还要不断深化改革，扩大开放，把国民经济和社会信息化推向更高的发展阶段，走出一条有中国特色的信息化发展道路。②信息化的发展离不开一个强有力的领导，中国作为一个中央集权的社会主义国家，政府对整个国家的经济社会发展具有强有力的领导，同时是国家发展的强有力的保障，在信息化的建设中，政府应当一如既往地发挥自己的作用，并且政府自身的信息化是整个国家信息化的重要组成部分，是其中的关键一环。国家信息化则突出了国家和政府在信息化过程中的作用，指的是在国家统一规划和组织下，在农业、工业、科学技术、国防及社会生活各个方面应用现代信息技术，深入开展和广泛利用信息资源，加速实现国家现代化的进程。③我国政府在探索信息化建设的过程中，提出了"政府先行，带动信息化发展"的方针。④国家信息化是一个涉及面广的系统工程，只有担当管理社会角色的政府部门才有足够的权威去引导和调节社会资源，统一规划和指挥各部门信息化工程，清理调整不利于信息化的有关政策规定，明确相关的优惠扶持政策，通过筛选，向企业和社会推荐管理软件及其典型应用企业，推动软件工程化及项目管理体制和运作机制，制定相关法律法规，提供资金支持，帮助解决信息化建设中出现的各种问题。这些重担需要政府且只能由政府来承担。

需要我们注意的是，除了在政府职能上的重要作用，政府本身的信息化也至关重要。

政府信息化是指政府运用信息技术手段改造传统的政府管理和公共服务，从而大大提升政府管理的有效性，满足社会及公众对政府公共管理和公共服务的期望，促进社会经济发展的过程。

政府信息化是国家信息化的龙头。政府作为国家组成及其信息流的"中心节点"，其信息和网络系统将成为未来政府的"神经系统"，政府治理的过程将成为信息处理过程。

同时，信息化的核心是开发利用信息资源。政府作为国家信息资源的最大拥有者，掌握着全社会80%以上的信息资源，既是信息市场中极其重要的供给方，也是一个最重要的信息需求部门；既是国家信息化的一个主要方面，又是推动国家信息化进程的主导力量，对推动国家信息化进程负有不可推卸的责任，发挥着无可替代的推动、引导和示范作用。只有公共信息开放，才能丰富社会信息资源，活跃信息市场，使信息发挥应有的社会效益和经济效益，为信息化奠定基础，带动整个国家信息化的发展，才能使公众广泛参与民主政治生活，行使自己的民主权利（尤其是信息自由权）和参政议政权利，使公共管理科学化、民主化、现代化和法治化有望实现。

政府信息化向公众展示高新技术的应用让社会更大程度享受到了信息网络的便利，这将有助于切实推进社会信息化过程。"政府先行"有明确的任务指向，要求政府信息化建设要与政府职能转变相结合，提高办事效率和管理水平，促进政务公开和廉政建设，特别要针对群众最关心的问题应用信息技术，增强了为民办事的透明度和公正性。政府的信息化建设要从中央政府抓起。

企业信息化的基础是政府信息化：①企业信息化是国民经济信息化和社会信息化的重要基础，企业的信息化程度决定了国家和社会的信息化程度，为此各国都非常重视企业信息化的发展。②加快企业信息化建设，不仅可以大幅提高企业的经济效益和竞争力，而且能为信息产业创造巨大的市场，也是电子商务发展的基础。电子商务建立在企业信息化的基础之上，也是信息化发展的必然结果。

二、电子政务建设的目标

形成标准统一、功能完善、安全可靠的政务信息网络平台，逐步实现同层级和上下级政府机构之间的信息交换 和信息共享，运行政府公用功能性系统和事务性系统的开发和应用；重点业务系统建设取得显著成效；中央和地方各级政务部门和管理能力、决策能力、应急处理能力和公共服务能力得到较大加强；与电子政务相关的法规和标准付诸实施，电子政务体系框架和安全保障和培训体系初步形成。

第二节 电子政务建设的原则和模式

电子政务建设是国家信息化建设的重要组成部分，直接关系到国家信息化进程，是转变政府职能、提高政府工作效率、建设"服务型"政府的重要举措，是全面建设社会主义、构建社会主义和谐社会的内在要求。国家高度重视电子政务建设，成立了电子政务办公室、信息化领导小组等专门机构或组织，对电子政务建设进行统筹规划和监督管理。电子政务建设要以正确的原则为指导，采取科学的管理模式方能实现电子政务的目标，更好地为政府和公众服务。

一、电子政务建设的原则

20 世纪 90 年代中后期，随着国外电子政务浪潮的兴起，我国电子政务开始起步，已经取得一定成就，政府网站体系初步形成，信息库建设不断推进，各地电子政务工程蓬勃开展，政府信息公开工作普遍推进，但现阶段我国电子政务建设仍存在一些问题：①"重电子、轻政务"，"重建设、轻应用"的现象仍普遍存在，网络建设各自为政，重复建设，结构不合理。②业务系统水平低，应用和服务领域窄；信息资源开发利用滞后，互联互通不畅，共享程度低。③标准不统一，安全存在隐患，法制建设薄弱等问题突出。④从总体上看，我国电子政务建设仍处于初始阶段，要克服目前存在的种种问题，就要明确电子政务建设的原则，保证电子政务向正确的方向发展。

（一）应用原则

以需求为导向，以应用促发展，通过积极推广和应用信息技术，增强政府工作的科学性、协调性和民主性是我国电子政务建设的指导思想。电子政务建设的目标通过电子政务的应用来实现，电子政务的发展也通过电子政务的应用来推动，因此应用原则也是电子政务建设的首要原则。

所谓"以需求为导向，以应用促发展"，是指要以需求作为动力，以应用推动政府信息化的发展。这就要求各级政府在政府信息化建设过程中，要善于分析政府决策的需要，有计划地开展各项系统建设和应用开发工作，制订科学合理的规划不断完善电子政务系统，并通过各项应用工作的开展来推动政府信息化的发展。

在现阶段，我国电子政务建设以需求为导向。

电子政务建设必须紧密结合政府职能转变和管理体制改革，根据政府行政业务的需要，结合人民群众的要求，突出重点，稳步推进。

电子政务的建设与发展，与一个国家、一个地区一定时期内政治与经济发展状况和任务紧密相关。

而所谓电子政务建设应该注重"以应用促进发展"，可以用一些学者提出的三角形原理来概括："IT""业务""用户"三者互动，紧密结合、合理选择，应用推动。

IT：网络技术，数据库技术、信息安全技术 IT 管理，等等。业务：地域经济基础、信息化程度、业务特点、制度，等等。用户：公务员、企业用户、社会公众，等等。

IT、业务、用户三者的关系中，并没有讲明它们相互作用的内在关系、主次关系、动态关系等深层次问题，没有深刻体现在现实中，应用系统构建的主导因素和应用系统推动发展的内在规律。业务，是由业务逻辑和业务资料构成，而业务逻辑即是业务流程，体现在应用程序上，业务资料正是信息资源。用户不仅指应用系统的使用者，还包括决策者、信息系统管理者，是机构组织。

电子政务的核心是政务，电子为政务提供支持和保障。从电子政务的构成来看，应是三分技术、七分管理，技术是指电子政务所采用的 IT 技术，管理则是指适应电子政务环境下的政府组织结构和管理流程。提高电子政务水平的关键不在于技术，而在于对政府行为、公共管理行为的研究和改进。电子政务建设并不是简单地将现有的政府管理、运作的框架网络化或电子化，而是要按照市场经济和电子政务的要求，以需求为导向，对现行的政府管理职能、组织以及行政流程进行必要的调整和改革，增强政府决策的科学性、民主性和协调性。应用原则就是重政务、重内容的原则。

电子政务有广泛的应用领域，涉及政府管理的各个方面，不仅为政府自身服务，还为企业和公众服务提供平台。由于各地区政治、经济发展水平不同，电子政务发展水平也有所不同，因此要把实用性原则放在首位，根据自身的实际情况，按照不同的要求，紧密结合政府职能转变和管理体制改革，其着眼政府业务和人民群众的需求，积极开展政府网站建设和数据库建设。

（二）方向原则

电子政务建设的核心是电子政务建设目标的确立，要实现电子政务建设的目标就要坚持正确的方向。电子政务建设的方向原则是指各级政府在政府信息化过程中要进行系统规划，明确电子政务的发展方向和目标，根据电子政务建设的主要任务有计划地开展各项系统应用工作。正确的方向是电子政务建设顺利开展保证。

1. 宏观方向原则

电子政务建设的宏观方向，是指一个国家或地区在一定时期内建设电子政务的总体指导思想、主要目标、基本任务和主要措施，是对电子政务的总体规划。从宏观上讲，电子政务建设具有政治国家的发展方向原则。

（1）深化政务应用系统建设，提高行政效能

政务应用系统建设已经覆盖核心政务、辅助决策、部门业务和行政监察等各个方面，要进一步完善功能，强化运用。下一步重点工作具体如下：①按照资源共享、业务协同的原则，加紧建设覆盖信息处理、应急处置和应急指挥于一体的应急管理平台，提高政府应急能力。②在现有辅助决策系统的基础上，并建设基于数学模型、具备数据分析和数据挖掘能力的决策支持系统，提高政府决策水平。③广泛推动监督管理和绩效评估系统的建设，切实规范行政行为，完善行政监督，提高行政效能。

（2）完善政务网络建设，确保政务信息化的安全高效

①以国家电子政务基础传输平台为依托，尽快将政府专网改造成满足政府系统需要的支持多媒体业务且安全高效的政务内网。

②完善并推广部署安全支撑平台和应用支撑平台，确保政务内网提供安全可信的运行环境以及统一的应用系统接入服务。

③本着自愿原则和业务协同的需要，逐步整合政府系统的办公业务系统及网络。

（3）整合资源，促进政府信息的共享和增值

①按照统一标准和规范，配合国信办逐步建立政府信息资源目录体系和跨部门的政府信息资源交换体系，指导政府信息资源的整合和共享。

②加大政府专网网站的建设力度，推动资源整合和信息共享。以网站为平台，整合各地区、各部门的信息资源，无偿提供和有偿服务相结合，探索出必要的成本补偿做法，推动并规范信息采集和共享。

③通过互联网门户网站，推动政务信息发布和增值利用；健全政府信息公开制度，依法公开政府信息；鼓励社会公益性机构进行增值开发利用。

2. 微观方向原则

电子政务建设不仅要从宏观上进行整体把握，还要注意联系经济、社会发展实际，适时把握微观层次的建设方向，开展电子政务建设实践。总体来说，要注意以下几个方面。

（1）社会性

电子政务不仅为政府管理服务，还要为企业和公众提供信息服务。电子政务建设要以公众需求为出发点，加强网络建设，鼓励企业和公众上网，建立政府、企业、公众交流平台，使电子政务成为共同的桥梁，通过网络进行行政管理和服务。

（2）安全性

电子政务具有开放性，在电子政务建设中要充分重视电子政务安全，不仅包括系统安全，还包括信息安全，这也关系到政府工作的绩效甚至是国家信息化的进程。这就要

求建立电子政务安全保障体系，制定电子政务安全法律法规，进行电子政务风险评估，保证电子政务系统安全可靠，抵抗来自人为和自然的威胁。

（3）可靠性

信息资源是电子政务建设的基础，信息资源的可靠性也是保证电子政务效益的前提。这就要求建立信息资源保障体系，保证信息资源来源和内容的可靠，为行政管理提供科学合理的依据，为公众提供准确有效的服务。

二、电子政务建设的模式

（一）电子政务建设模式选择原则

目前，我国已经将电子政务纳入信息化建设的重要内容，但电子政务建设中的种种问题，仍然困扰着各级政府和部门。其中最为关键的问题就是，在电子政务建设过程中采取何种模式更为可取、更为有效。总体而论，要解决这一问题，必须做到以下两点。

1. 以社会公众的需求为电子政务建设的出发点

"以网络为工具，以用户为中心是电子政务的本质；以应用为灵魂，以便民为目的"。电子政务就是政府机构运用现代网络通信与计算机技术，将其内部和外部的管理和服务职能通过精简、优化、整合、重组后到网上实现，打破时间、空间以及自身提供一体化的高效、优质、廉洁的管理和服务。

需要我们注意的是，在刚刚开展全面电子政务建设的阶段，不少政府领导对其运行机制、模式和功能还不是十分清楚。政府各个部门纷纷从其部门管理的角度出发，建设一整套从上到下的垂直行业管理体系，将原来的行政审批事项简单地复制到网上来进行，体系之间相互封闭，互不相通，构成一种以自身职能为出发点、以垂直行业管理体系为主导的电子政务框架。那么，这样下去就很可能形成新的部门屏障与数字鸿沟，强化行业部门的局部利益，增大地方政府的管理协调难度，给企业和社会公众增添新的负担。因此，在各级政府开展电子政务建设的时候，一定要明确工作思路和模式，强化部门合作与资源共享。

传统的政府工作模式是以政府的机构和职能为中心，企业或公众围绕政府部门转。企业或公众要办一件事，常常必须了解：各个政府部门的职能权限、处室分工，然后一个个部门跑，来来回回反复报批。新型的电子政府工作模式，则是以用户为中心，以用户的需求为出发点，也就是说，政府要围着企业或公众转，把企业和公众真正作为客户，对其进行管理和服务。政府对公众来说是一个整体，一个面孔。公众根据自己的需要提出一项业务请求，在网上查询了解相关法律法规后，根据要求或表单填报材料，提交给一个"电子政府"，可由"电子政府"自动分发用户材料到各相关部门，并组织各相关部门在规定的时间范围内对其进行审批。公众不必知道政府部门如何设置，职能如何进行分工，业务需要哪些部门批、由谁批。但随时可以查询了解到审批的状态和反馈的意见，当然也就不必到各政府部门来回跑，审批的时间也相应缩短。这样，既可以大幅提高办事效率，方便用户，又可以大大减少腐败现象的发生，真正体现我们政府是先进生产力的代表和人民群众根本利益的代表。

2.以横向区域性管理体系为电子政务建设的主导

要实现真正的电子政务，就不能是简单建立各政府部门的网站，以各部门的管理职能为出发点；也不能以垂直行业管理体系为主导，而应当以用户的需求为出发点，以横向区域性政府管理体系为主导，重组优化各行业管理部门的职能，实现"一站式"电子政务服务。

如果以行业管理体系为电子政务建设的主导，各地电子政务建设各自为政，使政府部门间的数据共享和交换几无可能，容易造成重复建设，造成巨大的资源浪费，同时给政府带来沉重的运行维护费用负担。因此，电子政务系统的建设必须以区域管理体系为主导，建立起面向用户的、连接各个政府单位的、横向区域性政务平台，打破时间、空间的限制，实现政务信息的共建共享，为公众提供便捷的服务。

综上所述，我国电子政务应当以"以民为本，一网式管理和服务"作为开展建设的总体框架和思路。

（二）电子政务建设的项目模式

无论是国家层次还是区域、地方、行业等的电子政务建设，并最终都通过工程项目的落实来实现。电子政务建设如同其他工程一样，也是由人、硬件、软件和数据资源组成，目的是收集、加工、传递和提供决策所需的信息，实现系统的各项既定功能目标。电子政务建设的基本模式具体如下。

1.自建模式

自建模式是指政府通过投资建设自己的主服务器和电子政务系统来实现内部业务或公众服务电子化的一种建设模式。在该模式中，电子政务系统一般通过招标的方式委托第三方建设，政府自己（也可委托第三方）维护、管理和更新，系统产权属于政府。

2.外包模式

外包模式是指政府部门将其电子政务规划、建设、监理、运维和信息资源管理、业务管理等工作中过去自建或者自管的内容通过市场化机制或授权委托交给专业机构来完成，进而实现内部业务或公众服务电子化的一种建设模式。在这种模式中，从硬件平台到应用软件，不是发生在政府本地的设施上，而是由所委托的 ASP 提供，并由 ASP 进行维护、管理及更新，政府和公众通过网络获得服务。费用由政府按租赁方式向 ASP 支付。

第三节　电子政务建设的方案及其实施概况

一、电子政务建设的方案

电子政务建设的方案的内容包括电子政务建设方案中的主要内容、电子政务建设方案需要注意的问题

（一）电子政务建设方案的主要内容

1. 成立完善的电子政务系统、项目建设组织机构

一个完善的电子政务系统项目建设组织机构主要包括以下两个部分。①成立包括管理人员、技术专家在内的系统建设领导小组。②组成由技术雄厚、人员稳定的开发队伍和有关政府部门工作人员相结合的工作小组。

2. 确定总体目标和阶段目标

整个电子政务系统的建设要以优化政府管理工作的各核心业务流程，提高工作效率，更好地发挥政府宏观管理、综合协调与服务的职能为总体目标，具体实施可分为内部建设、政府上网、政务上网、网间互联等几个阶段进行，循序渐进逐步加以完善，最终形成功能强大的电子政务综合应用系统。

3. 进行系统总体设计，确定开发应用标准和规范

结合电子政务系统信息和应用的特点，综合考虑网络体系、支撑安全体系、应用体系等组成部分进行系统的总体设计。

同时要建立各子系统所必须依据的统一技术规范、应用平台、指标体系、信息代码、运行管理制度等，以确保整个政务系统成为高效运行的有机整体。

4. 构建基本支撑体系

选用 TCP/IP 网络作为低层通信网，利用 IPSEC 或是其他安全协议构建安全通信通路。

构建安全体系。安全管理体制综合了安全检测、实体安全、运行安全、信息安全、网络公共秩序和人员管理等安全法规的规定。另外，有实效的稽查制度和事故应变制度也是管理体制的重要组成部分。运用适合网络结构的安全技术，为系统提供保障。安全技术分为用户身份安全、网关安全、主机安全、网络安全、内容安全和系统安全等。

确定系统可靠性方案，如备份、防病毒、复杂系统的容错、应急体系等。

5. 构建应用体系

电子政务系统的应用具备以下特点：随处访问服务，大量潜在用户，应用必须安全

可靠，应用开发周期缩短，与工作流程紧密结合，这与现有信息系统高度集成等。因此，在构建电子政务系统的应用体系时要遵循以下步骤：①确定应用开发模式：在构造电子政务系统各子系统和应用环节时，应尽可能投入使用，在应用中发现问题、解决问题，并尽快与已有系统融为一体。可选择以下快速开发模型：现有应用集成、定制化应用包（主页发布、电子注册申报、政策）、构件组装等。②熟悉机关工作规则、明确用户需求和划清业务流程，确定每个节点进入、流出的信息与正常工作的运转情况一致。③选用系统开发的方法：在系统规划和分析阶段采用生命周期法确定系统目标、主要功能，共享数据库在具体实现上采用原形法，在开发过程中用户（机关工作人员）始终参与系统开发过程，使得系统目标和功能得到保证，而又较快地研制出满足用户需求的应用系统，同时减少维护代价。④选择具有高度的可伸缩性、能够实现多系统并存所需的互操作能力，以及多种资源管理能力的应用开发平台。

6. 进行系统评价

①确定待评价系统的边界和范围，明确评估的目的（以系统整体为立足点，总体地分析各方面的效益与成本及其与系统各构成部分的关系）。②确定待评估系统的状态与所处的阶段（如可行性分析、总体设计、系统开发与运行等各阶段）。③选择适当的评估方法（如结果观察法、类比—对比法、专家评价法或评分法等），确定适当的评估指标。④收集有关数据、资料进行分析、计算，得出评估结果，作出评估报告。

（二）电子政务建设方案需要注意的问题

分析以往各类应用系统的应用实施过程可以看出，人们往往错误地认为只要采用最先进的设备和技术实现手段就能成功地实施一个信息系统，但从长期应用效果来看，基于这些观点所建立的各类信息系统往往由于技术本身的不断变化而在应用中逐渐遭到淘汰，而不断变化的应用系统最终还会导致各级管理者、使用者对实施电子政务系统的抵触情绪。相反，从一些成功的应用系统中我们可以看到，如果在构建过程中形成了一个稳定而成熟的应用体系，即使在构建信息系统时所采用的技术、设备由于某些原因不得不升级、转型甚至淘汰，而整个系统仍能迅速转向新的技术体系，并在短期调整后继续运转。

因此，在电子政务系统的建设过程中，应用体系的构筑是整个电子政务系统能否成功实施的关键，而实现电子政务系统的一些具体的技术体系则是不断变化发展的手段，不应作为设计、实施电子政务系统的核心依据。

二、电子政务在服务型政府构建中的作用与实施

（一）关于电子政务与服务型政府的概念

1. 服务型政府的概念

服务型政府强调服务二字，是指政府的中心职能主要围绕公共服务展开，完全基于民众的需要出发，并将社会发展与公民普遍的公共利益作为工作出发点。服务型政府是

将执政为民作为工作理念，利用法定程序履行职能，以为人民服务为宗旨，承担着服务责任的政府。简单来讲，服务型政府一定要将民主、廉洁、责任、法治融为一体。

2. 电子政务的概念

电子政务主要是指国家机关借助现代信息技术集成政务管理与服务，将政府组织机构与业务流程在网络平台上重组优化，既打破了部门间的隔离与限制，也突破了时空限制，以此为公众提供高效、透明、规范、优质的管理与服务。电子政务涉及的内容包括提供信息交换窗口，共享信息资源，搭建政民互动、信息交流的平台。电子政务应用领域除了提供网络信息服务，还包括政府采购电子化、政务公开。

（二）电子政务在创建服务型政府过程中发挥的作用

1. 为群众表达诉求提供新路径

打造服务型政府的宗旨就是要实现群众利益的最大化。在传统的政务管理模式中，信息在传送过程中难免存在失真问题，再加上信息传输时效性不足，导致群众的需求难以得到有效满足，也使得政府在群策群力与了解民众意见方面产生了一些问题，导致公共资源得不到高效配置。而电子政务的运用则可以技术层面解决上述问题，为民众提供一个有效的表达诉求与政府沟通的平台。同时，电子政务传输信息速度快，极少出现信息失真问题，最关键的是信息获取与反馈更为迅速，民众表达意见的渠道更为便捷。这些优点有助于政府工作人员更充分地了解群众的偏好，从而合理配置有关资源，确保公共利益得到最大化满足。

2. 实现了行政办公效率的高效化与便民化

我国在构建服务型政府的进程中，借助电子政务的信息优势增强政府与群众的联系。例如，电子政务通过办公自动化、会议远程化等形式，确保政府信息在传送过程中的真实性，以此节省人力、物力、财力，减少行政管理成本，提升政府的行政办公效率。另外，政府通过将相关资源与信息进行有机融合来为群众提供"一站式"服务，简化业务流程，从而提高服务的规范性与高效性。在一站式服务模式下，政府可以构建集中对外服务的平台，使不同信息都汇集在这一平台，从而进行统一监管。这样一来，群众、企业找政府办事更加便捷，而政府工作人员在处理业务时也不用在不同平台间进行转换，提高了工作效率。

3. 有助于公共政策制定与落实

在制定政策的过程中，公众的参与度在很大程度上可影响政府的最终决策。实际上，传统民意调查很难完全掌握公众的意见，并且很难真实全面反映人们的利益与诉求，使得政策制定缺乏有力的信息支撑。通常来说，真正的民意是在信息完全的情境下由公众自行判断，政府通过电子政务决策支持系统就能掌握真实的民意，然后将这些民意体现于公共决策结果中。另外，电子政务平台可作为公众与政府之间进行对话的重要渠道，推动公共判断的科学性、公平性及民主性，从而促使政策保持相对的稳定性与一致性。此外，公共政策的制定需要多方共同参与决定，因此，电子政务平台建设能够增强决策的可执行性，并且也能够激发公众的参与热情，从而节省决策执行的时间与成本。

（三）重视电子政务建设，推动我国服务型政府的建设进程

1. 建立健全电子政务服务有关的法规制度

第一，建立健全电子政务相关的法律法规。国家应从宏观层面出台统一电子政务法规，促使各地方政府在此基础上制定与电子政务有关的法律细则，确

保电子政务平台上的个人信息安全、政务信息公开发布方面的安全规范，从而使电子政务得到良性发展。

第二，抓好电子政务有关规章制度的建设，并优化政务服务流程，督促工作人员严格按制度办事，做到依法行政。

第三，构建电子政务反馈制度，在处理公众问题时应严格遵循反馈制度来开展工作。例如，针对公众所反馈的信息，相关部门要及时解决，并改进自身的服务模式，满足公众的需求。同时，通过公众对政务人员的监督，实现电子政务的高效透明化管理。

2. 重视电子政务区域间的均衡发展

完善的网络基础设施是推进电子政务建设的重要前提。为此，政府应加大财政投入力度，尽快完善网络基础设施。同时，对经济、政治相对落后的地区给予一定的政策、财力、人才等方面的扶持，以此缩小区域差距，确保全国人民都能通过电子政务平台表达自己的诉求。此外，地方政府部门要重视对公众的经常性教育，让他们了解作为公民的责任与权利，使其积极关心政府的相关决策和重大事件的处理，从而提高公众的参与感。为实现电子政务的均衡发展，针对部分特殊地区与特殊群体可采取特殊的办法，如针对老年人与残障群体可提供更加直观、便捷的信息获取途径。

3. 增强服务意识，推动电子政务"一站式"服务平台建设

政府领导应从战略高度出发抓好电子政务建设，并利用信息化建设契机，促进电子政务与政府服务职能的深度融合。同时要搭建"一站式"服务平台，加强对政务系统的整合，实现相关服务信息资源的共享，并利用大数据实施管理，以此保证电子政务信息应用措施得到有力执行。另外，要重视电子平台的多途径发展，将获得民意的"触角"延伸至便于沟通的各种手机应用软件中，以获取更多的民意，从而提高电子政务服务水平。

4. 开展行政流程再造工程

传统行政流程是以行政职能为中心，结合电子政务的运行规律对传统行政流程实施再造，以服务群众需求与输入不同公共信息为出发点，创造出对群众有价值的服务为终点的相关电子政务活动。由此可知，政府再造后的相关行政流程是将群众的满意作为目标，其主要特点包括两个方面：一是面向大众，以事务作为中心；二是跨越职能部门的现有界限。"再造流程"的最终目的并非在于流程本身，而是顺应电子政务的需求，并借助电子政务的优点节约政府行政运行成本，增强政府竞争力。政府流程再造需要先从整体出发，再明晰界定政府机构的职能工作及其关系。例如，在社会政治经济之中，政

府扮演的角色有很多，但是总地来看，政府工作的主要内容包括政策分析、政策制定、政策落实三部分，因此，政府流程再造需要针对上述三点进行。另外，要想"流程再造"获得成功，关键在于必须明白这是对组织在工作方式、绩效考核、组织结构等不同层面的全面变革活动，而且再造过程是持续的，这表示实施再造的政府部门实际上开启一项持续的绩效改进计划，其宗旨在于提升行政效率与公众的满意度。

5.重视专业人才的培养

电子政务服务不只涉及网络方面的技术问题，也包括政务服务方面的政府治理问题。目前，政府传统政务服务人员的信息素养相对不足，对互联网技术掌握不多。电子政务建设需要一批高素质、专业技能强的行政工作人员。为此，政府需要引进更多复合型人才，不但要熟悉理论知识，也要懂信息技术，从而为电子政务的创新发展提供人才支持。在电子政务快速发展的背景下，各级政府可通过公开招聘的方式，吸纳一部分技术性人才，由这些专业技术人才负责对政务系统进行日常管理与安全检查，以实时监测信息上传与下载的环境是否安全，并通过及时进行系统维护，确保电子政务系统稳定运行。另外，要严把人才选拔关卡，确保筛选出的人才符合工作需求。此外，还需要定期对在职人员进行专门培训，如针对其岗位特点，加强业务、沟通技巧、信息素养的培训，并配合相应的考核机制，加强对在职人员的日常监督，进一步增强他们的工作责任心。

第四节　电子政务建设的管理

一、电子政务建设管理体制

如何确保电子政务可持续发展，是现阶段电子政务建设需要思考的关键问题，而电子政务的管理体制问题则是重中之重。

电子政务管理体制是电子政务起步时最早遇到，这也是一直以来强调最多的问题。这一问题几乎在任何一个电子政务相关文件中都可以看到，在关于电子政务大部分文章中也经常提到。可见，电子政务建设的管理体制，是一个深受人们关注的问题。

目前，国内电子政务管理体制存在以下4种形式。①成立各种形式的领导小组及办公室（临时机构）。②成立专职机构；如信息办、信息产业厅（局）、省市信息中心。③落实到一个政府部门机构来负责，如科技局、计委。④由各级办公厅（室）处室管理。

从一定程度上来说，这些管理机构的设置都推进了电子政务的发展，但是并不完全符合现阶段电子政务发展的要求，其中主要的问题就是：这些机构定位是否合理？作用职能是否到位？比如前些年地方政府根据上级有关机构意见，下文通知各市（区）县政府一律停建缓建政务信息化建设项目，但同期上级有关部门又要求各地抓紧建设，这使地方政府无所适从。临时机构规格很高，但主管日常工作的可能就是一个处级机构，临时机构又不是正式行政机构，政府目标考核也不明确，这导致实际协调、推进的效果很不理想。新设立的很多专职机构由于起步规格不高，实际上都是挂在一个政府部门，对现阶段电子政务全局性工作的作用往往不能到位。办公厅（室）系统的机构往往行政职能不到位，也不能发挥应有的作用。因此，电子政务管理体制问题到了急需解决的地步，需要以现行中国政府的管理体制为前提，并适时建立合理的电子政务管理体制，设置相应的管理机构。

二、电子政务建设组织架构

电子政务建设的组织架构是否合理直接关系到电子政务是否能够持续健康地发展。只有确立了组织架构，才能落实人员配置和职能定位，保障电子政务建设的领导力和推动力。合理的组织架构必须能够有效地承担起电子政务的管理职能包括：①领导职能。负责解决、协调电子政务建设中的重大问题，督促检查工作，并建立科学的审议和评估机制。②协调职能。它首先要处理好与市场的关系；其次要协调好电子政务管理机构在垂直方面的关系；最后是人员，管理机构、实施机构迫切需要复合型人才，既懂业务又懂技术。

目前，许多信息化水平领先的国家政府机关普遍采用了与企业类似的层次化组织架构。最高层通常是该组织最高领导或其授权的信息化指导委员会。作用是从战略层面为电子政务工作提供宏观指导和战略决策。第二层是直接向最高领导或领导机构汇报的"首席信息官"（Chief Information Officer，CIO）及其领导的办事机构（CIO Office）。CIO 的关键职责是为整个机关设计长远的信息化战略发展规划，并负责管理监督信息化工作，保证信息技术能够真正地不断促进行政和业务管理水平的提高。最后一层是信息化建设的基层组织，通常由信息部门和分支机构的计算机部门组成，主要负责信息技术的日常管理，包括开发和维护等。

事实上，我国的电子政务起步较晚，至今尚未形成较成熟的电子政务管理体系和组织架构，这在一定程度上制约了我国电子政务建设向国际先进水平迈进。目前，大部分政府机关都设置了技术主导的专职机构（如信息中心等）。但在实际工作中，由于缺乏必要的协调职能和权限，以及人员配置不合理等原因，这些机构往往难以有效地全面承担起信息化建设的重任。同时，一些政府机关的业务或行政部门独立进行信息化建设，以满足自身的需求，效果不太理想。电子政务建设组织架构是完善我国电子政务的管理体系的首要问题。它至少包括三层含义，①合理设置决策、管理和执行三个层次组织架构。②解决电子政务建设"条""块"的协同建设问题。③每个政府机关内信息化主管机构的设置。

（一）我国当前电子政务建设组织架构

与信息化水平较高的国家相比，我国现有各类电子政务建设组织架构对电子政务建设和推广的保障和促进作用明显不足。目前，我国政府机关信息化管理形式主要存在 4 种形式：①成立各种形式的领导小组及办公室（临时机构）。②成立专职机构，如信息中心、信息产业厅局等。③落实到一个政府机构来负责，如信息办、科技局等。④由各级办公厅（室）处室管理。虽然这些机构在各自职责范围内推进着我国电子政务的发展，但都存在不同程度的问题，主要体现在机构和职能定位上。

1. 专职机构的管理形式

电子政务专职机构主要是信息中心、信息产业厅（局）等，在各自层级推动电子政务建设。专职机构管理形式的最常见问题是机构定位不合理、协调乏力。电子政务建设中的主体是"政务"，技术只是提高政务水平的手段。但目前我国大部分信息化专职管理机构是单纯的技术部门，在行政机构和编制上还是事业单位，本身没有足够的行政职权，往往缺乏足够强大的协调力量来综合协调各业务和行政管理部门的关系，甚至难以保障这些部门积极参与信息化工作。这种政务与技术的脱节和不平衡发展最终会导致信息技术无法体现出应有的效益。

2. 特定政府机构负责

特定政府机构主要是信息办、科技局等专业机构及各地设立的信息化领导小组的常设专职机构信息化工作办公室（信息办）。但是信息办能否发挥作用主要看其机构专业程度、职能定位及其协调机制的有效性。例如，部分地区信息办实行与当地信息中心一套人马两块牌子双重职能，还有部分地区与科技部门合署办公。

由一个特定的政府机关负责电子政务的最大问题往往是令出多头。一方面，下级机关在信息化建设必须接受上级机关多个部门的领导，各项政令又缺乏协调，甚至出现冲突不一致的情况。另一方面，上下级机关的信息化主管部门间又没有明确的分工，导致下级机关在电子政务建设中常常放不开手脚。例如，前几年，某地根据上级有关机构意见，下文通知各市（县）政府一律停建缓建政务信息化建设项目，但是同期上级有关部门又要求各地抓紧建设，这使地方政府无所适从。

（二）电子政务建设组织机构的设置

构建一个合理的电子政务建设组织架构必须充分认识到电子政务建设的专业性。电子政务的本质是以信息技术为手段，促进政务的发展和变革。因此，它是一个业务和技术相结合的综合性工作。一个有效的电子政务管理机构必须具备以下3个方面的能力：①综合协调技术和业务部门的能力。②充分了解行政和业务管理及运作特点。③具备丰富的信息技术专业知识。只有这样一支综合性队伍，才能以提高"政务"水平为本，结合信息系统的技术能力，制订合理的电子政务发展战略规划。只有业务加技术，才能有效管理电子政务建设的各项具体工作，保证以合理的技术投入换取最大的业务收益。

根据我国政府机关的特点，结合国际电子政务管理模式的先进经验，在现行行政管理体制下，应建立一个层次化的组织架构，以保持强大的领导力、推动力和执行力。其关键是要落实具体职责，配置合理的人力物力资源，保证协调能力、业务能力和技术能力的平衡发展。我国国家机构包括党组织、人大、行政（政府）、政协、法院、检察院、社会团体机关，电子政务建设组织架构的构建方法大同小异。为简化起见，这里统一用政府来指代所有国家机构。按管辖范围不同，政府可分为中央和地方政府两类。按我国现行行政区划，地方政府又分为省级、市级、乡级三级政府。一个合理电子政务建设组织架构，应包括各级政府、政府职能部门、上下级政府机构3类组织架构的设置。

1.一级政府电子政务建设组织架构

一级政府电子政务建设组织架构主要是跨部门的信息办设置问题，例如省级政府如何建立全省电子政务建设组织架构。其组织架构包括3个层次。

（1）电子政务建设领导小组，通常称为信息化建设领导小组

其主要职能是对本级政府电子政务做出战略规划、部署本区域电子政务建设计划、协调所属各个职能部门建设进程和存在的问题。通常需要由本级政府最高行政长官担任组长，即最高总指挥，并指定一名科职为负责具体管理和执行的主管领导，即信息化办公室主任，充当首席信息官（CIO）的角色。

（2）电子政务建设专业管理机构

以信息化办公室主任为行政首长，组建一个推进本级政府电子政务进程的专业管理机构。通常一级政府电子政务专业管理机构仍将落实在办公厅（室）或常设的信息化工作办公室（以下简称信息办），由信息办负责具体管理、协调、执行与监督，并对信息化办主任负责。

（3）各职能部门电子政务专业管理机构

比如公安、工商、税务等职能部门信息办，接受同级政府电子政务专业管理机构领导，推进本部门按同级政府电子政务规划和部署建设电子政务工程。例如，市公安局信息办，由主管副局长作信息办主任，接受主管电子政务建设的副市长领导，日常管理事务由市信息办与市公安局信息办进行沟通解决。

2.上下级机关电子政务建设组织架构

我国上下级政府机关之间，电子政务建设的组织架构通常有以下层次：①中央（高层）。②中央、省市直属的跨层级的信息办的组织（中层）。③机关内部管理机构。

需要我们注意的是，在电子政务发展的不同阶段，这三个层次承担的职能也有较大的变化。在电子政务的起步阶段，政府机关主要侧重开发信息系统取代手工操作，此时电子政务管理工作较简单，主要侧重于单个系统的开发和维护。因此，基层单位可以独立进行信息化建设。但是，随着技术的进步，系统开始进行数据交换，实现信息共享，协调力量的不足给基层单位的信息化带来了较大的挑战。在信息化较发达的阶段，电子政务建设已经是一项全局性的系统化工程，而不是简单的计算机系统问题。电子政务建设的管理必须全面考虑各种跨部门的业务需求，各类先进的技术手段，引入开发商和监理商等外部力量，并负责综合协调管理。此时，只有较高级别的机构方能够承担起管理职能。

从发展阶段的角度来看，电子政务的管理体制必然是渐进式、集约式的，最终将形成高层规划、中层实施、基层应用。国家级机关的信息化建设领导小组和信息办负责制定全国范围内的信息化整体规划和总体规范，组织采购、开发和部署全国统一使用的软硬件设施，并就全国信息化建设中有普遍意义的方向性问题做出决策。省级机关（或计

划单列市）的信息办则负责以国家级机关制定的整体规划和总体规范为依据，制定能满足地方特殊需要比较具体而详细的规划和规范，在此基础上组织采购、开发与部署满足地方特殊需求的软硬件设施，并就本级（区域）信息化建设中的重大问题做出决策，市县一级信息办的职能依此类推。主要的信息系统在哪一级集中部署，则应在该级别以上的各级政府机构中都设立信息办。一般来说，信息系统在省级或者市级集中部署，效率较高，管理有效性也较强。

第九章 生态农庄信息化的规划与建设

第一节 生态农庄信息化的基础设施与服务平台建设

一、生态农庄信息化的基础设施建设

（一）搭建全国统一的农业大数据平台

为了推动乡村振兴战略的实施和农业农村的发展，必须建立统一的农业大数据平台，将有关涉农数据进行统一归集和管理，形成一个综合性强、集多功能为一体的农业大数据平台。大数据平台的建设是发挥大数据助推作用的基础，国家有关主管部门要发挥主导作用，联合相关机构，做好顶层设计，按照乡村振兴战略总要求，建立全国范围内的涉农大数据统一平台。在平台的设计建设中可进行系统化模块化设计，打造大数据监测采集体系、动态决策体系、大数据治理创新体系，形成支撑乡村振兴核心业务的信息基础平台，为乡村振兴注入新动能。针对乡村振兴涉及的各个行业，可通过大数据中心"一站式"的服务，将核心技术进行产业化、个性化，也为不同层级的政府和不同需求的大众应用提供可持续的信息源，大力促进政府的精细管理，将大数据更好地服务于

农业产业的转型升级和乡村振兴战略的实施。

（二）加快农村信息化基础设施建设

发挥大数据助推作用的基础支撑是完善的农村信息化基础设施。农村信息化基础设施属公共物品，鉴于其投入成本较高的现状，可创新合作模式，大力推行政府与社会资本合作，充分发挥市场在配置资源中的决定性作用，提升资金使用效率，以开放的姿态，推动政府与各利益主体的联合和合作，兼顾大数据运营的公共性和营利性，引导和吸引更多社会资本投资乡村振兴大数据中心基础设施建设。在农村信息化基础设施建设中，可发挥大数据产业的先行先试作用，重点支持一些具有代表性的农业大数据示范工程和项目，探索数字经济的利益联结和分享机制，实现各参与主体的共赢。

（三）培养和引进服务乡村振兴的大数据人才

农业农村信息化的建设需要大数据人才的支撑。在培养大数据人才中，可将新型农民、新型农业经营主体的管理者作为重点培训对象，并着力提高他们的信息技术知识水平，培养一批既熟悉农业农村社会发展规律又掌握大数据等现代信息技术的复合型人才，真正让农民变成具有信息和数据素养的新农人。也可充分发挥高校和科研单位智囊团的优势，为农民和农业经营管理人员提供与大数据有关的培训和智力支持。鼓励具有大数据专业技能的大学生返乡创业、领办创办新型农业经营主体，支持科研院所科技人才下乡或入驻农业园区等，为农业农村发展注入新活力。

（四）建立统一的数据规范标准和数据共享机制

由于数据源的标准不一致，导致了数据"打架"的情况，需从根源上解决这一问题。建议建立全国统一的农业数据资源标准体系，加强数据标准化体系建设，形成规范统一的乡村振兴数据规范标准，从源头上杜绝数据不能共享的情况。各相关部门要根据信息能够共享的情况统一编制目录清单，形成跨层级、跨地域、跨部门、跨行业的数据共享库，打破数据孤岛的局面。在数据共享推进过程中，要建立绩效问责机制，明确数据共享的尺度、标准和进度，对于在数据共享中积极性较差或不作为的人员要进行问责，逐步建立和完善农业大数据共享开放和开发研究的机制。

（五）完善大数据产业发展的相关配套措施

首先，着力完善大数据安全和共享的政策法规，明确大数据安全的责任和义务，保障数据安全，避免大数据的泄露风险。其次，国家已经出台了关于大数据顶层设计的若干文件，围绕农业大数据建设，各地要按照国家关于乡村振兴战略的有关要求，在《数字乡村发展战略纲要》的基础上，明确国家数字乡村建设的重要任务，加强政策和规划引导，细化工作目标和任务，积极加强组织领导，明确工作路线与工作时间节点，在产业、财政、金融、教育、医疗等领域配套政策措施，扎实推进落实，推动大数据支持乡村振兴的顺利实施。最后，要完善考核激励机制，明确各相关部门职责，推动大数据促进乡村振兴各项政策措施的落地生根、开花结果。

二、生态农庄信息化的服务平台建设

为推动现代农业和城乡统筹，实现信息化对农业生产和农村经济社会发展的倍增效应，在数据资源高度整合共享基础上，建设农村农业信息化综合服务平台，使之成为高效快速采集、加工、整合各个部门和地方的各类涉农信息资源的重要平台，同时是直接面向农民、农民合作组织、涉农企业、科研院所及社会大众为其提供高质量、方便快捷的农村农业信息服务的核心窗口。通过综合平台建设，推动农村农业信息资源由分散建设向整合利用转变，从信息系统独立运行向互联互通和资源共享转变，以为农村农业信息资源的整合、共享及服务提供技术支撑。

按照"平台上移，服务下延"的指导思想，边建设边完善，开发应用涉农信息共享联动系统，整合集成各类农村农业软硬件资源，建立包含综合门户网站系统、呼叫中心系统、智能展示系统、科技培训系统、视频直播系统、农民创业信息服务系统和农村党员远教课件制作与发布系统的综合服务平台，同时注重与各专业信息服务系统、基层信息服务站和示范基地的有效衔接，通过网站、语音、短信、视频等多种手段加快"低成本、便捷式"信息服务进村入户，进而实现信息化对农业生产与农村社会经济发展的倍增效应。

（一）平台研建遵循的原则

1. 整合资源

平台建设立足现有农村农业信息化基础，避免重复建设。以服务农村基层和优势产业链为目标，运用行政和市场等手段，坚持"多方参与、合力推进"，充分整合各方资源。

2. 统一接入

综合平台门户网站系统作为信息化建设中农村农业信息化服务的核心窗口，与各产业信息服务系统、呼叫中心系统、党员远程教育系统等实现有效互联和无缝对接，用户在综合平台门户网站系统上可以方便快捷地找到自己需要的信息。

3. 分地运营

根据各运营主体的不同，门户网站、各专业信息服务系统、呼叫中心系统、党员远程教育系统采用分地运营的方式进行运营，以提高信息服务的效率。

4. 个性服务

用户可以通过电视、电脑、手机等多种手段获取所需信息。服务内容既有农业生产产前、产中和产后信息，又有文化生活、医疗卫生等方面的信息，满足各种个性化需求。

（二）平台服务功能

综合服务平台要建设成集网络、视频、语音、短信等多信息手段的农村信息服务综合门户，既是资源整合平台，又是服务农民农企的信息互动平台和运营平台，还是信息化建设成果展示应用平台。平台以公益性服务为基础，同时也具备增值服务和可持续运营能力。

产业信息服务系统接入综合服务平台。一是按照"平台上移"的原则，开展了涉农资源现状调查工作，整合各部门、高等院校、科研院所和其他部门的各类农村农业信息资源，着力建设农村信息化综合服务数据中心。二是注重与各优势产业专业信息服务系统、基层信息服务站和示范基地的有效衔接，加快"低成本、便捷式"信息服务进村入户，满足农民的需要及农业产业链发展和现代农业发展的需求，紧紧围绕"资源整合""高效服务"、"机制探索"等关键节点进行突破和创新，且力争通过"产业服务"形成地方特色。将信息化建设确定的产业专业信息服务系统与综合服务平台进行对接，面向优势农业产业开展一体化和专业化服务，为现有各类基层信息服务组织和体系提供技术支撑，真正实现平台上移、服务下延，促进农业信息化和农业产业的深入融合。

①平台具备的主要服务功能。农村科技在线互动服务功能可以通过远程视频、呼叫中心、远程诊断、专家决策、在线服务、移动互联，实现农民与专家的情景式互动沟通，让农村科技服务无障碍地传递到田间地头、坑塘圈舍。②农业物联网及智能装备服务支撑功能。搭建全省统一的物联网应用支撑平台，整合全省大田种植、设施园艺、畜禽养殖、渔业生产、林业、物流等智慧农业系统，提高农业物联网服务能力，发挥农业物联网整体效益。③农业电子商务功能。重点整合蔬菜、苹果、花生、畜禽等电子商务系统，构建山东农业电子商务平台，实现电子商务和现期货交易功能，方便农业企业、种养大户、农民合作组织发布供求信息、设立网上专卖店，还可以实现电子支付和在线结算功能。实现跨省跨国商务、供求信息联播，实现供求信息的撮合配对。④城乡互动沟通功能。通过整合城乡信息资源，运营涉农的"吃、玩、闲"资源，搭建特色城乡平台，促进城乡互动，实现方便市民、服务农民的双赢目的。⑤云服务功能。搭建一村一页、一村一美等信息服务平台，构建基层农业机构、涉农企业、大户信息服务应用系统，突出涉农信息的精准搜索、查询、精准定制、信息定向推送功能；通过互联网、智能手机客户端、短信彩信、呼叫中心、有线电视等多渠道多终端让用户享受到及时、便捷、准确、个性化的信息服务。

（三）开展技术研发

为确保平台技术水平达到国内一流，重点开展平台关键技术研发和系统开发工作。

1. 综合服务平台门户系统

重点开发了农村农业信息化综合服务平台门户网站，提供了平台各类应用系统的服务接口，支持电脑、手机等多种终端访问；门户网站服务板块内容丰富，整合了海量数据，包含信息服务、科技服务、在线互动、物联网与智慧农业、电子商务、城乡互动、综合服务、数据资源、优势产业、村镇区域、党员远程教育、乡村文化、农家百事等服务板块；具备智能化信息搜索、个性化信息定制与推送、统一用户登录管理等功能。

2. 数据资源整合系统

与公司开展深入合作，初步搭建了涉农资源数据中心，配备先进的软硬件设备，为资源整合打下了良好基础。开展了涉农资源整合、分类、共享标准研究与制定，为进一步整合涉农信息资源提供技术支撑。将重点围绕技术标准、共享机制等方面开展研究工作，为提高综合平台服务质量提供完善的数据内容支撑。

3. 远程视频互动服务系统

建设了远程视频服务系统，可通过互联网提供远程病虫害诊断、技术培训、视频直播、专家讲座等服务，农民通过一台上网电脑即可实现与专家面对面交流，同时享受快捷及时的可视化服务。实现基层与机构视频，提供多种专业化服务的有效对接。

4. 手机短信服务系统

与公司合作开发了手机短信系统，提供手机短信的定制与推送双向互动服务。用户可通过定制相关栏目，定期接收市场、技术、文化、卫生等分类信息，也可通过系统发布供求信息或者与农业专家进行互动答疑。

5. 电子商务系统

开发农产品电子商务系统，重点面向农民、农村经纪人、农业合作组织、农业龙头企业等开展服务，实现有效供求对接。系统与国家农产品现代物流工程中心、农产品交易中心等大型电子交易平台进行了对接。

6. 智慧农业系统

依托山东联通和中国农大等优势单位，搭建农业物联网全省统一服务平台，为行业应用提供应用和服务支撑。在寿光、荣成等产业优势地区分别开发了设施蔬菜、设施水产等农业物联网示范系统，实现了生产全过程监控，取得了良好的示范应用效果。

（四）建立运维长效机制

平台运营以公益性服务为主，同时积极探索农业信息服务新机制，积极引进各类建设主体，共同参与平台研建，开展市场化服务，为平台运营打下了良好基础。探索与通信运营商、专业公司等合作，提供增值信息服务，实现可持续发展。

创新机制，确保平台运营的可持续发展。按照"公益为主，市场为辅，市场反哺公益"的总体思路，由农业科学院等科研院校、通信运营商联合国内知名的农业信息化企业等共同进行平台建设和运营工作。特别是充分考虑后期运营需要，有针对性地进行相关功能设计和开发，建立可持续发展服务模式，力争实现平台可持续发展。

研究重点用户，满足个性化需求。通过多方深入交流，重点研究了农民、农业企业和合作组织、基层服务站、基层干部和技术人员、科技特派员 5 类主要用户需求，探讨了移动互联网和电信增值收益、定制性和个性化服务收益、方便市民获取收益、电子商务获取收益、推广企业品牌获取收益 5 项市场收益的可行性。

第二节　生态农庄信息化的大数据中心建设

"有价值、有形象、有效益、可持续"的平台运营思路，力争使其形成联合运营、优势互补、利益共享，为用户提供形式多样的服务手段和渠道。

信息技术与经济社会的交汇融合引发了数据迅猛增长，数据已成为国家基础性战略资源，大数据正日益对全球生产、流通、分配、消费活动以及经济运行机制、社会生活方式和国家治理能力产生重要影响。大数据源于互联网及信息技术的广泛应用，大数据概念体系发展出相关的技术、产品、应用和标准，并逐步形成包括数据资源与API、开源平台与工具、数据基础设施、数据分析、数据应用等内容的大数据生态系统。随着云计算、互联网、泛在网、物联网等现代信息技术在各行各业的大量应用和实践，大数据产业正快速发展成为对数量巨大、来源分散、格式多样的数据进行采集、存储和关联分析，从中发现新知识、创造新价值、提升新能力的新一代信息技术和服务业态。为整合农业农村所需的各类信息资源，加速推进生态农庄信息化建设的快速发展，需整合现有信息资源，建设生态农庄大数据中心。

生态农庄大数据中心平台统一各单位、各部门农业信息化推广及相关农业大数据建设底层计算环境，全面构建开放型、服务型、共享型的大数据处理技术中心；新建设数据仓库系统、基础服务管理系统和数据开放开放平台，完成农业大数据处理中心技术管理平台的搭建，实现对农业生产、农业经营、农业科技、农业贸易、农业市场、农业流通等各环节、各节点、各流程数据的分类管理、整合入库、精准定位和开放服务，完成农业农村大数据"聚通用"最后一千米的建设；新建设可视化数据挖掘应用系统、智能检索系统以及农业大数据"一张图"应用系统，完成农业大数据处理中心技术服务平台的搭建，构建面向农业农村委员会各单位、部门综合业务场景应用体系下的数据挖掘、预警预测、数据关联、即席查询、数据地图等上层服务应用，最终实现农业农村委员会各类信息资源的互联互通、业务协同、信息共享和挖掘应用，进而全面提高三农管理的综合决策、监管治理和服务公众的水平，加快农业农村委员会农业农村管理方式和工作模式转变，创新绿色经济发展新业态，并以大数据和信息化打造精准治理、多方协作的农业农村社会治理新模式。

一、生态农庄大数据中心平台架构

结合各地工作特点和实际情况，在大数据平台规划、设计、开发、部署与运行管理规划时应坚持"实用、可靠、先进、标准、开放"的方针，遵循"总体规划、统筹兼顾，需求牵引、面向应用，统一规划、分级使用，整合资源、集中管理，统一标准、统一架构，平台统建、资源共享，安全运行、稳定可靠，维护便捷、跟踪可控，技术创新、能力拓展，服务驱动、开放协作"的基本原则。基础管理服务平台完成对现有系统及数据资源进行收取和归集，建设数据治理、数据集成、任务调度和专题管理等子功能，并将处理后的数据结果集通过数据清洗、规则引导和结果合并存储在数据仓库子系统中，建设农业基础数据仓库、农业资源要素数据仓库、农业经营交易数据仓库和农业管理服务数据仓库，并为可视化数据挖掘系统提供指标数据分解和业务模型解析渠道，形成数据挖掘算法、数据挖掘流程和数据挖掘实例，为生态农庄大数据"一张图"系统和数据开放系统提供数据和模型支撑。其中，生态农庄大数据"一张图"系统提供数据检索和浏览、地图数据专题分析以及地图预警功能为农业农村委员会各级领导、业务处室和行业局办提供一张图"画图作战"功能；建设智能检索系统提供全文检索和语音检索服务；建设数据开放系统为农口直属单位和社会公众提供数据资源开放访问与下载业务。

二、生态农庄大数据中心平台功能设计

（一）农业大数据中心基础子平台

以大数据技术体系架构下的数据源技术、数据采集层技术、数据存储层技术、数据计算层技术、数据业务层技术以及数据展现层技术实现集数据统一采集、数据清洗整合、数据分布式存储、流式并行计算、智能搜索引擎、挖掘算法模型于一体的农业大数据处理中心基础技术平台。

（二）数据仓库系统

通过 Hadoop 资源权限管理技术和分布式数据仓库（基于 HIVE）技术建设农业大数据处理中心数据仓库子系统。数据仓库子系统主要由以下五大类数据仓库构成：农业基础数据仓库、农业资源要素数据仓库、农业经营交易数据仓库、农业管理服务数据仓库以及涉农大数据处理中心日志类数据仓库。

（三）基础管理服务子平台

基础管理服务平台基于 Hadoop 大数据处理框架，并整合开源技术库和商业化的工具组件，对农业大数据处理中心数据仓库中的各类数据资源进行整合、挖掘、归并、处理和共享。基础管理服务平台主要由以下 9 个功能子系统组成：数据治理子系统、数据集成子系统、云化 ETL 子系统、任务管理子系统、专题管理子系统、文件管理子系统、接口管理子系统、资源申请子系统以及统计分析与数据画像子系统。

（四）数据开发开放子平台

数据开发开放平台将建立统一的面向农口各业务部门和单位内部使用的数据开放信息门户，对农业大数据处理中心中汇聚的信息资源进行数据检索、数据申请和数据下载等操作。数据开放子系统建设内容包括：数据开放后台管理、数据开放资源管理、数据开放统一门户、数据开放统计分析、注册及授权管理以及个人中心等多个功能。

（五）可视化数据挖掘子系统

可视化数据挖掘系统以知识图谱为可视化数据挖掘模型体系，以数据挖掘算法为手段，以 Hadoop 大数据计算框架下的数据挖掘组件 Mahout 为计算组件，搭建起一套基于海量农业信息资源的可视化数据挖掘系统，用户可以在这套系统提供的图形化数据挖掘操作平台中完成数据挖掘流程配置、挖掘节点关联，数据挖掘算法配置等操作，此外通过数据挖掘系统提供的语义关联、数据关联、动态感知等底层功能，农业农村委员会决策机构用户还能在系统中完成智能查找、伴随分析、智能标签（画像系统）等功能操作，全面提升用户对农业农村智慧型大数据分析系统的使用体验。

（六）智能检索子系统

智能检索系统通过完成对 Hadoop 大数据技术体系下的搜索引擎分布式处理框架和语音识别技术的集成，搭建智能检索门户系统，对农业大数据处理中心中存储的海量农业信息数据资源进行快速、准确、高效的智能化信息检索，实现对结构化数据资源、非结构化数据资源以及其他数据资源的即席搜索、模糊搜索、高级搜索、空间搜索。

（七）农业大数据"一张图"应用

通过建设底层的地图服务和应用引擎，建设农业大数据"一张图"应用系统，实现农业土地现状、农业产业结构、农村经济发展、农产品生产流通和特色品牌农业建设等领域实现业务图层叠加显示、"一张图"专题分析、地图检索以及信息监测和异常预警等服务。

（八）运维管理子系统

运维管理系统能实现自动化脚本部署、集成可控的任务调度、集成运维管理、可视化管理操作界面、平台安全审计等功能。另外，可通过运维管理系统实现信息资源目录、三农大数据管理平台、数据采集平台等多个系统的一体化运维，降低平台管理难度。此外运维管理系统实现对集群的状态和上层应用服务的运行状态和性能指标进行监控，对异常事件产生警报和记录，为运行维护人员提供农业大数据处理中心以及上层应用的部署和配置管理。

三、生态农庄大数据中心平台实现

平台基于 J2EE 平台进行开发，利用 Springboot、Duboo、Zoo-keeper 搭建的共享服务平台，用于 RESTful、XML 服务的快速开发、注册、发现、路由等工作；利用 Hadoop 大数据体系技术，对海量农业数据进行并行计算和分布式处理；支持结构化数据库系统 Oracle\Mysql\Sqlserver、利用 NoSql 数据库作为前端界面缓存数据库；同时构建文件库和异构索引库存储非结构化数据信息。

生态农庄大数据中心平台，符合电子政务、大数据、云计算产业整体发展规律，适合电子政务及信息化发展现状的要求，是农业农村委员会当前最为关键的信息化建设需要，为农业信息化及农业大数据产业发展的深化和开展做出必要的拓展，对推动政府改革、提升政府工作效率、提升管理机构的科学决策能力，则都有着重要意义。

第三节　生态农庄信息化的电商系统建设

一、建设生态农庄电子商务信息系统，加速推进农业电商发展

随着农业电商的快速发展，急需整合现有电子商务信息系统，构建符合农村中小企业交易特点的基于互联网的交易管理和销售信息系统，主要功能包括网上交易、网上招商及网上营销等。电子商务系统可为龙头企业、行业协会、农贸市场及种养大户等信息重点户提供大量的以市场信息为主导的多元化信息服务，包括产业化的资源、市场信息、生产工具、政策法规、实用科技和人才信息等，减少生产的盲目性。同时，为企业和农户提供产业市场信息发布、在线交易与订单处理，支持 B2B、B2C、C2C 等多种交易模式。在线支付系统通过整合银联、支付宝两大电子支付运营商提供在线支付服务，并嵌入可视化物流，减少中间商环节。

二、培养生态农庄"共享经济"模式

21 世纪，"共享经济"悄无声息地走进并改变人们的生活，任何传统行业均能借此"东风"实现互联网化的转变，如简单的手机 APP、微信公众号就能发展共享模式。作为传统行业，农业领域的共享模式让人期待，将推进农村产业融合，让"小农经济"成为"共享经济"。"生态农庄"作为移动互联网与农业结合的农业信息化最新产物，拥有较大的创新性和推广性，也带来了农业发展的新变革和新机遇。首先，生态农庄将提升农村土地使用率，通过利用农村尚未使用的土地，发挥最大的经济效益。其次，生态农庄的推广将解决大量农民就业问题，为农民广开财路，让农村更好地实现集体化经营。最后，生态农庄将为城市游客体验农耕劳作带来更加真切的感受，且也会有效推进乡村旅游的发展。

三、创新生态农庄 O2O 市场营销模式

当前，随着"互联网+"的不断发展，进一步改善了传统营销模式，助力传统生鲜农产品 O2O 电商发展优化升级。电商 O2O 模式结合线上和线下的优势，被越来越多的消费者接受。市场中，已经出现了众多成熟的生鲜农产品 O2O 电商发展模式，但也存在一些问题需要着力解决。

（一）"互联网+"与 O2O 内涵解析

所谓"互联网+"，指的是以互联网为依托，对产业链进行信息化重塑，促进资源与要素的相互渗透、优化配置，进而全面提升产业链上各个环节的交易效率，构建出全

新的商业模式。"互联网+"最为直接的影响是催生了电子商务的快速崛起，并成为引领我国商贸流通业发展的新动力。在农业生产领域，"互联网+现代农业"成为中央一号文件屡次强调的重要内容，"互联网+现代农业"是推动农业供给侧结构性改革、加快我国农业现代化进程的重要战略举措。随着"互联网+"在农业生产领域各个环节的不断嵌入，使得农业信息化、一体化发展越来越明显，农产品贸易的互联互通特点愈加突出。

随着"互联网+"的不断影响，其作为一种发展方向和发展手段，生鲜农产品的O2O模式得以不断优化，互联网遍布生鲜农产品线上线下贸易的每个环节，大大提高了交易效率。O2O概念是在2011年8月初，在国内较为成熟的模式一般是线上（Online）到线下（Offline）。O2O指通过互联网向用户提供商家信息，消费者在线预订线下商品或服务，再到线下去享受服务的一种商务模式。

（二）基于"互联网+"的生鲜农产品O2O电商模式

随着居民消费水平的提升，以及消费多样化需求的增加，生鲜农产品O2O发展迎来机遇，O2O电商模式与生鲜农产品市场存在着先天的契合性。生鲜作为日常快消品，O2O既有线上选择和支付的便捷性又有线下体验的灵活性，成为生鲜市场的一种重要的商业模式。

当前，我国生鲜农产品O2O电商模式有很多，既有线上电商平台布局线下终端消费环节，将触角延伸至社区的O2O模式；也有线下实体店实现"上网"，利用电商渠道拓宽市场的O2O模式。实践中，O2O电商实际上是生活消费移动互联网化的过程，其主要针对的是生活消费领域，同时逐步向上延伸至农业生产领域。

一是线上销售、线下社区店模式。线上销售、线下社区店的模式是指生鲜农产品电商在社区开设实体店，缩短产品与客户的距离，便于维护客户关系，更好地服务客户。

二是电商平台代购配送模式。生鲜电商为顾客代购并配送的模式，顾名思义即电商平台为顾客代购并负责配送，这种模式下，顾客在线下订单，由生鲜电商平台前往合作的实体店进行采购，并负责配送。这种模式具有一种居间服务的特点，平台作为一家轻资产的机构，将线下实体店商品陈列在网络平台上，由顾客挑选。

三是农场O2O电商模式。生鲜农产品的"生鲜"二字决定了其不易保存、易腐易损的特性，也因此对其流通效率的要求较高，意味着必须减少多余的中间环节。这种模式主要有3个优势：一是减少中间环节，最大限度保证生鲜农产品的新鲜度和安全度，同时节约了成本，产品价格具有明显优势；二是保证了产品溯源的需求，信任度更高；三是能够与农场旅游相结合，为农场增收提供增长点。不过，该种模式也存在显著的劣势：一方面，这种模式对农产品生产条件要求高，且产量很低，无法满足大规模需求；另一方面，农场O2O平台需要承担物流成本，运营成本过高，对于一般农场而言无法保障及时的物流服务。

（三）不同O2O电商模式特征分析

随着"互联网+"的不断发展，生鲜农产品流通模式得以不断创新，一系列形式多样的电商流通模式纷纷涌现。综上分析，线上销售、线下社区店模式代表了生鲜电商自建线下消费实体店的基本模式，电商平台代购配送模式代表了一种第三方服务，线上电商综合线下实体资源的模式即农场O2O模式则代表了一种产地直供的基本模式，3种模式各有千秋，适用于不同的资金规模、市场定位和物流配送能力。通过分析，可总结出生鲜农产品O2O电商模式主要有这样三个特点：第一，服务体系纵深化。O2O以"互联网+"为方式，将线上和线下流通渠道进行全面整合，重构"人、货、场"等要素，重塑生鲜农产品商贸模式。O2O模式不仅体现出商品交易的过程，而且将消费体验、线下支付、售后维护、物流仓储等要素向极致化、多元化方向发展。第二，移动网络普及化。移动互联技术不断创新促使大量的生鲜农产品平台开始构建自己的O2O服务模式，深入居民日常生活的每个细节，将服务做到极致。第三，社会电商常态化。O2O最初的功能在于拓宽销售渠道，随着不断发展，其更多的功能被发掘，最常见的就是社交功能，从而推动"熟人经济""圈子经济"和"社会经济"不断发展。

（四）生鲜农产品O2O电商模式存在的问题

在商业模式方面，生鲜农产品O2O电商模式无非基于线上线下结合的发展模式，将产、供、销不同环节及其对应的主体进行重新组合，以最大限度节约成本，提高交易效率。随着创新模式的不断涌现，市场中各类O2O模式逐渐陷入同质化竞争的状态，尤其是诸多大型企业纷纷加码互联网，开启"线上化"进程。殊不知，线上化的背后是货源组织、渠道管理、仓储管理、物流配送等一系列环节的改造，前期投入成本巨大，占领市场往往通过各种优惠政策和价格补贴打开局面，该种"烧钱"模式往往让企业背负了沉重的负担。

此外，盈利模式单一也是生鲜农产品O2O电商发展中存在的一个较为突出的问题，毛利率一般在20%以下。单纯依靠产品本身的销售获取利润，其空间有限，如何进一步拓宽盈利渠道是生鲜农产品O2O发展需要着重思考的问题。

生鲜农产品强调"生鲜"二字，即要保证农产品的新鲜和安全，这对产品的冷链配送提出了更高要求，而用户在选择平台时也最看重食品安全。当前，国内市场上的生鲜农产品交易还停留在"供给推动"层面，未实现由消费者主导的"需求推动"。尽管各类O2O模式能够逐步压缩中间环节，既提高了物流效率，也压低了产品价格，但仍不可避免存在一些环节使得物流效率变慢，导致产品变质和价值消耗。即便是农场O2O模式，虽然直接省略了中间环节，实现产地直供，但这种模式规模发展有限，无法满足巨大的市场需求。与此同时，我国农产品交易方面并未建立起完善的溯源机制，信息化建设和管理不足，消费者不能放心选购产品，一旦出现食品安全问题，往往无法快速有效找到问题症结。此外，生鲜农产品的标准化缺失也是导致产品质量问题的一个因素，各类标准参差不齐，食品检验环节缺失，违法查处难度大，导致食品安全隐患较大。

（五）基于"互联网+"生鲜农产品O2O流通的建议

"互联网+"的推动下，生鲜农产品O2O发展面临新的机遇和挑战。当前，市场中形成了线上向线下发展和线下向线上发展两类方向，形成包括自建线下销售渠道、产地直供、第三方渠道等在内的多种模式。既有的 O2O 电商在商业模式和食品安全两个层面存在一些问题，具体包括同质化竞争、盈利模式单一、产品质量保障不足等多个方面。应对发展过程中存在的各类问题，需要从以下几个方面加以改进。

第一，在商业模式上更加注重创新，纵向打通产业链，横向推出多样化服务体验。在"互联网+"的影响下，O2O 最大的优势就在于可以利用各类元素自由组合商业模式，从而在激烈的市场竞争中脱颖而出。生鲜农产品 O2O 电商发展应该以"个性化定制+线上消费+线下体验+延伸服务"为新的发展思路，跳出现有的模式。具体而言，在纵向上打通产业链各个环节，做到产供销一体化；在横向上推出多样化服务体验，将休闲娱乐、餐饮住宿、时尚购物等新消费融入生鲜农产品消费当中，全面提升 O2O 消费的深刻体验。

第二，逐步实现服务下沉，延伸到社区，激发社区消费活力。随着城镇化的大力发展，O2O 市场潜力巨大。为增强客户体验，O2O 平台可进一步拓展社区市场，比如运用"社区网购+配送到家"以扩大消费规模，并能增强客户黏性，从而有效节约成本；从有料、有用、有趣三个方面出发，创造丰富生动的生鲜内容，展现生鲜产品的差异性和独特性。充分利用微信、微博等社交媒体进行宣传，加强与消费者的互动，完善用户体验，扩大平台知名度。

第三，完善生鲜农产品的质量追溯体系，加强信息化建设，提高透明度。利用现代互联网信息技术完善生鲜农产品的质量追溯体系，推动信息化建设，实现从农田到餐桌的"一站式"、全流程管理。此外，运用物联网技术实现生鲜农产品物流配送体系和质量追溯体系的无缝链接，做到全流程管理。建立生鲜农产品质量追溯标准，利用互联网技术实现在线监控，为每一个产品配备相应的监管识别码，保障供应链环节的信息透明。

第四，进一步推动冷链物流体系建设，确保产品配送质量。我国冷链物流体系建设远远不足，不能有效满足日益多样化的消费需求。为此，需要着力加强冷链物流基础设施的建设，从冷库建立、冷藏车配置到冷链物流节点布局、冷链物流配送体系构建，无不需要逐步完善。对于生鲜农产品 O2O 电商平台而言，选择具有卓越冷链物流配送能力企业的合作则是首选，这对提供更加优质的生鲜农产品具有重要意义。

第四节　生态农庄信息化的农民素养建设

一、政府支持合作培养农民

政府部门要对农广校与农业企业合作培养高素质农民给予相应的政策支持，主要有3个方面：

一是任务带动。在高素质农民培育工程顶层设计层面，将培训任务更多地向农广校与农业企业合作培养倾斜，从而带动双方不断加深合作，完善合作培养模式，提升培养质量。

二是示范引领。中央农广校作为全国农广校体系的龙头，也要为全国农广校体系与农业企业开展合作提供示范。目前，中央农广校已经与隆平高科、先正达、金正大、全国农业产业商会等签订了战略合作协议，下一步要继续深化与这些企业的合作，拓展合作内容，丰富合作方式，打造合作培养高素质农民的"样板田"，同时要主动联络其他农业企业，积极争取更多的农业企业参与高素质农民培养，为加快培养高素质农民集聚更多资源。

三是总结宣传。总结各地农广校与农业企业合作培养的典型做法和作用成效，利用相关媒体在全社会进行宣传推介，并为其他地区提供参考借鉴，同时在全社会营造支持关心高素质农民发展的良好舆论氛围。

二、农广校与农业企业合作培养农民

农广校与农业企业可以在政府部门的统筹协调下，进一步发挥各自优势，在高素质农民培养全链条各环节开展合作，具体有以下十个方面内容。

（一）遴选培养对象

农广校积极发挥高素质农民培养主体作用，积极承担了培养对象遴选等基础性工作，将种养大户、家庭农场经营者、农民合作社带头人等新型农业经营主体负责人作为重点培养对象。而这些重点培养对象都是很多农业企业的服务对象，如先正达服务的对象中有很多都是大田及经济作物专业户。农广校和农业企业可以共同开展培养对象调查摸底，掌握培养对象的基本情况、生产经营状况、教育培训需求和扶持政策需求等，建立个人档案，纳入农业农村部高素质农民培养对象库进行管理。

（二）制订培养方案

发挥农广校和农业企业的各自优势，共同制订培养方案。农业企业长期服务培养对象，对培养对象的需求比较了解，设置的培训内容具有针对性。此外，农业企业的培训方式比较灵活，更加注重实际效果，采取的培训方式更具有效性。农广校作为农民教育培训专门机构，在系统性教学方面具有丰富经验。农广校和农业企业合作制订培养方案，明确培养目标、培养内容、培养形式、培养考核、组织管理，确保培训质量。

（三）开发课程体系和教学资源

积极发挥农业企业的专长，将实用农业技术和管理营销等作为培训重点内容，并开发相关多媒体教学资源。先正达可以把安全科学用药、田间管理技术及作物整合方案作为课程内容，并制作相关多媒体教学资源，提高大田及经济作物专业户生产管理能力。农广校将农业企业开发优秀教材纳入全国农民教育培训规划教材目录，并积极向其他适用地区推广使用。

（四）选用和培训师资

师资队伍是开展新型职业农民培育的重要保障。充分利用农业企业的技术资源，将农业企业的农业技术专家和技术推广人员聘为培训教师，纳入农业农村部高素质农民培育师资库进行动态管理。目前，全国共有高素质农民培育师资近7万人，农业企业技术专家和推广人员的加入将进一步充实师资队伍，也为培养对象提供更好的服务。

（五）建设农民田间学校

在农业企业的产业基地建立田间学校，方便培养对象就地就近接受教育培训。建立田间学校的产业基地需要有较好的产业基础、附近有较多的农民学员、有固定的培训场所、有规范的管理制度、有必要的教学设备等"五有"条件，既能开展理论教学，也能进行实践教学。农广校负责对接政府和相关部门，积极争取扶持政策，支持田间学校建设，充实教学设施设备，完善教学条件。

（六）提供跟踪技术服务

聘用农业企业中经验丰富的农业技术推广人员作为高素质农民跟踪服务导师，与一个或者多个培养对象"结对子"，帮助解决培养对象在生产中遇到的技术难题。农广校根据高素质农民培育工程项目的相关要求，将跟踪服务作为培训的一个环节，并按照相关标准，根据跟踪服务对象人数、次数以及服务对象的满意度，对开展技术服务人员进行一定的补助。

（七）开展科学评价

农广校配合当地政府和农业农村行政主管部门，制定高素质农民评价管理办法，开展高素质农民评价工作，并将评价结果作为享受高素质农民扶持政策的依据。农业企业配合农广校记录完善高素质农民的基本情况、生产经营情况、教育培训经历等信息，并将其纳入农业农村部高素质农民信息管理系统进行动态管理。

（八）落实扶持政策

农业企业配合农广校调查高素质农民的政策扶持需求，确保扶持政策的精准性。农广校在政府部门的领导下，梳理现有对新型农业经营主体的土地流转、产业扶持、财政补贴、金融保险等扶持政策，确保其落实到高素质农民头上。同时还要积极落实高素质农民享受城镇职工养老、医疗等社会保险和人才奖励激励等政策，也为高素质农民长远发展提供保障。

（九）推进教学条件和信息化建设

农广校积极配合政府部门积极争取财政专项，支持改善高素质农民教育培训教学条件。农业企业发挥资金优势，积极支持田间学校等培训场所教学条件建设，充实教学设施设备，提升培训质量效果。农广校依托农业企业的技术力量，继续完善高素质农民信息管理系统，提升信息化水平。

（十）开展模式研究

农广校与农业企业要积极开展合作培养模式研究，及时总结各地探索形成的经验，研究解决合作中遇到的难题，共同寻找解决问题的方法途径，形成复制的培养模式在全国进行推广。

三、农民信息素养

（一）培育农民信息素养意识，提高信息获取敏感度

农民信息意识淡薄，获取信息的主动性不强，且对信息的理解仅停留在浅层认识上，并没有深层的动力促使他们去主动掌握信息内容，无疑会阻碍农业信息化进程的发展。建立完善的信息发布渠道，包括通过农村广播电视、农村网络、手机短信等方式向农民提供及时、准确的农业生产、市场、政策等方面的信息；进一步更新信息的传播工具，建立双向的信息沟通机制，鼓励农民积极参与信息发布和反馈。收集农民的反馈意见和需求，及时调整信息发布方式和内容，提供更符合农民实际需要的信息服务；通过聚焦农业技术的生产、劳动、销售过程中的生产信息数据加以分析，利用科学技术，大数据分析当前的农业发展趋势、农业活动的不足之处。同时，对劳动全过程的影响因素、产生与结果赋予智能化，建设农民"看得着"的数字信息展览，组织针对农民的信息获取和应用培训，包括信息渠道的使用、信息获取的技巧和筛选能力等方面的培训。最后，组织交流活动，让农民之间分享信息获取的方法和经验，相互学习和借鉴，在推广过程中以分析数据事实增加广大农民对相关信息的兴趣，提高农民对新鲜事物的接受能力。农民信息素养意识的提高，对理解信息能力的提高，以此来加快数字乡村与农业信息现代化同步发展的步伐。

（二）培育数字人才队伍，为数字乡村注入高信息素养人才

农村人才是农业发展的根本，建设农业现代化就需要有一批新型的、具有良好信息素养的农村人才队伍。政府要加大对农村地区的教育资源投入，提供高质量的信息技术教育。培养并吸引农村地区的教育人才，提升教师教育水平，也为农村青年提供良好的

信息技术教育环境。以"人才先行"加速农村实用人才带头人和大学生村官示范培训，通过互联网接受在线教育、移动互联服务和相关政策学习，利用大数据技术对世界各地培育人才队伍先进经验进行学习和借鉴，扩大农民受教育渠道。同时，鼓励和支持创业，通过发展电子商务、农业信息化、农村旅游等领域，创造更多的信息化人才就业机会。提供更多的信息技术创业支持政策和资金支持，吸引农村青年从事信息技术行业。建设农业科技创新平台，促进农业科技与信息技术的融合。通过和农业科研机构、高校、企业等合作，搭建包括实验室、试验田等在内的创新平台，推动农业信息数据驱动创新。

（三）构建以数字技术为支撑的智能基础设施，链接农村生产生活模式，推动智能乡村发展

以互联网为代表的信息技术与各产业领域的深度融合在全球新一轮的产业变革和科技革命中不断地影响着消费升级、企业行为和经济社会转型，给社会生活的方方面面带来深刻变化。建立农村信息化基础设施，加强网络覆盖和提高网络速度，推动农村教育与信息技术的融合，提供针对农民的信息素养培训计划。同时还需重视农民的实际需求，发现和打造与农业生产相关的信息技术应用场景，激发农民对于信息技术的兴趣和认知。互联网参与到农村发展规划，建立完善的农业信息数据收集和整合机制，利用传感器、遥感技术、物联网等手段收集农田、气象、生产、市场等方面的数据，将各类数据进行整合，对农村的地理环境、天气状况等影响农业发展的因素，通过智能信息技术对现有的信息进行系统整合，形成综合的农业信息数据库，实现动态监测，及时采取措施进行处理。开设相关的农民咨询与反馈机制，通过向乡村普及推广数字化工具，为村民提供畅通的需求表达渠道，相关技术人员也应及时回应。智能基础设施需要贴近农民生产生活，打破行政限制和区域限制，实现各类监测信息的互通有无，促进了农业与数字技术的融合。

（四）增强农业信息数据驱动的创新，促进农业与"互联网+"融合发展

大力发展农业生产消费自动化、智能化。顺应数字乡村的发展方向，推进物联网、云计算、移动互联、3S等技术与智能装备在农业生产领域的应用，实现规模经营主体在生产、加工、销售环节的信息化覆盖。"数字技术+农业"成为许多新型职业农民发展农业的新业态，新型职业农民在依托数字经济背景下发展农业经济也取得了一定的红利。例如，农村电商的蓬勃发展，各种扶贫产品流入城市，不仅带动了农产品城乡流通，更促进了城乡信息资源的共享。通过数据分析和挖掘技术，将海量数据转化为有价值的信息。应用数据分析工具，如机器学习、人工智能等，对农业数据进行模式识别、趋势分析等，为农民提供有针对性的决策支持。鼓励农业数据的共享与开放，促进农业等相关部门、企业、科研机构之间的合作，推动政府、企业、学术界等各方加强数据共享和交流，激发创新合作，以此来提高农业信息数据利用价值。

参考文献

[1] 赵学军，武岳，刘振啥.计算机技术与人工智能基础 [M].北京：北京邮电大学出版社，2020.05.

[2] 张燕红.计算机控制技术第 3 版 [M].南京：东南大学出版社，2020.11.

[3] 王超.计算机控制技术 [M].北京：机械工业出版社，2020.05.

[4] 刘美丽.计算机仿真技术 [M].北京：北京理工大学出版社，2020.05.

[5] 邵云蛟.计算机信息与网络安全技术 [M].南京：河海大学出版社，2020.12.

[6] 刘姝辰.计算机网络技术研究 [M].北京：中国商务出版社，2020.07.

[7] 张鹏，宁柠，姜淑霞.图书馆信息化建设理论与档案管理实践 [M].长春：吉林人民出版社，2020.10.

[8] 凌霄娥.图书馆管理艺术与信息化应用研究 [M].西安：西北工业大学出版社，2020.07.

[9] 刘春节.图书馆管理与信息应用 [M].昆明：云南科技出版社，2020.01.

[10] 高莉.图书馆管理与档案资源建设 [M].长春：吉林人民出版社，2021.06.

[11] 黄亚军，韩国峰，韩玉红.现代档案信息化管理与建设研究 [M].长春：吉林人民出版社，2021.06.

[12] 郭美芳，王泽蓓，孙川.档案信息化建设与管理 [M].长春：吉林人民出版社，2021.06.

[13] 郭心华.档案资源建设与开放共享服务研究 [M].长春：吉林人民出版社，2021.10.

[14] 刘杰.计算机技术与物联网研究 [M].长春：吉林科学技术出版社，2021.06.

[15] 薛光辉，鲍海燕，张虹.计算机网络技术与安全研究 [M].长春：吉林科学技术出版社，2021.05.

[16] 孙超. 计算机前沿理论研究与技术应用探索 [M]. 天津：天津科学技术出版社，2021.04.

[17] 余萍. 互联网＋时代计算机应用技术与信息化创新研究 [M]. 天津：天津科学技术出版社，2021.09.

[18] 徐春良，赵军辉. 计算机技术基础 [M]. 北京：机械工业出版社，2021.05.

[19] 王晓东. 后信息化时代的电子政务建设 [M]. 北京：北京工业大学出版社，2021.10.

[20] 胡世前. 电子政务理论与实务 [M]. 北京：清华大学出版社，2021.12.

[21] 华斌，吴诺，徐滨彦. 政务信息化项目建设管理 [M]. 北京：中国轻工业出版社，2021.03.

[22] 唐永恒，赵泽宇. 生态农庄信息化建设指南 [M]. 北京：北京邮电大学出版社，2021.08.

[23] 王璐，崔丽红. 计算机虚拟现实技术 [M]. 延吉：延边大学出版社，2022.03.

[24] 范立南，李雪飞，范志彬. 计算机控制技术第 3 版 [M]. 北京：机械工业出版社，2022.07.

[25] 蒋建峰. 计算机网络安全技术研究 [M]. 苏州：苏州大学出版社，2022.02.

[26] 牟艳. 计算机软件技术基础 [M]. 北京：机械工业出版社，2022.02.

[27] 武狄，赵泊宁. 计算机数据快速压缩技术的研究 [M]. 中国原子能出版社，2022.09.

[28] 鲍静. 数字图书馆信息化建设与应用 [M]. 合肥：中国科学技术大学出版社，2022.09.

[29] 魏奎巍. 图书馆信息化建设与服务创新研究 [M]. 长春：吉林出版集团股份有限公司，2022.06.

[30] 李贞，王建东，秦连波. 基于计算机技术的网页设计研究 [M]. 北京：中国商务出版社，2023.05.

[31] 田海涛，张懿，王渊博. 计算机网络技术与安全 [M]. 北京：中国商务出版社，2023.05.

[32] 黄亮. 计算机网络安全技术创新应用研究 [M]. 青岛：中国海洋大学出版社，2023.01.

[33] 李春平. 计算机网络安全及其虚拟化技术研究 [M]. 北京：中国商务出版社，2023.03.